Rechnen mit Größen im Alltag

Grundbegriffe der Geometrie im Raum

Die mit * bezeichneten Inhalte sind fakultativ.

*„Ein **Punkt** ist, was keine Teile hat.*
*Eine **Linie** ist eine breitenlose Länge.*
*Eine **Fläche** ist, was nur Länge und Breite hat."*
(Aus dem berühmtesten Mathematikbuch **„Elemente"**, das der Grieche **Euklid** 300 v. Chr. in der ägyptischen Stadt Alexandria geschrieben hat.

Liebe Schülerin, lieber Schüler,

du wirst dich in diesem Schuljahr mit Elementen der **Geometrie** wie Punkten, Linien und Flächen beschäftigen. Außerdem wirst du die negativen Zahlen, mit denen man beispielsweise Schulden und Temperaturen unter dem Gefrierpunkt beschreibt, kennen lernen. Dieses Mathematikbuch wird dich dabei begleiten.

- Wir haben versucht, den **Lehrtext** verständlich zu schreiben. Falls du Unterricht **versäumt** hast oder **vor einer Prüfung** stehst, solltest du die Texte **sorgfältig und in aller Ruhe** durchlesen. Versuche nicht nur die Regeln zu verstehen, sondern auch den **Gedankengang**, der zu den Regeln führt.
- Am Anfang jedes Kapitels findest du ein **Arbeitsblatt**. In diesem werden Probleme aufgerollt, die dir im Alltag begegnen können. Du wirst allein, zusammen mit deinem Nachbarn oder in einer Gruppe versuchen, diese selbst zu lösen. Das kann in der Schule oder zu Hause geschehen. Selbst entdeckte Mathematik bereitet nicht nur mehr Spaß, sondern sie bleibt auch besser im Gedächtnis haften.
- Auch beim Bearbeiten der mit einem **Smilie gekennzeichneten Aufgaben** sollst du Schritt für Schritt zur Lösung mathematischer Probleme im Unterricht beitragen. Die Aufgaben helfen dir, die Theorie besser zu verstehen. Im Lehrtext findest du Hinweise darauf, an welcher Stelle die Ergebnisse jeweils benötigt werden.
- Die **Beispiele** und **Musteraufgaben** helfen dir, die Aufgaben leichter zu lösen. Ab und zu wird dir eine **knifflige** Aufgabe begegnen. Das Knobeln wird dir vielleicht anfangs nicht leicht fallen. Wenn du dich bemühst, wirst du auch das Knobeln lernen. Es ist doch viel spannender, nicht nur gewöhnliche Aufgaben zu lösen! Bei manchen Aufgaben kanns du die Richtigkeit deiner Lösungen mithilfe eines Lösungsworts überprüfen.
- Alle Aufgabenblöcke enden mit **Aufgaben zum Intensivieren**. Es gibt dort sowohl reine Trainingsaufgaben zum Stoff als auch anspruchsvollere Aufgaben. Zur **Kontrolle** findest du **am Ende des Buchs Ergebnisse** zu den Rechenaufgaben und **Tipps** zu den Denkaufgaben.
- Am **Schluss** ist das **Grundwissen** zusammengefasst. Diese Seiten solltest du auf dünnen **Karton** kopieren und so **Lernkarten** herstellen. Du baust damit schrittweise eine eigene **Lernkartei** auf, mit der du den aktuellen und den zurückliegenden Stoff wiederholen kannst.

Viel Erfolg beim Arbeiten mit diesem Buch wünschen dir
Cornelia Feuerlein und Markus Rieger

Addieren und Subtrahieren ganzer Zahlen

Wie das Zählen begann...

Die **Steinzeitmenschen** vor etwa 10 000 Jahren konnten vermutlich noch nicht weit zählen. Eingeborene Australiens zählten selbst im 20. Jahrhundert nur bis vier; z. B. nannten die Bewohner des Murrayrivers

1: enea **2**: petcheval und **3**: enea-petcheval

1. Wie setzt sich der Name für 3 zusammen? Was haben die Eingeborenen wohl für die Zahl 4 gesagt?

2. Welchen Nachteil hat diese Art zu Zählen?

Zahlen, die größer als vier waren, wurden mit „viele" bezeichnet. Die Eingeborenen zählten also:

„Eins", „zwei", „drei", „vier", „viele", „viele", „viele"...

Wie zählten die Ägypter?
Die Ägypter benutzten für Zahlen einfallsreiche Hieroglyphen. Dabei wurden immer 10 zu einem Paket zusammengefasst:

1	3	10	23	100	1000	10 000	100 000	1 000 000

3. Schreibe folgende Zahlen mit Hieroglyphen:
a) 32 b) 1 234 c) 210 305

Die ersten überlieferten ägyptischen Zahlzeichen fand man auf dem 5100 Jahre alten, unten abgebildeten Kopf einer Keule. Auf der Keule ist die Siegesfeier von Oberägypten über Unterägypten dargestellt.
Auf dem Keulenkopf sieht man ein Rind, eine Ziege und einen Sklaven, unter denen jeweils Zahlzeichen zu erkennen sind.

4. Wie viele Rinder, Ziegen und Sklaven wurden gezählt? Haben die Ägypter diese richtig gezählt – was meinst du?

1.1 Die römischen Zahlen*

Römische Zahlzeichen

Die zehn Ziffern 0, 1, 2, 3, …, 9, die wir heute zum Schreiben der Zahlen verwenden, stammen aus Indien. Sie sind über die Araber zu uns gelangt. Deshalb nennen wir sie **arabische Ziffern**. Erst Anfang des 16. Jahrhunderts wurden sie durch den Rechenmeister Adam Riese in Deutschland verbreitet. Bis zu dieser Zeit wurden Zahlen „römisch" geschrieben. Heute sind römische Zahlen noch auf alten Kirchenuhren und Inschriften zu sehen (Aufgabe 1).

Es gibt sieben römische Zahlzeichen, aus denen die römischen Zahlen aufgebaut sind (Aufgabe 1):

M steht für 1000 – wie *Mille* (lat. *tausend*).
D steht für 500 – die Hälfte von 1000. Ein halbes, rund geschriebenes sieht fast wie ein D aus.
C steht für 100 – wie *Centum* (lat. *hundert*).
L steht für 50 – die Hälfte von 100. Ein halbes sieht fast wie ein L aus.

Römische Ziffern

1	5	10	50	100	500	1000
I	V	X	L	C	D	M

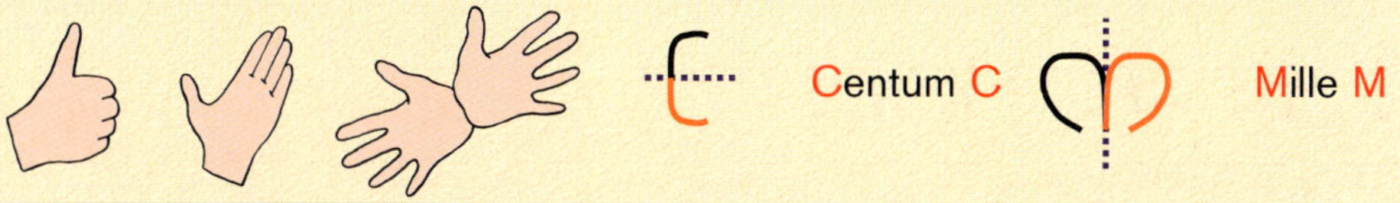

Regeln für den Aufbau römischer Zahlen aus römischen Zahlzeichen

Stehen römische Ziffern mit **gleichem** oder **absteigendem Wert nebeneinander**, werden ihre Werte **zusammengezählt**.

Beispiele
a) XXXVI = 10 + 10 + 10 + 5 + 1 = 36
b) DCCXVIII = 500 + 100 + 100 + 10 + 5 + 1 + 1 + 1 = 718

- Es stehen *gewöhnlich nicht mehr als drei gleiche Zeichen nebeneinander*.
- Die Zeichen V, L und D dürfen *nur jeweils einmal* verwendet werden.
- Es wird *nur ein kleineres Zeichen vorangestellt*. Steht ein **kleineres Zeichen vor einem größeren**, so wird sein Wert von dem des größeren **abgezogen**.

Beispiele
a) XC = 100 − 10 = 90
b) CXC = 100 + 90 = 190
c) XCV = 90 + 5 = 95
d) MMDXCIX = 1000 + 1000 + 500 + 90 + 9 = 2599

Schreiben von Zahlen mit römischen Zahlzeichen

Beim Schreiben von Zahlen mit römischen Zahlzeichen ist es hilfreich, zuerst die Zahl in Einer, Zehner, Hunderter, ... zu zerlegen und diese einzeln in die römischen Zeichen zu übersetzen. Diese werden dann hintereinander geschrieben.

Beispiele
a) 74 = 70 + 4 = LXXIV
b) 429 = 400 + 20 + 9 = CDXXIX
c) 99 = 90 + 9 = XCIX
d) 499 = 400 + 90 + 9 = CDXCIX

Aufgaben

1 Was sagt die Uhr?

Rechts ist eine Uhr mit römischen Zahlen abgebildet. Fertige eine Tabelle für die zwölf Zahlen an.

Zahl	1	2	3	4	5	...	12
römisches Zeichen	I						

a) Vervollständige die Tabelle in deinem Heft.
b) Wie schreibt man 2 und 3 mithilfe des römischen Zahlzeichens I?
Eignet sich dieses Verfahren auch für große Zahlen?
c) Für welche Zahlen wurden neue römische Zahlzeichen eingeführt?
d) Wie setzen sich die römischen Zahlen für 6, 7, 8, 11 und 12 zusammen?
e) Wie setzen sich die römischen Zahlen für 4 und 9 zusammen?
f) Schreibe als römische Zahlen: 20, 23, 15, 17, 31, 19, 29, 14 und 38.

2 Richtig gelesen?

Übersetze die folgenden römischen Zahlen in unsere Schreibweise mit arabischen Ziffern.

a) II
b) IX
c) VII
d) III
e) XXXVII
f) MMMDCCXV
g) DCLXXXVI
h) CXV
i) LXXIV
k) CDL
l) MXLIX
m) CCXLVII
n) MCDIX
o) CMXC
p) MCMLXXIX
q) MMCMXLIX

3 Wie die alten Römer

Übersetze die folgenden Zahlen in römische Zahlen:

a) 13	b) 37	c) 123	d) 378	e) 300
f) 14	g) 96	h) 39	i) 47	k) 400
l) 889	m) 709	n) 399	o) 404	p) 946
q) 99	r) 499	s) 999	t) 49	u) 2065
v) 1049	w) 3999	x) 2095	y) 490	z) 444

4 Meilensteine

An der Römerstraße von Augsburg nach Regensburg steht der rechts abgebildete 1800 Jahre alte Meilenstein. Darauf ist die Länge des Weges in römischen Meilen angegeben: in der vorletzten Zeile nach Augsburg und in der letzten Zeile nach Regensburg.

a) Wie viele römische Meilen sind die Orte jeweils entfernt?

b) Wo steht der Meilenstein in etwa?

c) Wie lang ist eine römische Meile ungefähr?
A) 500 m B) 1 km C) 1 km 500 m D) 2 km

1.2 Die natürlichen Zahlen

Zahlenmengen

Einige Naturvölker können nur 1, 2, 3, 4, „viele“ zählen (Seite 6). Die Zahlen 1, 2, 3, 4, 5, ..., die wir zum Zählen verwenden, heißen **natürliche Zahlen**. Wenn wir mit der kleinsten natürlichen Zahl, mit 1, zu zählen beginnen, kommen wir zu immer größeren Zahlen. Wir könnten ohne Ende weiterzählen. Es gibt unendlich viele natürliche Zahlen.

Diese fasst man zusammen. Eine **Zusammenfassung** von verschiedenen Dingen nennt man in der Mathematik **Menge.** Die Bestandteile einer Menge, auch **Elemente** genannt, schreibt man zwischen geschweifte Klammern {...}. Die Menge der natürlichen Zahlen wird mit $\mathbb{N}$ bezeichnet.

> Menge der **natürlichen Zahlen** $\mathbb{N} = \{1; 2; 3; 4; 5; 6; \ldots\}$
> ↗ Mengenklammer ↑ hört nie auf

Für „13 ist eine natürliche Zahl“ schreibt man kurz $13 \in \mathbb{N}$.

↑ gelesen: „13 ist Element von $\mathbb{N}$“ oder „13 aus $\mathbb{N}$“

Was ist mit der Null? Erst im 5. Jahrhundert nach Christus erfanden die Inder die Null. Im 11. Jahrhundert kam die Null nach Europa. Allerdings lehnte man eine Zahl für „Nichts“ ab. Man wollte die Null sogar verbieten! Erst zweihundert Jahre später gelang es dem italienischen Mathematiker Fibonacci, die Null in Europa einzuführen.

0 gehört nicht zu den natürlichen Zahlen.

$0 \notin \mathbb{N}$ lies: „0 ist **kein Element** von $\mathbb{N}$“.

Die Menge der natürlichen Zahlen einschließlich der Null bezeichnet man mit $\mathbb{N}_0$.

> $\mathbb{N}_0 = \{0; 1; 2; 3; 4; 5; 6; \ldots\}$

Aufgaben

1 Tutti Frutti

Unser einheimisches Obst wird in Kernobst (K), Steinobst (St), Beerenobst (B) und Schalenobst (Sc) eingeteilt.

a) Was versteht man unter diesen Bezeichnungen?

b) Welche der folgenden Obstarten sind Elemente der Mengen K, St, B bzw. Sc?

Johannisbeere, Kirsche, Birne, Blaubeere, Buchecker, Zwetschge, Himbeere, Walnuss, Mirabelle, Apfel, Haselnuss, Aprikose, Quitte, Erdbeere, Pflaume

2 Eine Menge Tiere

Delphin, Eidechse, Zander, Krokodil, Uhu, Rotkehlchen, Känguru, Wal, Kreuzotter, Giraffe, Eichhörnchen, Feuersalamander, Seehund, Kröte, Fledermaus, Strauß, Sumpfschildkröte, Elefant, Kobra, Aal, Laubfrosch, Blindschleiche

Alle oben angegebenen Tiere haben eine Wirbelsäule. Man nennt sie daher Wirbeltiere. Die Wirbeltiere gliedert man in Fische F, Amphibien A, Reptilien R, Vögel V und Säugetiere S.

a) Überlege dir, zu welcher der Mengen F, A, R, V oder S die oben genannten Tiere gehören. Schreibe die Mengen mit der Mengenklammer.

b) Gib zu jeder Menge noch zwei weitere Tiere an.

c) Ersetze jeweils ■ durch das richtige Zeichen $\in$ oder $\notin$:

Eichhörnchen ■ S	Kröte ■ F	Kreuzotter ■ S
Elefant ■ R	Kobra ■ R	Uhu ■ S
Zander ■ F	Wal ■ F	Eidechse ■ R
Seehund ■ S	Känguru ■ V	Delphin ■ F
Blindschleiche ■ F	Schildkröte ■ S	Strauß ■ V
Feuersalamander ■ R	Krokodil ■ A	Fledermaus ■ V

3 Noch mehr Mengen

a) Denk dir selbst Beispiele von Mengen aus. Schreibe einige davon in aufzählender Form auf, ebenso ein paar Beispiele für „ist Element von“ und „ist nicht Element von“.

b) Nenne Mengen, die in deinen Mengen enthalten sind.

c) Nenne Mengen, bei denen es schwierig wird, sie in aufzählender Form zu schreiben.

d) Suche Beispiele für unendliche Mengen.

4 Teilermengen

Die Menge $T_{18}=\{1;18;2;9;3;6\}=\{1;2;3;6;9;18\}$ heißt Teilermenge der Zahl 18.

a) Welche Eigenschaften haben die Elemente der Teilermenge T_{18}?

b) Gib die Mengen T_6, T_{12}, T_{24} und T_{30} an.

c) Vergleiche die Mengen T_6, T_{12} und T_{24}. Was fällt dir auf?

1.3 Das Dezimalsystem

Das Stellenwertsystem

Das Kolosseum in Rom ist der größte Bau der römischen Antike. Es bot Platz für MMMMMM MMMMMMMMMMMMMMMMMMMMMMMMM MMMMMMMMMMMMMMMMMMMMMM Personen. M ist das römische Zahlzeichen für 1000. Jedes M bedeutet 1000. Willst du wissen, um welche große Zahl es sich handelt, musst du die M zählen. Das ist umständlich. Mit unseren zehn arabischen Ziffern 0, 1, 2, 3, 4, 5, 6, 7, 8, 9 lassen sich auch große natürliche Zahlen übersichtlich schreiben. Wie ist das möglich? (Aufgabe 1)

Beispiel 4032 = viertausendzweiunddreißig
Der Wert einer Ziffer hängt davon ab, wo sie steht. Ausführlich bedeutet die Zahl: 2 Einer, 3 Zehner, 0 Hunderter, 4 Tausender.

Die Stelle, an der eine Ziffer steht, gibt an, ob es sich um Einer, Zehner, Hunderter usw. handelt. Deshalb nennt man unsere Zahlenschreibweise auch **Stellenwertsystem**.
Jede Stelle hat den 10-fachen Wert der Stelle rechts neben ihr. Unser Stellenwertsystem heißt deshalb Zehnersystem oder auch **Dezimalsystem.**
1, 10, 100, 1000, 10 000, 100 000, ... nennt man **Stufenzahlen.**

Große Zahlen

Eine Ansammlung von Sternen und Planeten heißt Galaxie. Die Bezeichnung *Galaxie* kommt vom griechischen Wort *galaxis* her. Dieses bedeutet *Milchstraße*. Die Galaxie, in der sich die Erde und unsere Sonne befinden, heißt „Milchstraße“, weil sie von der Erde aus wie ein Band verspritzter Milchtröpfchen aussieht. Die Milchstraße besteht aus etwa 300 Milliarden Sternen. Ihr Durchmesser beträgt 950 Billiarden km. Rechts ist die Milchstraße dargestellt. Die Sonne ist vom Zentrum der Milchstraße 238 Billionen km entfernt.

Diese Zahlen sind unvorstellbar groß.
Was versteht man darunter?
Dazu lernen wir neue Stufenzahlen kennen:

1 000	tausend
1 000 000	Million
1 000 000 000	Milliarde
1 000 000 000 000	Billion
1 000 000 000 000 000	Billiarde
1 000 000 000 000 000 000	Trillion

Um große Zahlen leichter lesen zu können, schreiben wir sie in Dreierpäckchen.

Eine **Stellenwerttafel** hilft uns beim Lesen großer Zahlen:

	Milliarden			Millionen			Tausender					
	HMrd	ZMrd	Mrd	HMio	ZMio	Mio	HT	ZT	T	H	Z	E
a)								2	6	0	5	1
b)				2	6	0	5	1	2	9	0	6
c)			2	6	0	5	1	2	9	0	6	0

Zahlen bis 999 999 werden zusammen und klein geschrieben.
Die Zahlwörter Million, Milliarde, Billion, Billiarde, usw. werden groß geschrieben.

Beispiele in der obigen Tabelle:

a) sechsundzwanzigtausendeinundfünfzig

b) zweihundertsechzig Millionen fünfhundertzwölftausendneunhundertsechs

c) zwei Milliarden sechshundertfünf Millionen einhundertneunundzwanzigtausendsechzig

Runden von Zahlen

Die Sonne ist von der Erde 149 597 871 km entfernt. Diesen genauen Wert können wir uns nicht leicht merken. Übersichtlicher ist der **gerundete Wert** von 150 000 000 km.

Wie können wir sinnvoll runden?
Wir runden im Folgenden immer auf eine bestimmte Stelle genau: Die Entfernung der Sonne von der Erde ist auf die Millionenstelle (Mio) genau gerundet.

Beispiel Runden auf die Hunderterstelle (H)

Die Abweichung vom genauen Wert soll weniger als ein Hunderter und möglichst klein sein. Deshalb müssen wir die Ziffer an der nächstkleineren Stelle – also die Zehnerstelle (Z) – betrachten.

1341 ist näher an 1300 als an 1400. Deshalb wird **abgerundet**: Dabei werden alle Ziffern rechts von der Hunderterstelle durch Nullen ersetzt: $1341 \approx 1300$ (gelesen: „1341 ist ungefähr 1300“).

1361 ist dagegen näher an 1400 als an 1300. Deshalb wird **aufgerundet**: Dabei wird die Hunderterstelle um eins erhöht und die rechts folgenden Ziffern werden durch Nullen ersetzt: $1361 \approx 1400$

Bei den Zehnerziffern 0, 1, 2, 3, 4 wird somit abgerundet, bei den Zehnerziffern 6, 7, 8, 9 aufgerundet.

Wie wird bei der Zehnerziffer 5 gerundet? Nach der 5 folgt die Einerziffer: 1359, ..., 1351 ist näher an 1400 als an 1300. Nur 1350 liegt genau in der Mitte. In den ersten Fällen müssen wir aufrunden, im letzten Fall können wir aufrunden. Zur Vereinfachung vereinbaren wir: Bei der Ziffer 5 runden wir immer auf: 1359 ≈ 1400, 1358 ≈ 1400, ..., 1351 ≈ 1400, 1350 ≈ 1400.

Beim Runden auf eine bestimmte Stelle wird nur die Ziffer auf der nächstkleineren Stelle betrachtet. Ist die Ziffer

- 0, 1, 2, 3 oder 4, wird abgerundet,
- 5, 6, 7, 8 oder 9, wird aufgerundet.

Beispiele
a) 28 035 (Z) ≈ 28 040
b) 28 035 (H) ≈ 28 000
c) 28 035 (T) ≈ 28 000
d) 28 035 (ZT) ≈ 30 000

Aufgaben

1 Mit allen Händen zählen

Die drei Gallier Kannix, Weißnix, Lernix sollen den Bestand der Wildschweinherde ihres Dorfes zählen. Sie zählen die Tiere mit ihren Fingern ab.

a) Wie viele Tiere können alle drei zusammen abzählen? Wird das reichen?

Kannix beginnt mit dem Zählen. Er schließt zunächst seine Hände. Bei dem 1. Wildschwein streckt er den ersten Finger aus, beim 2. den zweiten usw. Nachdem alle seine 10 Finger ausgestreckt sind, streckt Weißnix seinen ersten Finger aus und Kannix schließt seine Hände wieder. Beim 11. Schwein streckt Kannix wieder einen Finger aus usw.

b) Für wie viele Schweine steht ein Finger von Kannix? Für wie viele Schweine steht ein Finger von Weißnix? Wie viele Wildschweine können beide zusammen zählen, wenn alle Finger oben sind?

c) Nun kommt Lernix dazu. Wie können sie mit ihren Zählverfahren nun erheblich mehr Schweine zählen? Für wie viele Schweine steht ein Finger von Lernix? Wie viele Wildschweine können sie nun zusammen höchstens zählen?

d) Wie viele Personen bräuchte man, um 11 110 Schweine zu zählen?

② Aufgepasst

Schreibe die folgenden Zahlen in Worten auf.

a) 402	b) 1 024	c) 5 827
d) 13 592	e) 13 000 909	f) 1 560 456
g) 567 843	h) 147 600	i) 67 078 002
k) 94 007 000	l) 24 048 096 000	m) 987 654 321
n) 500 468 605	o) 89 540 067 012	p) 32 168

③ Wanted: Wert der Stelle

Gib den Wert der Stelle an, auf der die Ziffer 5 steht.

a) 234 567	b) 15 672	c) 598 762
d) 135 246 000	e) 937 857 494	f) 4 050
g) 453 210	h) 345 321 789	i) 12 357 689 000
k) 98 543 942 823	l) 25 123 467 890	m) 15 328 385 908 000

④ Große Zahlen

Schreibe mit Ziffern:

a) dreiundzwanzig Millionen achthundertfünfundsiebzigtausenddreihunderteinundzwanzig

b) fünfundsiebzigtausendzwölf

c) sieben Millionen zweihundertneunundachtzigtausendsieben

d) fünfundachtzig Milliarden zehn Millionen zweihundertachtzigtausendfünfhundertdrei

e) dreizehntausendsieben

⑤ Alles eine Frage der Reihenfolge

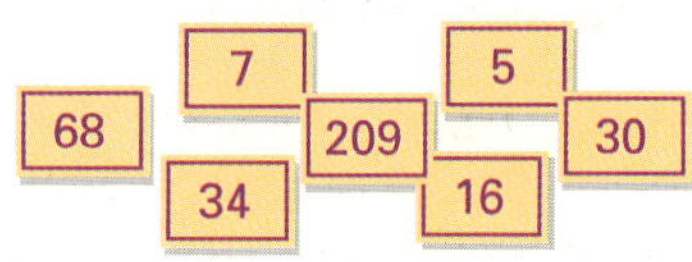

Rechts sind 7 Kärtchen mit Zahlen zu sehen. Durch Hintereinanderlegen der Kärtchen kannst du Zahlen bilden.

a) Wie heißt die größte 13-stellige Zahl, die du legen kannst?

b) Wie heißt die kleinste 13-stellige Zahl, die du legen kannst?

c) Wie heißt die kleinste 10-stellige Zahl, die du legen kannst?

d) Wie heißt die größte 10-stellige Zahl, die du legen kannst?

⑥ Wer gut schätzt – gewinnt!

a) Wie lang ist dein Klassenzimmer?

b) Wie hoch ist deine Schule?

c) Wie weit ist der Mond von der Erde entfernt?

d) Wie viele Haare hat ein Mensch?

e) Wie viele Einwohner hat München?

f) In welcher Höhe fliegen Flugzeuge?

7 Richtig runden

Runde die Zahlen auf die in Klammern angegebene Stelle.

a) 540 839 (H)	b) 512 585 (HT)	c) 372 358 (ZT)
d) 741 619 (Z)	e) 840 661 (T)	f) 468 500 (ZT)
g) 904 506 (T)	h) 580 498 (Z)	i) 298 963 (ZT)
k) 499 843 (T)	l) 995 376 (ZT)	m) 998 996 (Z)

8 Genau oder gerundet?

Welche Werte sind gerundet? In welchem Bereich liegt der genaue Wert?

a) Das Spiel des 1. FCN gegen Bayern München besuchen 45 200 Zuschauer.
b) Ein Kilometer hat 1000 Meter.
c) Frau Meier hat die Telefonnummer 32 16 80 00.
d) Ein Wanderer legt in der Stunde 5 Kilometer zurück.
e) Erlangen hat 104 000 Einwohner, davon sind 22 000 Studenten.

9 Um die Ecke runden

a) Wie heißt die größte Zahl, die auf Hunderter gerundet 6800 ergibt?
b) Gib die kleinste Zahl an, die auf Tausender gerundet 12000 ergibt.
c) Wie heißt die größte Zahl, die auf Zehner gerundet 100 ergibt?
d) Wie heißt die größte Zahl, die auf Hunderter gerundet 8500 ergibt?
e) Wie heißt die kleinste Zahl, die auf Hunderter gerundet 8500 ergibt?
f) Gib die kleinste Zahl an, die auf Tausender gerundet 497000 ergibt.
g) Suche die größte Zahl, die auf Tausender gerundet 10000 ergibt.
h) Gib die kleinste Zahl an, die auf Hunderter gerundet 428000 ergibt.
i) Gib die kleinste Zahl an, die auf Zehntausender gerundet 1000 000 ergibt.

Zum Intensivieren

10 Wie lautet

a) die größte sechsstellige Zahl, die die Ziffer 9 *nicht* enthält,
b) die kleinste siebenstellige Zahl, die die Ziffer 1 *nicht* enthält,
c) die kleinste zehnstellige Zahl, die alle Ziffern enthält,
d) die größte elfstellige Zahl, die alle Ziffern außer der Ziffer 0 enthält,
e) die größte sechsstellige Zahl, die genau drei verschiedene Ziffern enthält,
f) die kleinste sechsstellige Zahl, die genau drei verschiedene Ziffern enthält?
g) Erfinde selbst solche „Zahlenrätsel“ und stelle sie deinem Banknachbarn.

11 Schrittweise runden

Simon behauptet: „Es ist egal, ob man gleich auf Tausender rundet oder ob man zuerst auf Zehner, dann auf Hunderter und dann auf Tausender rundet.“ Jessica protestiert: „Nein, das stimmt nicht!“ Wer hat recht? Gib dazu Beispiele an.

1.4 Diagramme

Der Zahlenstrahl – Vergleich von Zahlen

Zum Veranschaulichen der natürlichen Zahlen benutzt man einen **Zahlenstrahl**: Am Anfang steht 0. Dann folgen in gleichen Abständen 1, 2, 3, …:

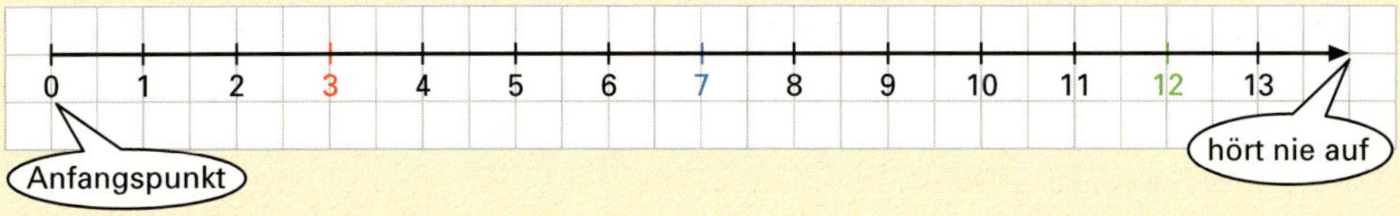

Beim **Vergleichen** von Zahlen verwenden wir die Worte „kleiner“, „gleich“ und „größer“. Du kennst nicht nur das Zeichen „=“ für **gleich**, sondern auch „<“ für „**kleiner**“ und „>“ für „**größer**“.

Je größer eine Zahl ist, desto weiter rechts steht sie auf dem Zahlenstrahl:
7 ist größer als 3, d. h. 7 liegt auf dem Zahlenstrahl rechts von 3; kurz: $7 > 3$.
7 ist kleiner als 12, d. h. 7 liegt auf dem Zahlenstrahl links von 12; kurz: $7 < 12$.

Für $3 < 7$ und $7 < 12$ schreiben wir kürzer: $3 < 7 < 12$.
Beim Aufstellen einer solchen **Ungleichungskette** musst du zunächst die Zahlen nach ihrer Größe sortieren und dann nur das Größer- oder Kleinerzeichen setzen. Steigend: $3 < 7 < 12$ oder fallend: $12 > 7 > 3$

Das Balkendiagramm

„Bilder sagen mehr als Zahlen.“ Übersichtlich sind **Balkendiagramme**. In diesen werden Zahlen durch Balken dargestellt.

Beispiel Klassensprecherwahl in der 5a

Moritz, Tina, Hannes, Simo und Alexandra stehen zur Wahl. Jeder Schüler hat eine Stimme: Er schreibt auf einen Zettel einen der fünf Namen. Tanja sammelt die Stimmzettel ein und öffnet sie. Nico hält dabei jede Stimme an der Tafel in einer Strichliste fest. Da er jeweils fünf Stimmen zu einem Bündel zusammenfasst, ist die Liste übersichtlich: Tina hat die Wahl gewonnen.
Noch übersichtlicher als die Liste ist dazu ein Balkendiagramm:
Tina ist erste Klassensprecherin, Simo zweiter Klassensprecher. Er hat sich mit Alexandra ein „Kopf-an-Kopf-Rennen“ geliefert. Hannes und Moritz landen etwas abgeschlagen auf den Plätzen vier und fünf.

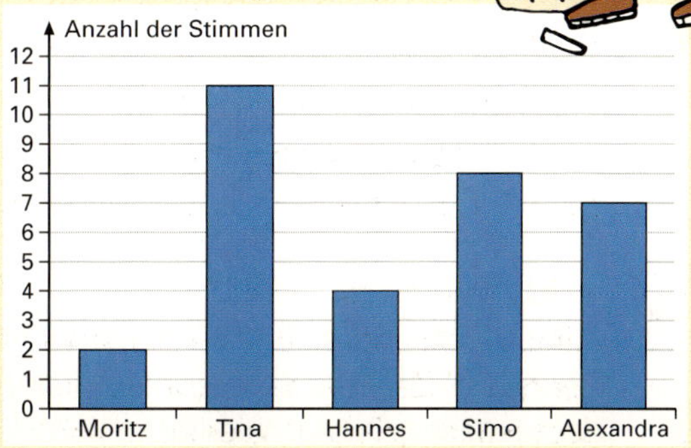

In Balkendiagrammen kann man Zahlen leichter vergleichen.

Aufgaben

1 Schau genau!

Gib bei jeder Teilaufgabe an, auf welche Zahlen die Pfeile zeigen.

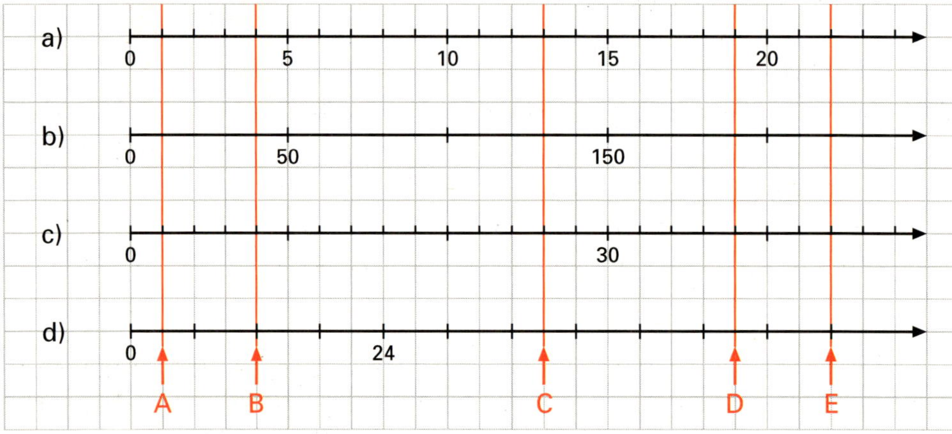

2 Steigen oder fallen?

Ordne die Zahlen in einer steigenden Ungleichungskette:

a) 13, 56, 96, 57, 35, 18, 21

b) 265, 695, 584, 321, 248, 312

c) 12765; 12657; 12756; 12567; 12576; 12675

Ordne die folgenden Zahlen in einer fallenden Ungleichungskette:

d) 24, 69, 58, 52, 34, 95

e) 248, 684, 268, 284, 628

f) 696696; 966996; 996699; 669966; 969969

3 Was kommt hinein?

Gib alle natürlichen Zahlen an, die du in das Kästchen eintragen kannst, so dass die Ungleichungskette stimmt.

a) $3 < \square < 5$ b) $3 < \square < 8$ c) $12 > \square > 8$

d) $33 < \square < 38$ e) $7 < \square < 8$ f) $7 < \square = 8$

g) $333 > \square > 444$ h) $51 = \square > 50$ i) $99 < \square < 100$

4 Alter vor Schönheit

Die fünf Freunde David, Laura, Verena, Conny und Sara werden von einer alten Dame gefragt, wer von ihnen am ältesten sei. Sie antworten ihr:

„Laura und Conny sind älter als Verena, David ist jünger als Sara, doch immer noch älter als Verena. Laura ist jünger als David und Conny ist älter als Sara."

Hilf der alten Dame! Wer ist am jüngsten und wer am ältesten?

5 Großfamilien?

Das Balkendiagramm gibt an, wie viele Mädchen und Jungen der 5a keine, ein, zwei oder drei Geschwister haben.

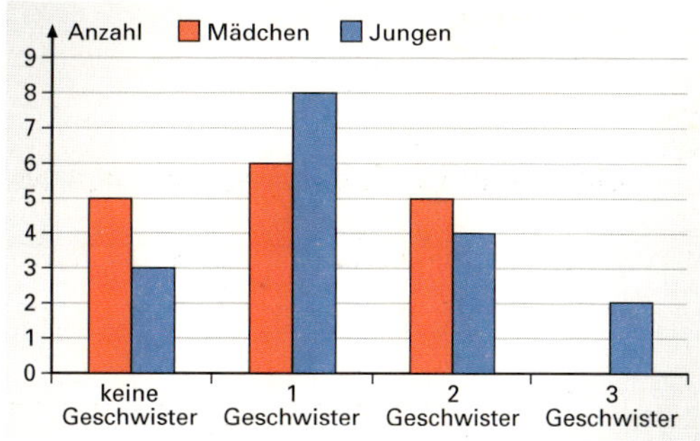

a) Wie viele Mädchen gehen in die 5a?

b) Wie viele Schüler sind insgesamt in der Klasse?

c) Wie viele Kinder haben mindestens zwei Geschwister?

d) Wie viele Jungen haben höchstens zwei Geschwister?

e) Wie viele Mädchen haben mehr als zwei Geschwister?

f) Wie viele Jungen haben weniger als drei Geschwister?

6 Die längsten Flüsse der Welt

Diese sind: Amazonas (6437 km), Donau (2850 km), Ganges (2511 km), Gelber Fluss (4845 km), Yangtsekiang (6378 km), Kongo (4674 km), Mississippi (3778 km), Murray (2589 km), Nil (6671 km) und Wolga (3534 km).

a) Runde die Flusslängen auf Hunderter. Stelle sie in einem Balkendiagramm dar.

b) Ordne die Flüsse nach ihrer Länge.

c) Gib an, durch welchen Kontinent jeder Fluß fließt.

7 Schwerfällig oder geschickt?

In der rechts abgebildeten, unvollständigen Tabelle stehen Lebenserwartung, durchschnittliches Gewicht und Höchstgeschwindigkeit von Braunbär, Elefant, Gepard, Nilpferd, Strauß und Wildschwein. Unten sind dazu Balkendiagramme abgebildet.

Tier	Lebens-erwartung	Gewicht	Geschwindigkeit
Braunbär		350 kg	65 km/h
	8 Jahre	60 kg	110 km/h
	70 Jahre	7500 kg	
Strauß		150 kg	
		3000 kg	48 km/h
Wildschwein		200 kg	50 km/h

a) Übertrage die Tabelle in dein Heft und vervollständige sie.

b) Ordne die Tiere nach ihrer Lebenserwartung, ihrem Gewicht und ihrer Höchstgeschwindigkeit.

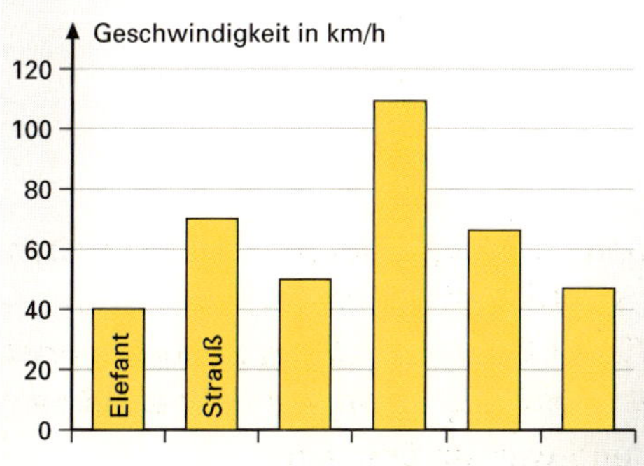

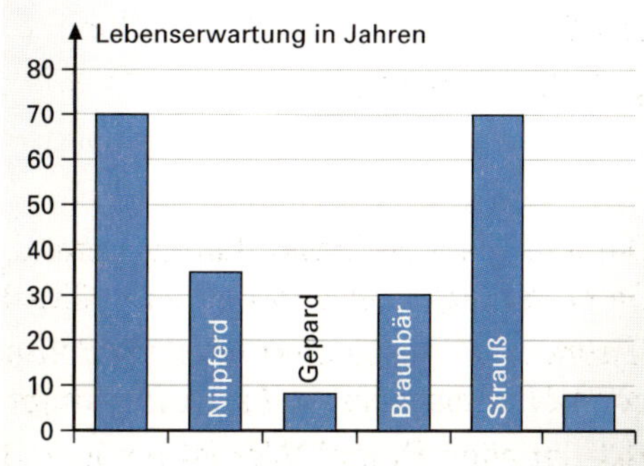

Zum Intensivieren

8 Zahlenstrahl

Auf welche Zahlen zeigen die Pfeile?

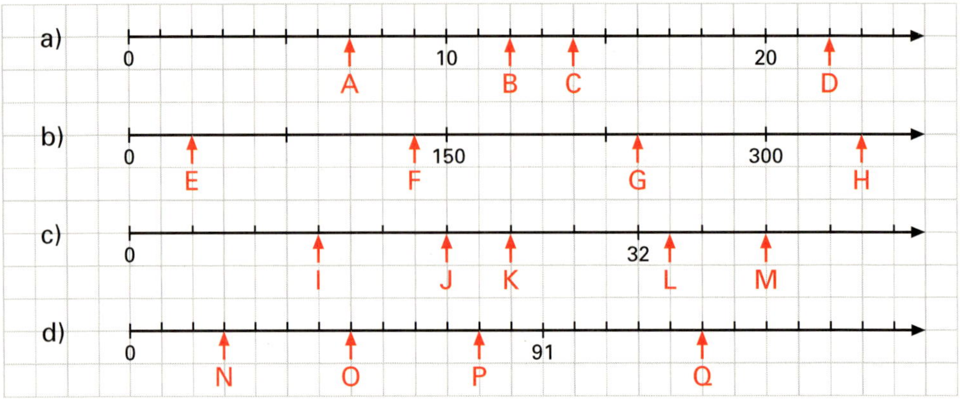

9 Wanted: Alle Zahlen!

Für welche natürlichen Zahlen im Kästchen stimmt

a) $4 + \square = 9$
b) $\square + 3 < 11$
c) $9 + \square < 17$
d) $16 > 8 + \square$
e) $28 = \square + 19$
f) $7 < \square + 2$
g) $27 > \square - 14$
h) $6 > \square - 2$
i) $21 - 9 = \square + 3$
k) $23 + \square < 29 - 2$
l) $17 - \square = 18 - 7$
m) $\square - 12 > 5 + 6$
n) $\square - 3 > 9 - 4$
o) $99 > 99 + \square + 3$
p) $28 + \square < 56 - 12$
q) $\square - 3 < 9 - 4$
r) $99 < 99 + \square$
s) $28 + \square > 56 - 12$?

10 Ablesen aus einem Diagramm

Amanda würfelt mehrmals und hält in einer Strichliste die Augenzahl fest, die jeweils aufgetreten ist. Dann zeichnet sie ein Balkendiagramm.

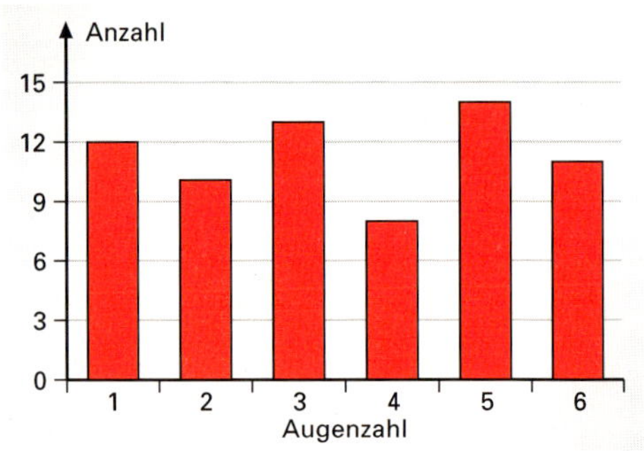

a) Was hat sie dargestellt?
b) Welche Augenzahl trat am häufigsten auf, welche am seltensten?
c) Wie oft wurde jede Augenzahl gewürfelt?
d) Wie oft hat sie insgesamt gewürfelt?
e) Wie oft ist eine Augenzahl gefallen, die größer als 4 ist, wie oft eine Augenzahl, die kleiner als 4 ist?

11 Who is who?

Die sieben größten Städte Deutschlands sind in alphabetischer Reihenfolge Berlin, Frankfurt, Hamburg, Köln, München, Nürnberg und Stuttgart. Die Einwohnerzahlen dieser Städte sind in fallender Größe 3 393 000, 1 729 000, 1 305 525, 1 024 300, 643 500, 589 000 und 499 712.

a) Runde die Einwohnerzahlen auf Hunderttausend genau.

b) Zeichne ein Balkendiagramm. Bestimme zu jedem Balken den Namen der zugehörigen Stadt.

c) In welchen Bundesländern befinden sich die einzelnen Städte?

12 Hunderassen

In der rechts abgebildeten, unvollständigen Tabelle stehen durchschnittliche Werte für das Gewicht und die Lebenserwartung von Bernhardiner, Dackel, Dogge, Schäferhund und Windhund. Unten sind dazu Balkendiagramme abgebildet.

Hunderasse	Gewicht	Lebens-erwartung
Windhund		
	32 kg	11 Jahre
Dogge		8 Jahre
	9 kg	

a) Vervollständige die Tabelle mithilfe der Balkendiagramme.

b) Ordne die Hunderassen nach ihrer Lebenserwartung.

c) Wie hängen Gewicht und Lebenserwartung zusammen?

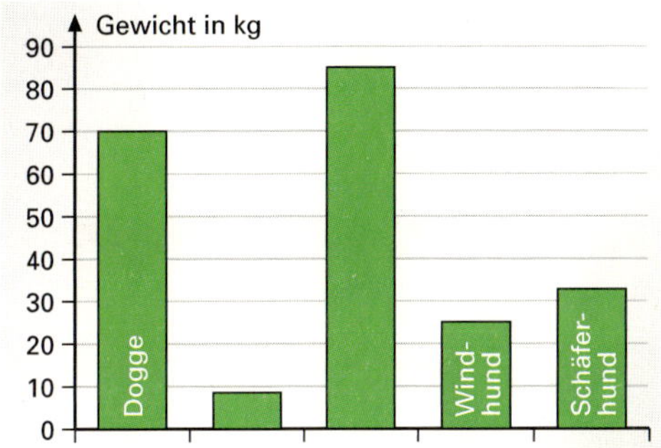

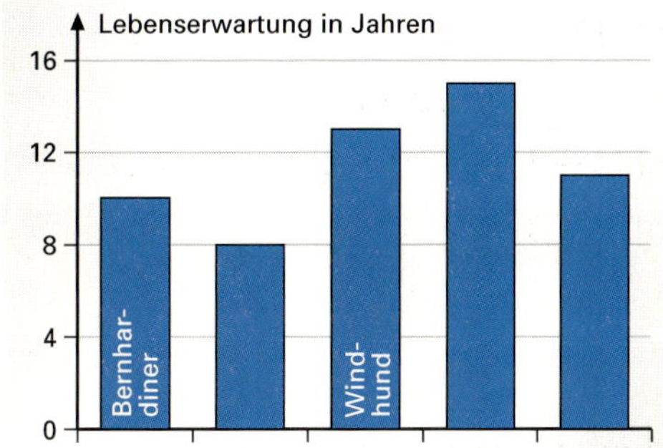

13 Mensch ärgere dich nicht

Beim Spiel „Mensch ärgere dich nicht“ muss man anfangs eine 6 würfeln, damit man beginnen darf. Du darfst aber höchstens dreimal würfeln.

a) Würfele 20 solche „Serien“ und notiere in einer Strichliste, bei wie vielen „Serien“ du „gar nicht“, nach dem 1., 2. oder 3. Wurf aus dem Haus durftest.

b) Zeichne dazu ein Balkendiagramm.

c) Welcher Fall trat bei dir am häufigsten auf? Bei wie vielen der 20 „Serien“ hast du eine 6 gewürfelt? Vergleiche mit deinem Nachbarn. Stimmt dein Ergebnis mit deiner Erfahrung überein?

Der japanische Abakus

Hier ist der älteste Taschenrechner der Welt abgebildet: der Abakus.
Jede Kugel unter dem Steg hat den Wert 1 und jede Kugel über dem Steg hat den Wert 5. Eine Zahl wird aufgebaut, indem die entsprechenden Kugeln zum Steg hingeschoben werden.

Der links abgebildete Abakus zeigt die Zahl 528.

Baue wie rechts abgebildet, deinen eigenen Abakus:
Du benötigst dafür drei 5-Ct-Münzen und 12 1-Ct-Münzen.

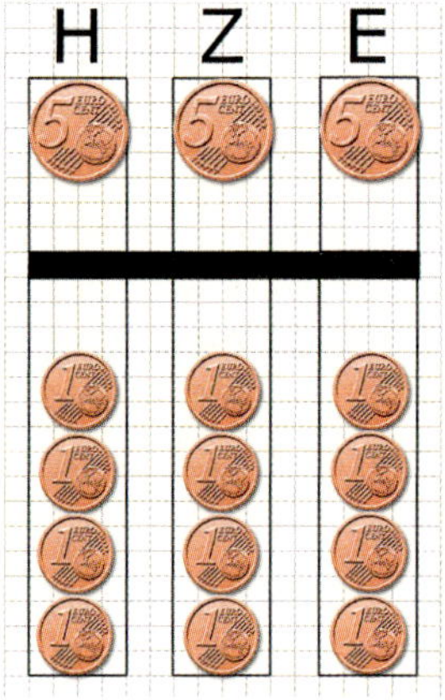

1. Lege nacheinander die Zahlen 123, 456 und 605.

2. Berechne mit deinem Abakus 52 + 36, indem du zuerst die Zahl 52 legst und dann die Zahl 36 dazu nimmst. Beginne immer mit den Einern.

3. Berechne mit dem Abakus:
a) 406 + 62 b) 173 + 14 c) 341 + 538

4. 6 + 7 kannst du mit dem Abakus schrittweise berechnen:

1. Schritt

2. Schritt

3. Schritt

4. Schritt

Erkläre wie du bei der Rechnung 6 + 7 vorgehen musst.

5. Berechne mit dem Abakus:
a) 6 + 5 b) 18 + 6
c) 28 + 17 d) 155 + 280

Abakus-Bezugsquelle: Arithmeum; Universität Bonn.

2.1 Addition natürlicher Zahlen

Die Bezeichnung **addieren** für zusammenzählen kommt vom lateinischen Wort *addere* (*hinzufügen*). Beim Addieren benutzen wir folgende Fachbegriffe:

Die Addition

38	+	67	=	105
1. Summand	plus	2. Summand	gleich	Wert der Summe

(1. Summand plus 2. Summand: Summe)

Plus bedeutet im Lateinischen *mehr* und *summare zusammenzählen*.

Schriftliches Addieren

Summen, wie z. B. 912 + 1563 + 9870, berechnen wir schriftlich. Dabei müssen wir die Ziffern mit dem gleichen Stellenwert addieren: zuerst die Einer, dann die Zehner, dann die Hunderter usw.
Das gelingt leicht, wenn wir die Stellen mit dem gleichen Stellenwert untereinander schreiben:

```
      9 1 2
    1 5 6 3
+   9 8 7 0
  1  2  1        Achte auf den Übertrag!
-----------
  1 2 3 4 5
```

Die Summe kannst du auch berechnen, ohne die Zahlen untereinander zu schreiben. Du beginnst wieder mit den Einern, fährst dann mit den Zehnern fort, usw. Damit du dabei die Übersicht nicht verlierst, setzt du beim Zusammenzählen unter die Stelle, die du gerade addierst, einen Punkt:

$912 + 1563 + 9870 = 12345$

Die Rechengesetze beim Addieren

Markus unternimmt eine Fahrradtour. Zuerst fährt er von Nürnberg 5 km nach Fürth, um seinen Freund Matthias abzuholen. Dann fahren sie zusammen 17 km nach Erlangen. Insgesamt legt Markus 5 km + 17 km = 22 km zurück. Auf dem Heimweg fährt Markus dieselbe Strecke in umgekehrter Richtung. Er legt wieder 17 km + 5 km = 22 km zurück. Es ist 5 + 17 = 17 + 5.

Vertauschen wir beim Addieren die beiden Summanden, ändert sich der Wert der Summe nicht. Das gilt für beliebige natürliche Zahlen. In der Mathematik schreibt man Buchstaben für beliebige Zahlen.

> **Vertauschungsgesetz** oder **Kommutativgesetz** (kurz: K-Gesetz)
> Der Wert einer Summe ändert sich nicht, wenn man die beiden Summanden vertauscht. Für beliebige natürliche Zahlen a und b gilt: $a + b = b + a$

Der Name *Kommutativgesetz* kommt vom lateinischen Wort *commutare* für *vertauschen* her.

Markus fährt von Nürnberg 5 km nach Fürth und dann 17 km nach Erlangen. Nach einer kurzen Rast fährt er 20 km nach Forchheim weiter. Insgesamt legt er (5 km + 17 km) + 20 km = 22 km + 20 km = 42 km zurück.
Mireille fährt auch von Nürnberg nach Fürth, legt eine kurze Pause ein und fährt ohne Unterbrechung von Fürth über Erlangen nach Forchheim. Sie legt insgesamt den Weg 5 km + (17 km + 20 km) = 5 km + 37 km = 42 km zurück.
Beide Wege sind gleich lang. Es ist (5 + 17) + 20 = 5 + (17 + 20).

Allgemein:

> **Verbindungsgesetz** oder **Assoziativgesetz** (kurz: A-Gesetz)
> Der Wert einer Summe ändert sich nicht, wenn die Summanden auf verschiedene Weise zusammengefasst werden. Für beliebige natürliche Zahlen a, b und c gilt: $(a + b) + c = a + (b + c)$

Der Name *Assoziativgesetz* kommt vom lateinischen Wort *associare* für *verbinden*.

Mithilfe der Rechengesetze können wir Zahlen geschickt addieren:

Beispiele

a) $125 + 389 + 85$
$= 389 + 125 + 85$ Kommutativgesetz
$= 389 + (125 + 85)$ Assoziativgesetz
$= 389 + 210$
$= 599$

b) $1347 + 349 + 4653 + 551$
$= 1347 + 4653 + 349 + 551$ Kommutativgesetz
$= (1347 + 4653) + (349 + 551)$ Assoziativgesetz
$= 6000 + 900$
$= 6900$

Aufgaben

1 Kopfrechnen

a) 66 + 77 + 11 b) 33 + 44 + 34 c) 99 + 11 + 55
d) 79 + 43 + 19 e) 65 + 35 + 15 f) 23 + 43 + 66
g) 27 + 42 + 31 h) 28 + 47 + 25 i) 123 + 234 + 345
k) 385 + 294 + 121 l) 294 + 396 + 310 m) 527 + 295 + 289

2 Schriftliches Addieren

a) $$\begin{array}{r} 1\,0\,6 \\ +\,8\,9\,3 \\ \hline \end{array}$$
b) $$\begin{array}{r} 5\,3\,2 \\ +\,7\,1\,3 \\ \hline \end{array}$$
c) $$\begin{array}{r} 8\,6\,7 \\ +\,8\,7\,1 \\ \hline \end{array}$$
d) $$\begin{array}{r} 9\,3\,2 \\ +\,9\,9\,7 \\ \hline \end{array}$$
e) $$\begin{array}{r} 3\,7\,1 \\ 8\,9\,8 \\ +\,5\,1\,1 \\ \hline \end{array}$$
f) $$\begin{array}{r} 6\,9\,9 \\ 8\,9\,8 \\ +\,5\,1\,1 \\ \hline \end{array}$$
g) $$\begin{array}{r} 6\,9\,9 \\ 1\,6\,1 \\ +\,2\,7\,3 \\ \hline \end{array}$$
h) $$\begin{array}{r} 8\,5\,7 \\ 5\,9\,7 \\ +\,6\,8\,1 \\ \hline \end{array}$$

3 Überschlagsrechnung und genauer Summenwert

Überschlage das Ergebnis, d. h. runde grob und addiere im Kopf. Berechne den genauen Wert der Summe, ohne die Zahlen untereinander zu schreiben.

a) 718 + 576 + 928 b) 513 + 86 + 2408 c) 4817 + 7095 + 76
d) 42 + 3105 + 887 + 6 e) 38 + 187 + 95 + 505 f) 1811 + 53 + 78 + 209
g) 67 + 379 + 424 + 17 + 491 + 217 + 247
h) 2127 + 348 + 130 + 52 + 1096 + 568
i) 1012 + 439 + 2904 + 842 + 21 + 926 + 8189

4 Rechenpyramiden

Übertrage die Pyramiden in dein Heft. Ergänze die fehlenden Zahlen so, dass die Summe zweier nebeneinander stehender Zahlen stets die Zahl im darüber liegenden Kästchen ergibt.

a)
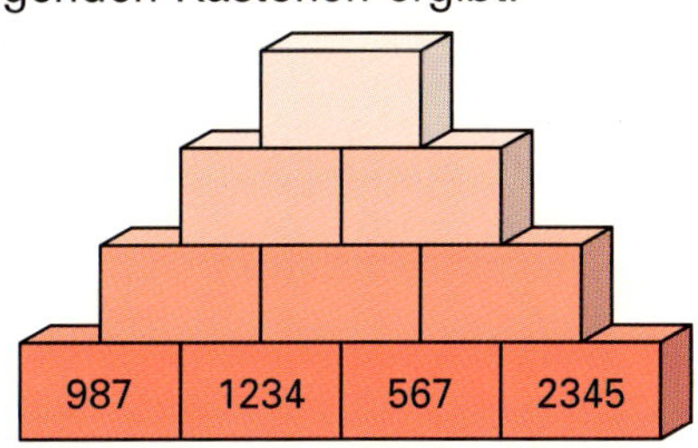

b)
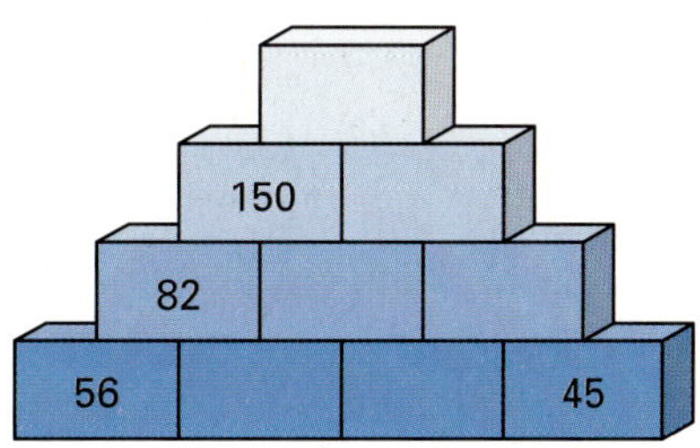

5 Doppelt berechnet

Berechne die Summe zunächst so, wie es die Klammern vorschreiben. Berechne dann die Summe geschickter, indem du die Rechengesetze benutzt.

a) 985 + (417 + 1015) b) (7463 + 2483) + 2537 c) 2937 + (35 + 1063)
d) 4793 + (8546 + 9207) e) 8877 + (5423 + 2537) f) (8512 + 231) + 9768

6 Geschicktes Berechnen

Schätze das Ergebnis ab. Berechne den genauen Wert geschickt mithilfe der Rechengesetze.

a) $4 + 12 + 36 + 23 + 18 + 67$
b) $36 + 19 + 55 + 41 + 25 + 94$
c) $538 + 415 + 111 + 262 + 689 + 85$
d) $325 + 287 + 475 + 78 + 313 + 722$
e) $911 + 274 + 148 + 289 + 252 + 126$
f) $49 + 948 + 152 + 830 + 451 + 70$

7 Knobelaufgabe – ein Stern

Der Stern hat 6 Zacken und 12 Ecken. An jeder der Ecken soll eine der Zahlen von 1 bis 12 so stehen, dass die Summen längs der Seiten gleich groß sind. Manche Ecken sind schon mit Zahlen beschriftet.

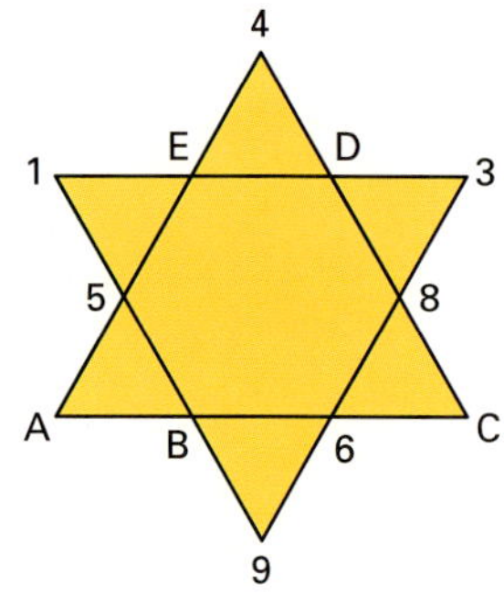

a) Wie groß ist die Summe längs einer Seite?
b) Bestimme die Zahlen, die für die Buchstaben von A bis E an die Ecken des Sterns zu schreiben sind.

8 Schaffe, schaffe, Häusle baue.

Familie Häberle möchte ein Haus bauen. Die Familie hat insgesamt 117 000 € gespart. Opa und Oma Häberle steuern 56 000 € bei.

a) Wie viel darf das Haus höchstens kosten, wenn die Familie keine Schulden machen möchte?

Für den Rohbau holt sich Familie Häberle von drei Firmen Angebote ein.

b) Wie viel verlangen die einzelnen Firmen für den Rohbau? Welche Baufirma wird Familie Häberle wählen?

	Firma Fix & Fertig	Firma Steinmeier	Firma Ohnhäuser
Erdaushub	9120 €	11320 €	8290 €
Keller	7760 €	8800 €	7910 €
Betonarbeiten	81400 €	63530 €	74320 €
Maurerarbeiten	74490 €	83200 €	78350 €
Dachstuhl	1950 €	3500 €	2950 €

9 Briefmarkensammler

Marc, Nico, Hannes und Robert vergleichen ihre Briefmarkensammlungen. Marc sammelt nur Marken aus Deutschland und Frankreich. Von beiden Ländern hat er je 753 Stück. Nico hat 790 deutsche und 418 ausländische Briefmarken mehr als deutsche. Hannes besitzt 353 Marken aus Österreich, 753 aus Frankreich und aus Deutschland genauso viele wie aus Österreich und Frankreich zusammen. Robert besitzt 475 französische und 125 englische Marken. Aus Deutschland hat er 517 Marken mehr als aus Frankreich.

a) Aus welchem Land stammt die abgebildete blaue Briefmarke? Wem könnte die Briefmarke gehören?
b) Wie viele deutsche Briefmarken haben die Jungen zusammen?
c) Wie viele Briefmarken haben sie insgesamt?

10 Kaninchen zählen

Zu Beginn des 13. Jahrhunderts lebte in Italien der Mathematiker Fibonacci. Er unternahm viele Reisen und brachte von den Arabern die arabischen Ziffern mit. Diese verbreitete er in seinem Rechenbuch *Liber abaci* in Europa. In diesem Buch findet man eine berühmte Kaninchenaufgabe:
Die Jugendzeit eines Kaninchenpaares dauert zwei Monate. Danach bringt es jeden Monat ein weiteres Kaninchenpaar hervor. Die Nachkommen vermehren sich genauso.

Stell dir vor, du hast ein neugeborenes unsterbliches Fibonacci-Kaninchenpaar geschenkt bekommen.

a) Erstelle eine Tabelle wie rechts abgebildet. Trage in die Tabelle ein, wie viele Kaninchenpaare du nach 1, 2, 3, 4, 5 Monaten hast. Wie viele Paare hast du am Ende eines jeden Monats?

vergangene Monate						Zahl der Paare
1						1
2						
3						
4						
5						

b) Wie kannst du die Anzahl der Kaninchenpaare aus der Anzahl der Paare in den vorhergehenden Monaten berechnen?

c) Schreibe die Anzahl der Kaninchenpaare vom 6. bis zum 12. Monat auf.

d) Starte im 1. Monat mit einer selbst gewählten Anzahl von Kaninchenpaaren. Gib nach 2, 3, 4, 5 Monaten die Zahl der Paare an.

11 Zahlenfolgen

Die aufeinanderfolgenden Zahlen sind in gleicher Weise berechnet worden. Setze die Zahlenfolgen um drei weitere Zahlen fort.

a) 3, 10, 17, 24, ...
b) 55, 66, 77, 88, ...
c) 3, 4, 6, 9, 13, ...
d) 119, 102, 85, 68, ...
e) 10, 11, 9, 12, 8, 13, 7, ...
f) Bastle eine Zahlenfolge!

Zum Intensivieren

12 Additionsmarathon

a)
```
  789449
  452651
+   3464
```

b)
```
  788852
   22714
+ 503158
```

c)
```
   39987
    6969
+ 356831
```

13 **Verflixt! Ziffern verwischt!**

Übertrage die Rechnungen in dein Heft und ergänze die fehlenden Ziffern.

a)
```
   □ 1 6 7
 + 8 3 □ 4
 ---------
 □ 2 □ 4 □
```

b)
```
   6 □ 2 8
   □ 2 □ 9
 ---------
 1 1 4 0 □
```

c)
```
   9 5 1 □
 + 7 □ 8 6
 ---------
 □ □ 4 □ 8
```

d)
```
   □ 1 9 4 □
 + 3 □ 8 □ 5
 -----------
   9 1 □ 2 2
```

14 **Unfall beim Pyramidenbau**

a) Leider ist die Additions-Pyramide beim Aufbau zusammengestürzt. Hilf beim Wiederaufbau! Setze die Zahlenbausteine an die richtige Stelle der Pyramide.

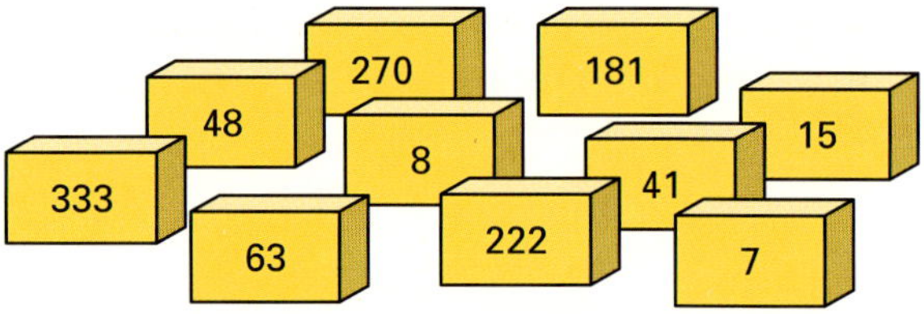

b) Denke dir eine vollständig beschriftete Additionspyramide aus und zeichne sie auf ein Blatt Papier. Zerschneide sie in ihre einzelnen Steine. Stelle deinem Nachbarn die Aufgabe, die Pyramide wieder zusammenzusetzen.

15 **Zwölfe hat's geschlagen!**

a) Eine Kirchturmuhr schlägt nur zur vollen Stunde: um ein Uhr einmal, um zwei Uhr zweimal, ... Um 13 Uhr beginnt die Uhr wieder mit einem Glockenschlag. Wie oft schlägt die Glocke im Lauf eines Tages?

b) Eine Standuhr schlägt jede Viertelstunde einmal. Um ein Uhr schlägt sie einmal, um zwei Uhr zweimal usw. Wie oft schlägt die Uhr im Lauf eines Tages?

16 **Suche nach dem richtigen Weg**

Suche einen Weg von der linken unteren Ecke des Quadrats bis zur rechten unteren Ecke so, dass die Summe der Zahlen in den durchlaufenen Quadraten 44 ergibt. Du darfst aber keinen Weg doppelt gehen.

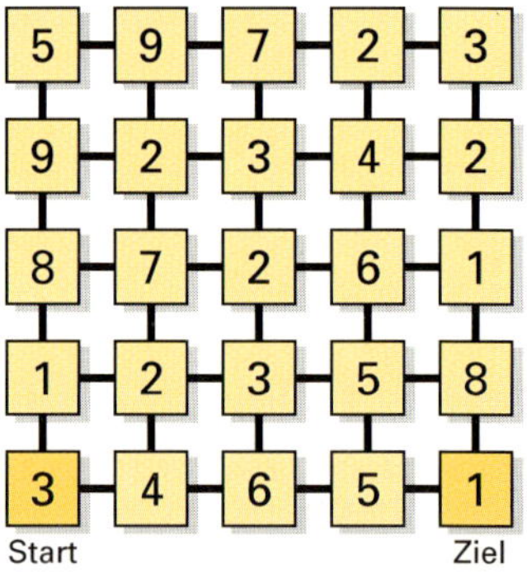

2.2 Subtraktion natürlicher Zahlen

Lena hat für einen Pulli und eine schicke Hose insgesamt 67 € bezahlt. Der Pulli hat 28 € gekostet. Lena hat den Preis der Hose vergessen – und grübelt: Der unbekannte Preis x € und der Pullipreis 28 € ergeben zusammen 67 €:

$$x + 28 = 67$$

Bekannt sind ein Summand und der Summenwert. Den unbekannten Summanden x erhalten wir, indem wir vom Gesamtpreis 67 € den Pullipreis 28 € abziehen:

$$x = 67 - 28$$

Anstatt *abziehen* sagt man auch **subtrahieren** (nach dem lat. Wort *subtrahere* für *abziehen*). Dabei benutzen wir folgende Fachbegriffe:

Subtraktion

67	–	28	=	39
Minuend	minus	Subtrahend	gleich	Wert der Differenz

Minuend minus Subtrahend: Differenz

Auch diese Bezeichnungen stammen von lateinischen Wörtern ab: von *minuere, vermindern, subtrahere, entfernen und differentia, Unterschied.* Der Minuend ist die Zahl, die vermindert wird, der Subtrahend die Zahl, die entfernt wird. Wer nicht Latein kann, merkt sich, dass Minuend und Subtrahend in alphabetischer Reihenfolge auftreten: M vor S – der Minuend ist der erste Bestandteil, der Subtrahend der zweite Bestandteil einer Differenz.

Das Ermitteln eines unbekannten Summanden aus dem anderen Summanden und dem Summenwert nennt man Umkehren der Addition. Also:

Die Subtraktion ist die Umkehrung der Addition.

Schriftliches Subtrahieren

Für das schriftliche Subtrahieren gibt es zwei Verfahren:

Abziehverfahren

```
  6 14 7 13
  7  4 8  3   (durchgestrichen)
– 5  6 2  9
  1  8 5  4
```

3 minus 9 geht nicht.
wechsle 1 Z in 10 E,
behalte 7 Z.
13 minus 9 gleich 4.
7 minus 2 gleich 5. ...

Aufzählverfahren

```
  7 4 8 3
– 5 6 2 9
    1   1
  1 8 5 4
```

9 plus 4 gleich 13,
schreibe 4 merke 1.
3 plus 5 gleich 8,
schreibe 5. ...

Aufgaben

1 Schriftliches Subtrahieren

a) 254 − 214	b) 9645 − 3012	c) 901233 − 123456
d) 80000 − 73457	e) 7392 − 2948	f) 10203 − 9999
g) 992635 − 2839	h) 10174 − 1375	i) 100204 − 76543

2 Kommutativ- und Assoziativgesetz bei der Subtraktion?

a) Ist 10 − 7 das Gleiche wie 7 − 10? Darfst du Minuend und Subtrahend vertauschen? Kannst du deine Antwort begründen?

b) Berechne (37 − 17) − 7 sowie 37 − (17 − 7). Darfst du bei einer Differenz die Klammern „verschieben“? Versuche deine Antwort anhand des Beispiels zu begründen.

c) Fasse deine Erkenntnisse in Worte.

3 Rechenpyramiden

Übertrage die Pyramiden in dein Heft. Ergänze die fehlenden Zahlen so, dass die Differenz zweier nebeneinanderstehender Zahlen stets die Zahl im darüber liegenden Kästchen ergibt!

a)

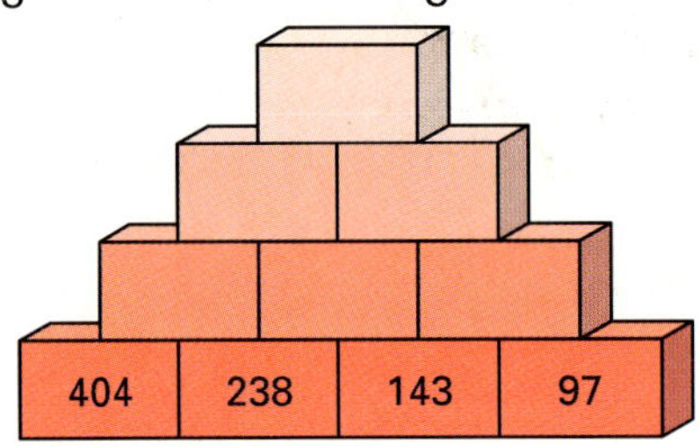

b)

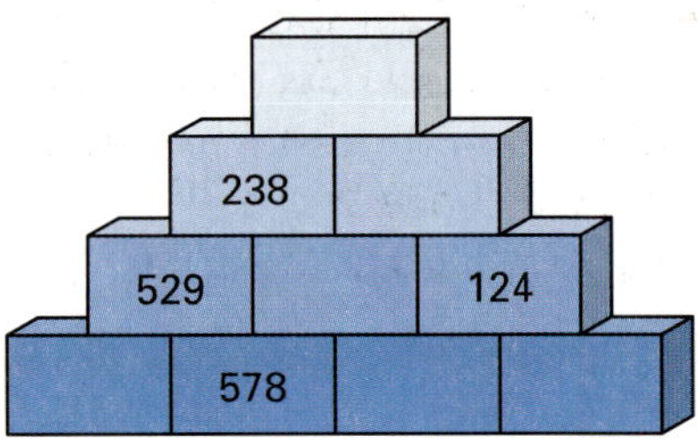

4 Kleinste Differenz

Bilde aus den sechs Ziffern 1, 2, 3, 4, 5 und 6 zwei dreistellige Zahlen mit verschiedenen Ziffern.
Berechne die Differenz „größere Zahl minus kleinere Zahl“.

a) Welche Zahlen musst du bilden, damit die Differenz möglichst groß wird?

b) Welche Zahlen musst du bilden, damit die Differenz möglichst klein wird?

5 Versteckt: Auf der Suche nach dem richtigen Alter

Klaus, Armin, Felix und Alex schätzen das Alter ihrer neuen Mathematiklehrerin: „Sie sind 24!“, meint Felix. „Klaus ist für 27, Alex schätzt Sie auf 31 und Armin sogar auf 36 Jahre.“ Daraufhin antwortet die Lehrerin: „Keiner von euch hat mein Alter erraten, doch eine Schätzung war nur um ein Jahr, eine andere um drei Jahre falsch. Wie alt bin ich nun?“ Hilf den vier Schülern, das Alter der Lehrerin herauszufinden.

6 Über den Wolken

Ein Passagierflugzeug ist von Nürnberg nach Tibet unterwegs. Nach dem Start steigt das Flugzeug insgesamt um 11 238 m, bis es seine höchste Reisehöhe von 11 581 m über dem Meeresspiegel erreicht hat.

a) Wie hoch liegt der Nürnberger Flughafen über dem Meeresspiegel?

Vor der Landung verringert der Pilot die Flughöhe zunächst um 4537 m, ein wenig später um weitere 2190 m. Bei der eigentlichen Landung verliert das Flugzeug noch 520 m an Höhe.

b) In welcher Höhe über dem Meeresspiegel liegt der angeflogene Flughafen? Wie heißt dieser Flughafen?

7 Sonderangebot!

Herr Hacker stellt sich beim Fachhandel OKLETA einen Computer nach einem Sonderangebot zusammen. Der Tower kostet 899 € und der 21" Monitor 598 €. Für Tastatur und Maus gibt er zusammen 58 € aus. Der Drucker kostet 229 € und der Scanner 69 €.

a) Was bedeutet die Angabe 21"?

b) Wie viel hat Herr Hacker für seinen Computer bezahlt?

Tower	959 €
19″ Monitor	199 €
21″ Monitor	612 €
Tastatur	39 €
Maus	23 €
Drucker	249 €
Scanner	75 €
Lautsprecher	48 €

Einer drei Wochen alten Tageszeitung entnimmt er die Preise, die OKLETA vor dem Sonderangebot verlangt hat (siehe rechts).

c) Wie viel Euro hat Herr Hacker gegenüber diesen Preisen gespart?

Zum Intensivieren

8 Und schon wieder gekleckst!

Übertrage die Rechnungen in dein Heft und ergänze die fehlenden Ziffern.

a)
```
  7 ✸ 1 3
− ✸ 2 ✸ 1
---------
  3 5 7 ✸
```

b)
```
  4 8 ✸ 3
− 3 ✸ 7 ✸
---------
  ✸ 2 2 2
```

c)
```
  ✸ 3 ✸ 7
− 3 5 1 ✸
---------
  5 ✸ 9 7
```

d)
```
  9 ✸ 6 ✸
− 4 3 ✸ 5
---------
  ✸ 7 4 4
```

9 Lachmöwen

Als Nikola im Urlaub morgens ihr Zimmerfenster öffnet, fliegen von den Möwen, die auf dem Gartenzaun sitzen, 12 weg. Kurz danach setzen sich wieder 7 dazu. Jetzt zählt Nikola 16 Möwen. Wie viele saßen ursprünglich auf dem Zaun?

10 An der Differenz drehen

Wie ändert sich der Wert einer Differenz, wenn du

a) den Subtrahenden um 28 vergrößerst,
b) den Minuenden um 69 verkleinerst,
c) den Subtrahenden um 12 verringerst,
d) den Minuenden um 12 erhöhst,
e) Minuend und Subtrahend um je 48 vergrößerst,
f) Minuend und Subtrahend um je 24 verringerst,
g) den Minuenden um 3 größer und den Subtrahenden um 3 kleiner machst?

11 Geburtstagsknobelei

Lisa, Stefan, Anne und die Zwillinge Hans und Max spielen zusammen in einer besonderen Volleyballmannschaft: Alle haben am gleichen Tag Geburtstag. Lisa ist älter als Hans und Max ist älter als Anne. Stefan ist wiederum jünger als Anne.

a) Wer ist am ältesten, wer am jüngsten?
b) Das älteste Mannschaftsmitglied ist 4 Jahre älter als das jüngste. Bis auf die Zwillinge sind alle in verschiedenen Jahren geboren. Zusammen sind die Fünf 74 Jahre alt. Wie alt sind die Zwillinge?

12 Hellseherische Vorhersage des Ergebnisses

Schreibe eine dreistellige Zahl mit lauter verschiedenen Ziffern auf.

a) Schreibe die Ziffern der Zahl in umgekehrter Reihenfolge auf. Diese Zahl heißt *Spiegelzahl* der ersten Zahl. Subtrahiere nun die kleinere Zahl von der größeren.
b) Falls die Ergebniszahl weniger als 3 Stellen hat, ergänze sie durch eine Null auf der Hunderterstelle. Bilde von dieser „dreistelligen" Zahl wieder die Spiegelzahl. Addiere die Ergebniszahl zu ihrer Spiegelzahl. Ich behaupte: Du erhältst 1089, wenn du richtig gerechnet hast.
c) Führe zusammen mit deinem Nachbarn die gleichen Rechnungen mit anderen dreistelligen Zahlen mit lauter verschiedenen Ziffern durch.

Ihr sollt der geheimnisvollen Rechnung auf die Spur kommen. Betrachtet dazu euere Rechnungen.

d) Welche Ziffer steht nach der Subtraktion von Zahl und Spiegelzahl immer auf der Zehnerstelle? Kannst du das erklären?
e) Kannst du erklären, warum die Ziffern auf der Einer- und der Hunderterstelle der neuen Zahl und ihrer Spiegelzahl zusammen immer 9 ergeben?
f) Warum ergibt die Summe der neuen Zahl und ihrer Spiegelzahl stets 1089?

2.3 Verbindung von Addition und Subtraktion

Rechenregeln

Laura erhält zu ihrem Geburtstag 50 €, für die sie sich Kleidung kaufen soll. Sie gibt für ein schickes T-Shirt 13 € aus. Dann hat sie noch 50 € − 13 € = 37 €. Für einen kurzen Rock bezahlt sie 28 €. Von den 50 € bleiben also 37 € − 28 € = 9 € übrig. Auf dem Heimweg findet sie ein 2-€-Stück. Laura hat jetzt noch 9 € + 2 € = 11 €.

Wir können die Rechnung der Reihe nach in **einem Ansatz** aufschreiben:

$$\begin{aligned} & 50-13-28+2 \\ =\ & 37-28+2 \\ =\ & 9+2 \\ =\ & 11 \end{aligned}$$

> Berechne Rechenausdrücke ohne Klammern von links nach rechts.
> Was noch nicht zum Rechnen dran, das schreibe unverändert an.

Wir können das übrig gebliebene Geld auch anders berechnen: Insgesamt muss Laura 13 € + 28 € = 41 € bezahlen. Sie bekommt an der Kasse 50 € − 41 € = 9 € zurück. Sie findet auf dem Heimweg noch ein 2-€-Stück.

Beim Aufstellen des Gesamtansatzes für diese Rechnung benötigen wir Klammern, die angeben, was zusammengehört: Die Ausgaben 13 € + 28 € setzen wir in runde Klammern (...), was dann vom 50-€-Schein übrig bleibt, in eckige Klammern [...]. Dazu kommen noch 2 €:

$$\begin{aligned} & [50-(13+28)]+2 \\ =\ & [50-41]+2 \\ =\ & 9+2 \\ =\ & 11 \end{aligned}$$

- **Klammern** geben an, was zusammengehört. In der Mathematik verwendet man runde ( ), eckige [ ] und geschweifte { } Klammern.
- Berechne zuerst den Inhalt der Klammern.
- Sind Klammern ineinander geschachtelt {...[...(...)]}, so rechne von „innen“ nach „außen“: Berechne zuerst alle runden Klammern (...), dann alle eckigen [ ] und am Ende die geschweifte Klammer { }.
- Was noch nicht zum Rechnen dran, das schreibe unverändert an.

Gliedern von Termen

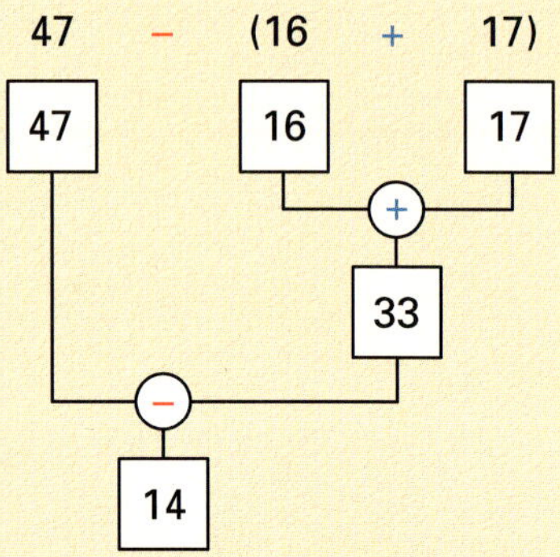

Einen **Rechenausdruck**, wie z.B. $47 - (16 + 17)$, nennt man auch einen **Term**. Wie sich der Term aus Summen und Differenzen zusammensetzt, finden wir mithilfe eines Rechenbaums:
Wir schreiben den Term auf und lassen zwischen den Gliedern etwas Platz. In unserem Beispiel müssen wir wegen der Klammer zuerst 16 und 17 addieren: $16 + 17 = 33$. Danach müssen wir von 47 die Zahl 33 subtrahieren: $47 - 33 = 14$. Diese einzelnen Schritte notieren wir in der Form eines „Baumes". Am Ende steht das Ergebnis der Rechnung da. Im letzten Rechenschritt wird subtrahiert. Dieser gibt dem Term seinen Namen: Der Term heißt deshalb Differenz.

> Der letzte Rechenschritt gibt die Art des Terms an.

Nun können wir den Term gliedern, indem wir den Baum von **unten** nach **oben** lesen und die „Äste" von links nach rechts durchlaufen:

- Der Term ist eine Differenz.
  - Der Minuend ist 47.
  - Der Subtrahend ist eine Summe.
    - Der 1. Summand ist 16.
    - Der 2. Summand ist 17.

Lösen von Textaufgaben in einem Ansatz

Durch die Verbindung von Addition und Subtraktion kannst du Textaufgaben elegant mit einem Gesamtansatz lösen.

Beispiel Im Kino „Cinematic" gibt es 417 Plätze. Für die Vorstellung eines Disneyfilms werden im Vorverkauf 89 Karten an Jugendliche und 35 Karten weniger an Erwachsene verkauft. An der Abendkasse werden 95 Karten an Erwachsene und 28 Karten mehr an Jugendliche verkauft. Wie viele Sitze bleiben unbesetzt?

Oft erleichtert eine **Tabelle** das Lösen von Textaufgaben: Lies dazu die Textaufgabe Schritt für Schritt durch und notiere nacheinander alles, was in der Aufgabe steht:

Plätze insgesamt	417
Vorverkauf Jugendliche	89
Vorverkauf Erwachsene	89 − 35
Abendkasse Erwachsene	95
Abendkasse Jugendliche	95 + 28

Gesamtansatz: Anzahl der Plätze − Anzahl der verkauften Karten

$$\begin{aligned} & 417-[89+(89-35)+95+(95+28)] \\ = & 417-[89+54+95+123] \\ = & 417-361 \\ = & 56 \end{aligned}$$

Es bleiben 56 Plätze unbesetzt.

Aufgaben

1 Berechne:

a) $17+25-8+43+16-21+28$
b) $24+17-23-9+43+11-63$
c) $43-18+48-26+39-31-19$
d) $24+22-17+49+11-17-72$
e) $263-123-70+63+177+190$
f) $179-23+137-116+23-123$

2 Gliedere den Term und berechne seinen Wert:

a) $63+(52-38)$
b) $72-(84-67)$
c) $(253-76)-(74+88)$
d) $(121-48)+(234-97)$
e) $232-[348-(162+77)]$
f) $[(43+78)-32]+(65-49)$

3 **Auf die Klammern kommt es an!**

a) $88-13+35-24-11+5$
b) $88-(13+35)-24-11+5$
c) $88-13+35-(24-11)+5$
d) $88-(13+35-24-11+5)$
e) $88-(13+35)-(24-11+5)$
f) $88-[13+35-(24-11)+5]$
g) $88-(13+35)-[24-(11+5)]$
h) $88-\{13+35-[24-(11+5)]\}$

4 **Oh! Klammern vergessen ...**
Setze die fehlenden Klammern so, dass die Rechnung richtig wird!

a) $25-12-7=20$
b) $100-50-50-50=50$
c) $1250-750-1000-500=1000$
d) $10-9-8-7-6-5-4-3-2-1=5$

5 **Verzwickt!**
In den Rechnungen fehlen Klammern. Setzte jeweils Klammern so, dass das Ergebnis möglichst groß bzw. möglichst klein wird.

a) $37-8+14-11$
b) $99-48-32-18$
c) $78-27-16-23$
d) $120-69-32-11$
e) $112-57-23-16+12$
f) $334-68+29+79-87+46$

6 Rechentraining: Lösungswort gesucht

a) $(8773-2901)-[(9880-1217)-(2140+1251)]$

b) $[(7245+2876)-(1943-1123)]-(1111+1190)$

c) $(7219-177)-[(3876+2188)-(2345+1244)]$

d) $2121-[(3626-588)-(4143-2135)]-(874-478)$

e) $710-\{211-[254-(798-632)]\}-565$

f) $(666-288)-\{442-[213-(435-258)+58]\}$

g) $902-\{788-[898-(467-257)]\}-(809-451)$

7 Lies genau!

Stelle den Term auf und berechne seinen Wert.

a) Addiere die Zahl 726 zur Differenz der Zahlen 512 und 238.

b) Subtrahiere die Summe der Zahlen 314 und 793 von 1207.

c) Addiere die Summe der Zahlen 123 und 923 zur Differenz der Zahlen 108 und 43.

d) Subtrahiere die Differenz der Zahlen 969 und 434 von der Summe der Zahlen 580 und 621.

e) Addiere zur Summe der Zahlen 860 und 938 die Differenz der Zahlen 564 und 362.

f) Subtrahiere von der Differenz der Zahlen 932 und 214 die Summe der Zahlen 376 und 120.

g) Addiere zur Differenz der Zahlen 932 und 214 die Summe der Zahlen 376 und 120.

h) Subtrahiere von der Summe der Zahlen 378 und 794 die Summe der Zahlen 640 und 531.

8 Gipfelstürmer

Xaver bricht um 8 Uhr im Jenbachtal zur Besteigung des Wendelsteins auf. Sein Wanderführer zeigt die rechts abgebildete Übersicht.

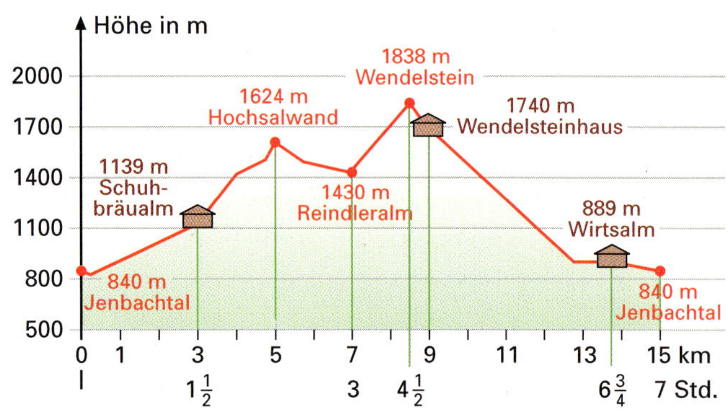

a) Erkläre die Beschriftung des Diagramms. Warum ist das Diagramm waagrecht doppelt beschriftet?

b) Um wie viel Uhr erreicht er ungefähr die Hochsalwand? Welchen Weg hat er dabei zurückgelegt? Wie viel Meter Höhe hat er dabei gewonnen?

Xaver geht zur Reindleralm weiter und macht dort zwei Stunden Mittagspause.

c) Wie lange braucht er ungefähr bis zur Reindleralm? Welchen Weg hat er dabei zurückgelegt? Wie viele Meter ist er abgestiegen?

d) Um wie viel Uhr erreicht er ungefähr den Gipfel des Wendelsteins? Welchen Weg hat er dabei zurückgelegt? Warum braucht Xaver für dieses letzte Wegstück so lange?

e) Auf dem Gipfel bleibt Xaver eine Stunde. Dann steigt er ohne Pause wieder ins Jenbachtal ab. Um wie viel Uhr kommt er ungefähr an? Wie viele km hat er insgesamt zurückgelegt? Wie viele Meter ist er insgesamt hochgestiegen?

9 Kreuz und quer durch Franken I

André leitet eine Jugendgruppe in seinem Heimatort Memmelsdorf bei Bamberg. Für die Sommerferien plant er von Memmelsdorf aus zwei Fahrradtouren:

Tour I: Forchheim, Heiligenstadt und zurück
Tour II: Kulmbach, Kronach, Coburg und zurück.

a) Wie lang sind beide Touren?

b) Zu Beginn der 2. Tour zeigt Andrés Fahrradtacho 921 km an. Welchen Kilometerstand zeigte der Tacho vor der 1. Tour? Wo zeigt der Tacho ungefähr 1000 km an?

c) Welche Schlösser und Burgen kann er mit seiner Jugendgruppe in den Orten besichtigen?

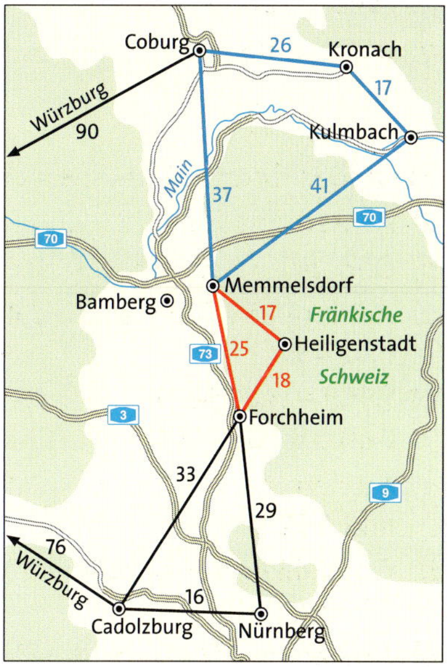

10 Fix und fertig

Herr Schnell kauft sich ein Holzfertighaus für 230 900 €. Er hat 50 600 € gespart. Von seiner Bausparkasse bekommt er 60 200 € mehr. Berechne mithilfe eines Gesamtansatzes, wie hoch der Kredit ist, den Herr Schnell bei seiner Bank aufnehmen muss, um das Haus bezahlen zu können.

11 Brückenbau

Vier Gemeinden bauen gemeinsam eine Brücke für Fußgänger und Radfahrer, die 183 000 € kostet. Gemeinde A zahlt 37 400 €. Gemeinde B zahlt 18 800 € mehr als Gemeinde A, Gemeinde C zahlt 9 320 € weniger als B. Welchen Betrag muss Gemeinde D bezahlen?

12 Premiere – Top oder Flop?

Für die Premiere des Opernstücks „Die Zauberflöte“ gibt es im Theater 1010 Plätze. 37 Karten werden an Ehrengäste verschenkt. Im Vorverkauf werden für die Premiere 146 Karten an Erwachsene und 59 Karten weniger an Schüler verkauft. An der Abendkasse werden an Erwachsene 373 Karten mehr als im Vorverkauf verkauft. Zusätzlich werden noch 39 Karten zum halben Preis an Schüler verkauft. Berechne mithilfe eines Gesamtansatzes, wie viele Plätze bei der Vorstellung unbesetzt bleiben.

13 Wer den Cent nicht ehrt ...

Sarah sammelt kleine Geldstücke. Vor vier Wochen hatte sie 243 1-Ct-Münzen. Von den 2-Ct-Münzen besaß sie 65 weniger. Von den 5-Ct-Münzen hatte sie zu diesem Zeitpunkt nur 128 Stück und halb so viele 10-Ct-Stücke. Seitdem hat Sarah ihre Sammlung um 147 Münzen vergrößert. Berechne mithilfe eines Gesamtansatzes, wie viele Münzen Sarah jetzt besitzt.

Zum Intensivieren

14 Berechne:

a) $821 - (287 + 152) + 618$

b) $(336 + 811) - (910 + 114)$

c) $(988 - 236) - (278 - 93)$

d) $882 - (754 - 102) + 769$

e) $697 - [474 - (239 - 165)] - 197$

f) $871 - [2000 - (952 - 399) - (733 + 413)]$

15 Rechenmeister? Lösungswort gesucht!

a) $(5642 - 3864) - [921 - (316 + 177)]$

b) $(542 - 261) - [166 + (89 - 53)]$

c) $325 - [(197 - 26) - (43 + 28)]$

d) $115 - [82 - (52 - 37)] - [66 - (48 - 19)]$

e) $237 - \{(178 + 99) - [289 - (168 - 89) - 123] + 28\}$

f) $(641 - 280 + 352) - \{1000 - [(625 - 437) + 217] - (144 + 188)\}$

16 Kreuz und quer durch Franken II

Werner aus Würzburg unternimmt eine Motorradtour zu den fränkischen Schlössern und Burgen in Cadolzburg, Heiligenstadt und Kronach (Karte siehe Aufgabe 9).

a) Wie muss er fahren, damit die Route möglichst kurz wird? Wie lang ist diese Route? Bei der Rückkehr zeigt sein Motorradtacho 12 304 km. Bei welchem Kilometerstand ist er losgefahren?

Hans ist auf dem Weg von Kulmbach nach Würzburg, um seinen Freund Werner zu besuchen. Er will auf jeden Fall das Schloss in Memmelsdorf besichtigen und danach entweder über die Feste Coburg oder über die Cadolzburg nach Würzburg weiterfahren.

b) Hans will die kürzere Strecke nehmen. Welche ist das?

c) Weil das Wetter sehr schön ist, entscheidet sich Hans nun doch über Coburg und Cadolzburg nach Würzburg zu fahren. Um wie viele Kilometer wird seine Route länger?

17 Früchtehändler

Der Früchtegroßhändler Orlando hat zwei Früchtelieferungen bekommen. Die Lieferscheine sind rechts abgebildet. Von der 1. Lieferung verkauft er die Bananen mit einem Gewinn von 219 € und die Pfirsiche mit einem Gewinn von 207 €. Bei den Zitronen hat er wegen Schimmels einen Verlust von 83 €.

LIEFERSCHEIN

1. Lieferung:	
Bananen	1536.-
Pfirsiche	1215.-
Zitronen	785.-

LIEFERSCHEIN

2. Lieferung:	
Bananen	1357.-
Orangen	1743.-
Kiwi	778.-

a) Erkläre die Begriffe „Einnahmen“, „Gewinn“ und „Verlust“.

b) Wie groß war Orlandos Gewinn beim Verkauf der 1. Lieferung?

c) Wie viele Euro hat Orlando beim Verkauf der 1. Lieferung insgesamt eingenommen?

Beim Verkauf der zweiten Lieferung nimmt Orlando insgesamt 4210 € ein.

d) Wie groß ist sein Gewinn?

e) Beim Verkauf der Orangen nimmt Orlando nur 1500 € ein. Die Kiwis bringen 49 € weniger ein, als Orlando dafür bezahlt hat. Um wie viel hat er die Bananen teuerer verkauft, als er sie eingekauft hat?

18 Zirkuszauber in Zahlen

Der Zirkus „Roncalli“ gastiert für eine Woche in Fürth. Kassenwart Giovanni verwaltet das Geld. Er hat die Einnahmen und die Ausgaben in einem Diagramm dargestellt.

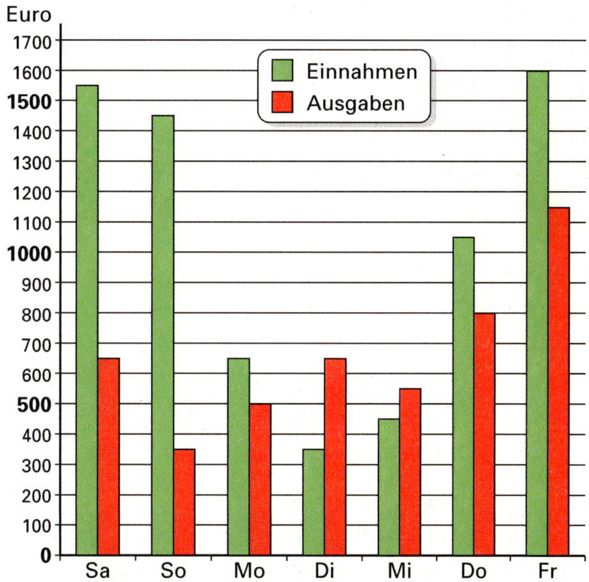

a) Wie viel hat der Zirkus in der Woche eingenommen?

b) Wie hoch waren die gesamten Ausgaben? Wofür hat Giovanni das Geld an den einzelnen Tagen ausgegeben?

c) An welchem Tag hatte der Zirkus den größten Gewinn?

d) Welchen Gewinn hat der Zirkus in der Woche erwirtschaftet?

Auf der abgebildeten **Wetterkarte** sind Tageshöchst-temperaturen vom 24.12.2006 in Europa angegeben.

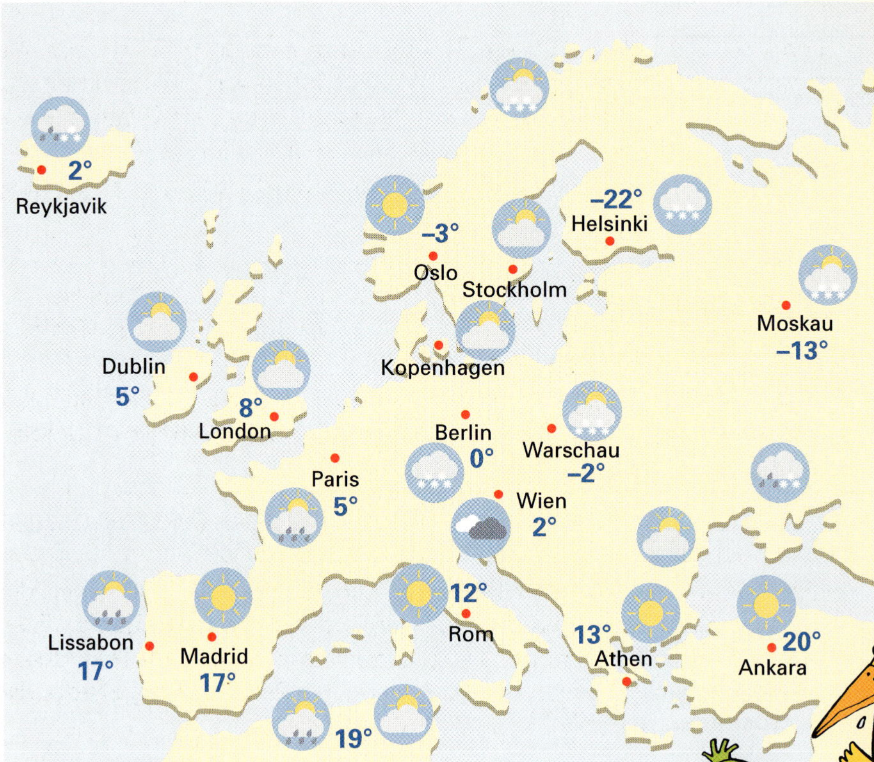

1. An welchem Ort ist es am kältesten – an welchem Ort ist es am wärmsten? Wie groß ist der Temperaturunterschied zwischen den beiden Orten?

2. Um wie viel Grad ist es in Madrid wärmer als in Paris? Um wie viel Grad ist es in Paris wärmer als in Oslo? Um wie viel Grad ist es in Madrid wärmer als in Oslo?

3. Um wie viel Grad ist es in Athen wärmer als in Warschau? Um wie viel Grad ist es in Warschau wärmer als in Moskau? Um wie viel Grad ist es in Athen wärmer als in Moskau?

4. Erkläre, wie du die Temperaturunterschiede jeweils berechnet hast.

5. Ordne die Städte nach ihrer Temperatur. Beginne mit dem kältesten Ort. Gib jeweils die Temperaturwerte an.

3.1 Ganze Zahlen

Die negativen Zahlen

An einem schönen Wintertag zeigt ein Thermometer mittags 5 Grad über null an. Dann beginnt die Temperatur zu fallen. Abends lesen wir 2 Grad unter null ab. Man sagt auch: Die Temperatur ist von +5 Grad (plus fünf Grad) auf −2 Grad (minus zwei Grad) gefallen. Es ist also um 7 Grad kälter geworden.
Zum Angeben von Temperaturen unter dem Gefrierpunkt benutzt man „Minuszahlen".

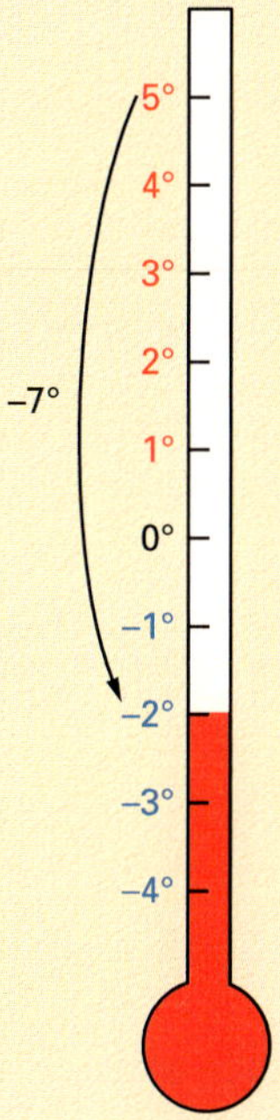

Die Zahlen −1, −2, −3, −4, ... nennt man **negative Zahlen**. Zur klaren Unterscheidung nennt man die natürlichen Zahlen 1, 2, 3, ... auch **positive Zahlen**.
Die natürlichen Zahlen, die Null und die negativen Zahlen heißen zusammen **ganze Zahlen**. Die Menge der **ganzen Zahlen** bezeichnet man mit $\mathbb{Z}$:

$$\mathbb{Z} = \{\ldots, -3, -2, -1, 0, 1, 2, 3, \ldots\}$$

Drehen wir das Thermometer – wie links dargestellt –, so liegen die positiven Zahlen rechts von der Null und die negativen Zahlen links von der Null. Der uns bekannte Zahlenstrahl wird nach links durch die negativen Zahlen erweitert. Wir erhalten eine **Zahlengerade**, die keinen Anfangs- und Endpunkt hat.

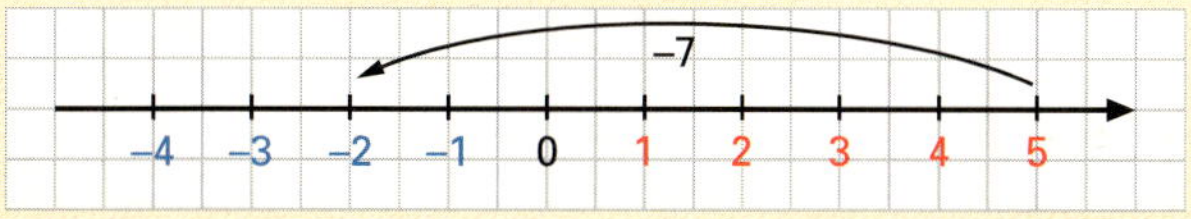

Anordnung der ganzen Zahlen

Eine Temperatur ist niedriger als eine andere, wenn ihr Wert auf der Zahlengeraden weiter links liegt. Allgemein:

Eine Zahl a ist kleiner als eine Zahl b, wenn a auf der Zahlengeraden links von b liegt.

Die Temperatur sinkt von +5 Grad auf −2 Grad. Sie ist niedriger geworden. Auf der Zahlengeraden heißt das, um sieben Schritte nach links zu gehen.

Beispiele a) −2 liegt auf der Zahlengeraden links von 5; also: $-2 < 5$
b) −4 liegt auf der Zahlengeraden links von −2; also: $-4 < -2$
Wir können die Zahlen nach ihrer Größe ordnen: $-4 < -2 < 5$

Der Betrag einer Zahl

Zum Angeben von Guthaben benutzen wir positive Zahlen, z. B. +4 €, für Schulden negative Zahlen, z. B. −4 €. Es ist $-4 < +4$. Die Zahl +4 ist 4 Einheiten von der Null entfernt; die Zahl −4 ist auch 4 Einheiten von der Null entfernt. Man sagt: Der Betrag des Guthabens und der Schulden sind gleich: Für „Betrag von“ schreibt man kurz zwei senkrechte Striche: $|4| = 4$, $|-4| = 4$.

> Die Entfernung einer Zahl auf der Zahlengeraden vom Nullpunkt heißt **Betrag** der Zahl.
> Man schreibt dafür kurz: $|a|$
> ↑
> „Betrag von a“

Beispiele a) Entfernung von 7 vom Nullpunkt: $|7| = 7$
b) Entfernung von −7 vom Nullpunkt: $|-7| = 7$

Zu jeder von null verschiedenen Zahl gibt es eine Zahl auf der Zahlengeraden, die auf der anderen Seite der Null liegt und die gleiche Entfernung von null hat. Diese Zahl heißt **Gegenzahl**.

Beispiele a) Die Gegenzahl von 4 ist −4.
b) Die Gegenzahl von −7 ist 7.

Aufgaben

1 Zahlengeraden in Variationen

Übertrage die Zahlengeraden in dein Heft. Finde heraus, an welcher Stelle sich die Null befindet und beschrifte die Zahlengeraden vollständig. Welche Zahlen sind mit den Pfeilen markiert?

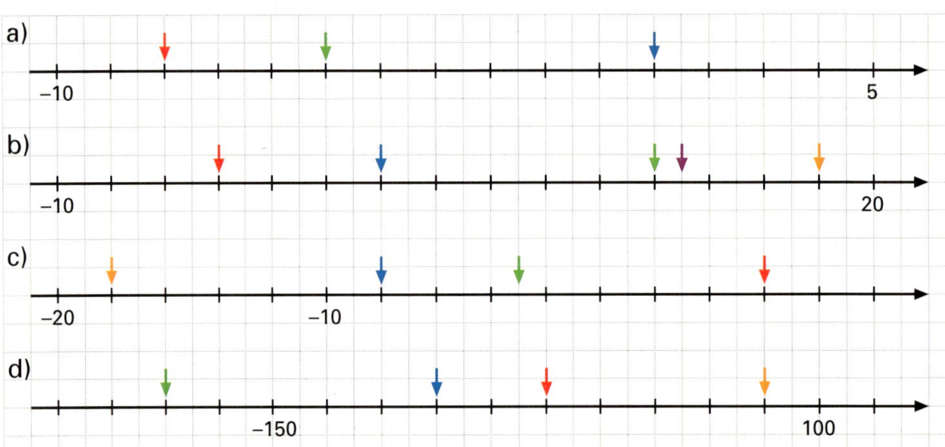

2 Zahlen ordnen

Setze das richtige Zeichen „<“ oder „>“ ein. Welche der beiden Zahlen hat den größeren Betrag?

a) 2 ■ 5 b) −2 ■ −5 c) 3 ■ −4 d) −3 ■ 4
e) −12 ■ −3 f) −2 ■ 5 g) −28 ■ −39 h) 39 ■ −11
i) −35 ■ −47 k) −364 ■ −257 l) −109 ■ −126 m) 649 ■ −311

3 Ordnung muss sein

Ordne die Zahlen nach ihrer Größe. Beginne die Ungleichungskette mit der kleinsten Zahl:

a) 6, 3, −7, −2, 4, 0
b) 2, −2, 4, −4, 6, −6, 0
c) 13, −21, 5, −9, 0, −13, 9
d) 65, 56, −56, −65, 0, −17, 71
e) −49, 149, −65, 0, −68, −73, 12
f) 29, −52, 12, −67, −126, 121, −76
g) −1245, −3865, −1246, 1246, 1245, 3865
h) 7856, −7856, 7866, −7866, 7864, −7864

4 Stimmt's?

Stimmen die folgenden Aussagen? Begründe deine Antwort.

a) Die kleinste vierstellige negative Zahl ist −1000.
b) Von zwei positiven Zahlen ist diejenige größer, die den größeren Betrag hat.
c) Die kleinste zweistellige ganze Zahl ist 10.
d) Von zwei ganzen Zahlen ist diejenige größer, die den größeren Betrag hat.
e) Die größte dreistellige negative Zahl ist −999.
f) Von zwei negativen Zahlen ist diejenige kleiner, die den kleineren Betrag hat.

5 Wasserpegel

Den Wasserstand eines Flusses gibt man mit dem „Pegel“ an. Bei normalem Wasserstand hat der Pegel den Wert 0.

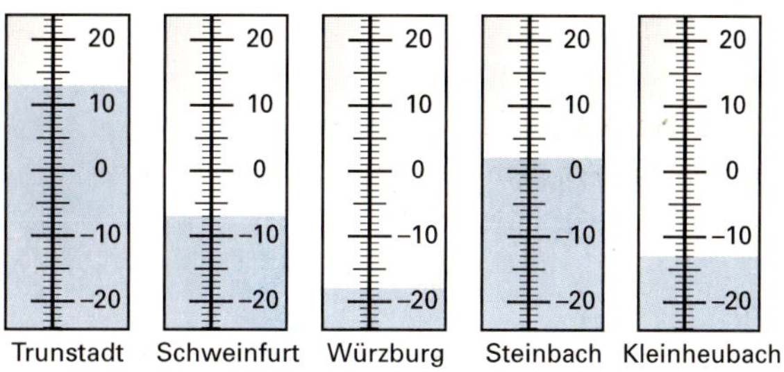

a) Was bedeutet ein positiver Pegelwert, was ein negativer Pegelwert?
Welche Gefahren ergeben sich jeweils?
b) Lies die Pegelstände an den fünf Orten in Zentimetern ab.
c) An welchem Fluss liegen die Orte?

6 Zahl und Gegenzahl gesucht

Welche ganzen Zahlen darfst du für Δ einsetzen, damit der angegebene Betrag stimmt?

a) $|\Delta| = 0$ b) $|\Delta| = 1$ c) $|\Delta| = 100$ d) $|\Delta| = 11$
e) $|\Delta| < 1$ f) $|\Delta| < 3$ g) $|\Delta| = -1$ h) $|\Delta| > 5$
i) Zeichne eine Zahlengerade von −7 bis 7 in dein Heft und markiere die Lösungen zu a), b), e), f) und h) mit verschiedenen Farben.

7 Schau genau!

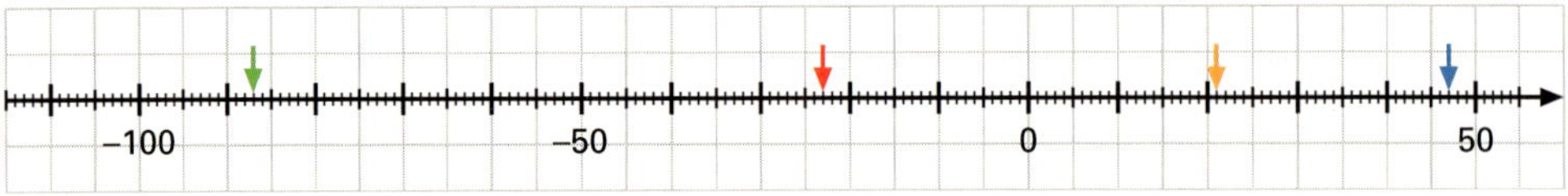

a) Lies die ganzen Zahlen ab, die mit den Pfeilen markiert sind.

b) Welche Zahlen sind auf der Zahlengeraden 15 Einheiten von der grün markierten Zahl entfernt?

c) Welche Zahl ist um 12 kleiner als die rot markierte Zahl?

d) Welche Zahl ist um 7 größer als die rot markierte Zahl?

e) Welche Zahlen liegen auf der Zahlengeraden zwischen der rot markierten und der orange markierten Zahl und sind mehr als 14 Einheiten von beiden Zahlen entfernt?

f) Welche Zahl ist um 25 größer als die blau markierte Zahl?

8 Zahlenfolgen

Wie heißen die nächsten drei Zahlen der Zahlenfolgen?

a) 10, 7, 4, 1, …

b) 21, 15, 9, 3, …

c) 41, 28, 15, 2, …

d) 20, 19, 17, 14, 10, 5, …

e) 9, 8, 6, 5, 3, 2, …

f) 12, 7, 9, 4, 6, 1, …

9 Gelehrte der Antike

Julius findet in seinem Geschichtsbuch eine Tabelle bedeutender Persönlichkeiten der Antike.

a) Vergleiche die Geburtsjahre mit den Sterbejahren. Was fällt dir auf?

b) Ordne die Gelehrten nach ihrem Geburtsjahr.

Demokrit	460–371 v. Chr.
Platon	427–347 v. Chr.
Proklos	410–485 n. Chr.
Ptolemäus	87–150 n. Chr.
Pythagoras	580–500 v. Chr.
Sokrates	469–399 v. Chr.
Thales	625–546 v. Chr.

Zum Intensivieren

10 Dezembertemperaturen in aller Welt

Rechts sind die Höchsttemperaturen an einem Dezembertag von einigen Orten angegeben. Zeichne in dein Heft ein Thermometer mit einer Skala von −30 °C bis +30 °C.

a) Markiere mit Pfeilen, wie hoch das Quecksilber an den Orten steht.

b) Gib den größten Temperaturunterschied an.

Jamaika	29 °C
Lanzarote	22 °C
Nordkap	−23 °C
Novosibirsk	−14 °C
Quebec	−7 °C
Sardinien	8 °C
Wolgograd	−2 °C

11 Zahlenmengen

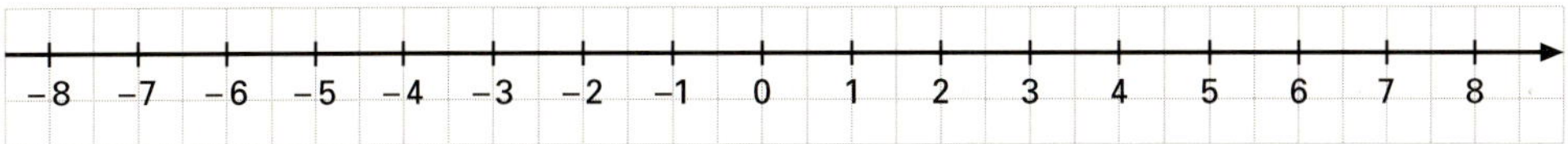

Übertrage die Zahlengerade in dein Heft. Markiere alle ganzen Zahlen,

a) die mehr als 3 Einheiten von 2 entfernt sind, grün,
b) die größer als −5 sind, rot,
c) die kleiner als 2 sind, orange,
d) die höchstens 2 Einheiten von −1 entfernt sind, blau.

Beschreibe mit eigenen Worten: Welche ganzen Zahlen sind

e) sowohl rot als auch orange markiert,
f) sowohl blau als auch grün markiert,
g) negativ und größer als −5,
h) positiv, aber nicht mehr als 3 Einheiten von 1 entfernt?

12 Zahlen in der näheren und weiteren „Nachbarschaft“

Welche ganzen Zahlen sind auf der Zahlengeraden

a) 3 Einheiten von 2 entfernt,
b) 5 Einheiten von 1 entfernt,
c) 17 Einheiten von −9 entfernt,
d) 26 Einheiten von −34 entfernt,
e) höchstens 3 Einheiten von 5 entfernt,
f) weniger als 4 Einheiten von 1 entfernt,
g) weniger als 5 Einheiten von −2 entfernt,
h) höchstens 4 Einheiten von −10 entfernt?

13 Zahlen gesucht!

Wie heißt die

a) größte vierstellige positive Zahl,
b) kleinste vierstellige ganze Zahl,
c) größte zweistellige negative Zahl,
d) größte zweistellige ganze Zahl,
e) kleinste dreistellige ganze Zahl, in der die Ziffer 9 nicht auftritt,
f) größte vierstellige negative Zahl, in der die Ziffer 1 nicht auftritt,
g) kleinste vierstellige ganze Zahl mit lauter verschiedenen Ziffern?

3.2 Addition und Subtraktion ganzer Zahlen

Addition ganzer Zahlen

Du kannst mit natürlichen Zahlen rechnen. Nun wirst du lernen, wie man mit ganzen Zahlen rechnet. Das Addieren und Subtrahieren mit positiven und negativen Zahlen führen wir auf das Rechnen mit Guthaben und Schulden zurück. Guthaben beschreiben wir durch positive Zahlen, Schulden durch negative. Zur Veranschaulichung verwenden wir Rechenplättchen:

Ein blaues Plättchen ● bedeutet +1 €, also 1 € Guthaben.

Ein rotes Plättchen ● bedeutet −1 €, also 1 € Schulden.

- Was ergeben ein rotes und ein blaues Plättchen zusammen? Mit 1 € Guthaben können wir 1 € Schulden „tilgen". Beide heben sich gegenseitig auf:

$$(-1) + (+1) = 0$$

= 0

- Nico hat 5 € in seiner Sparbüchse. Er bekommt 3 € dazu:

$$(+5) \quad + \quad (+3) \quad = \quad +8$$

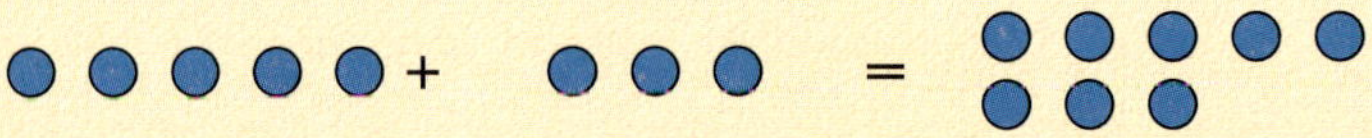

Wie zu erwarten war, hat Nico nun 8 €.

- Nico hat 5 € Schulden. Er macht erneut 3 € Schulden. Es kommen also 3 € Schulden dazu:

$$(-5) \quad + \quad (-3) \quad = \quad -8$$

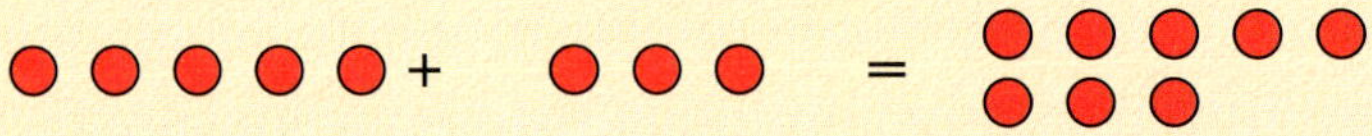

Seine Schulden vergrößern sich, wie zu erwarten war, auf 8 €.

- Nico hat 5 € in seiner Sparbüchse. Da er seine Geldbörse vergessen hat, macht er bei Nina 3 € Schulden. Zu (+5) kommen (−3) hinzu:

$$(+5) \quad + \quad (-3) \quad = \quad \quad = \quad +2$$

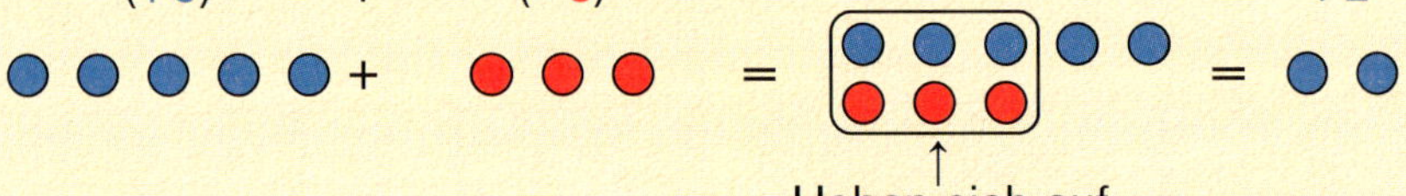

Durch das Tilgen von 3 € Schulden verschwinden 3 € seines Guthabens. Nico hat damit nur noch 2 € Guthaben.

- In Nicos Sparschwein befinden sich 3 €. Nico macht Schulden, und zwar 5 €:

$$(+3) \quad + \quad (-5) \quad = \quad \quad = \quad -2$$

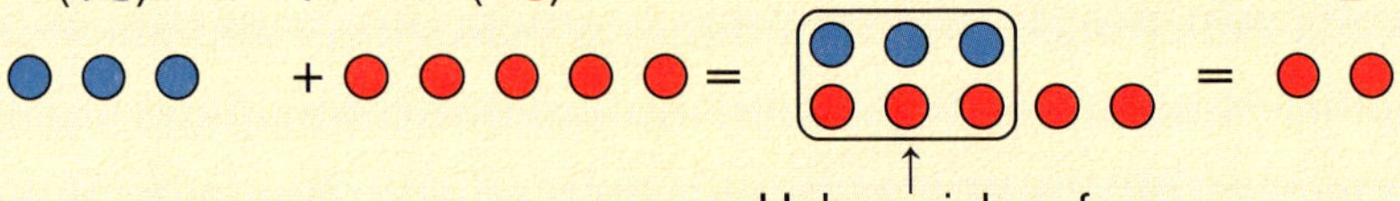

Durch 3 € Guthaben kann er 3 € seiner aufgenommenen Schulden tilgen. Nico hat dann noch 2 € Schulden.

Wir fassen zusammen (Aufgabe 3):

$(+5) + (+3) = +8$
$(-5) + (-3) = -8$

Kommt zu Guthaben noch Guthaben dazu, ist das Gesamtguthaben gleich der Summe der beiden Guthaben. Kommen zu Schulden noch Schulden dazu, sind die Gesamtschulden die Summe der Schulden.

$(+5) + (-3) = +2$
$(+3) + (-5) = -2$

Kommen zu Guthaben Schulden dazu, müssen wir vom größeren Betrag den kleineren subtrahieren. Die Zahl mit dem größeren Betrag entscheidet, ob insgesamt ein Guthaben bleibt oder Schulden.

Verallgemeinern wir „Guthaben" zu positiven Zahlen und „Schulden" zu negativen Zahlen, können wir festhalten:

Haben die beiden Summanden **gleiche** Vorzeichen,
- **addiere** ihre Beträge und
- gib dem Ergebnis das *gemeinsame Vorzeichen*.

Haben die beiden Summanden **verschiedene** Vorzeichen,
- **subtrahiere** vom größeren Betrag den kleineren und
- gib dem Ergebnis das *Vorzeichen des Summanden mit dem größeren Betrag*.

Subtraktion ganzer Zahlen

- Nico besitzt 5 €. Er gibt davon 3 € aus, d. h. er nimmt 3 € weg:

  $(+5) \quad - \quad (+3) \quad = \quad +2$

  Ihm bleiben, wie zu erwarten war, 2 €.

  Anders ausgedrückt: Zu Nicos Guthaben von 5 € kommen 3 € Schulden dazu:

  $(+5) \quad + \quad (-3) \quad = \quad +2$

  Statt +3 zu subtrahieren, können wir also −3 addieren.

- Nico hat 5 € Schulden auf seinem Konto. Er tilgt 3 € Schulden, d. h. er nimmt 3 € Schulden weg:

  $(-5) \quad - \quad (-3) \quad = \quad -2$

  Wie erwartet, hat er nur noch 2 € Schulden.

  Wie geht er dabei vor? Um „Schulden wegzunehmen" muss er 3 € einzahlen, d. h. dazufügen:

  $(-5) \quad + \quad (+3) \quad = \quad -2$

  Statt −3 zu subtrahieren, können wir also +3 addieren.

Wir erkennen (Aufgabe 4): *„Guthaben wegnehmen"* bedeutet *„Schulden dazunehmen"*. *„Schulden wegnehmen"* bedeutet *„Guthaben dazunehmen"*. Das Subtrahieren einer Zahl lässt sich durch das Addieren ihrer Gegenzahl ersetzen.

Statt eine Zahl zu subtrahieren, addieren wir ihre Gegenzahl.

Beispiele
a) $(+13)-(+7)=(+13)+(-7)=+6$
b) $(+13)-(-7)=(+13)+(+7)=+20$
c) $(-13)-(+7)=(-13)+(-7)=-20$
d) $(-13)-(-7)=(-13)+(+7)=-6$

Vereinfachen der Schreibweise

Für $5+3$ haben wir in letzter Zeit $(+5)+(+3)$ geschrieben. Diese Schreibweise mit den Vorzeichen ist sehr umständlich. Künftig lassen wir das Vorzeichen + wieder weg. Das Vorzeichen – dürfen wir aber nicht weglassen, da Schulden nicht das Gleiche wie Guthaben sind. Mit unseren Regeln können wir aber ein Rechen- und ein Vorzeichen, die unmittelbar aufeinander treffen, durch *ein* Zeichen ersetzen:

$(-6)+(+4)=-6+4$; $\quad (-6)-(-4)=(-6)+(+4)=-6+4$;
$(-6)-(+4)=-6-4$; $\quad (-6)+(-4)=(-6)-(+4)=-6-4$

Treffen zwei
- **gleiche Zeichen** aufeinander, ersetzen wir diese durch **ein Pluszeichen**,
- **verschiedene Zeichen** aufeinander, ersetzen wir diese durch **ein Minuszeichen**.

Zum Rechnen bleiben nur noch zwei Aufgaben übrig:
- $-6-4$ können wir nach der Additionsregel als „Schulden zusammenfassen" deuten: $-6-4=-10$
- $-6+4$ können wir nach der Additionsregel als „Schulden und Guthaben zusammenfassen" deuten: $-6+4=-2$

Beim Zusammenfassen bedenken wir:

„Schulden zusammenfassen" bedeutet: Beträge addieren, Minuszeichen als Vorzeichen setzen.
„Guthaben und Schulden zusammenfassen" bedeutet: Vom größeren Betrag den kleineren subtrahieren und als Vorzeichen das Vorzeichen der Zahl mit dem größeren Betrag setzen.

In der vereinfachten Schreibweise steht vor jedem Glied nur noch ein Zeichen. Ist es ein Plus-Zeichen, heißt das Glied **Plusglied,** ist es ein Minus-Zeichen, heißt es **Minusglied**. Man kann dann entweder schrittweise zusammenfassen – so wie sich ein Kontostand entwickelt – oder zunächst alle Plusglieder addieren („Summe der Einzahlungen“) und dann die Summe aller Minusglieder („Summe der Auszahlungen“) subtrahieren.

Beispiel

a)
$$\begin{aligned} & (+10)-(+20)+(-30)-(-40) && \text{Schreibweise vereinfachen} \\ &= 10 - 20 - 30 + 40 && \text{schrittweise zusammenfassen} \\ &= -10 - 30 + 40 && \\ &= -40 + 40 = 0 && \end{aligned}$$

b)
$$\begin{aligned} & (+10)-(+20)+(-30)-(-40) && \text{Schreibweise vereinfachen} \\ &= 10 - 20 - 30 + 40 && \text{Plus- bzw. Minusglieder} \\ &= (10 + 40) - (20 + 30) && \text{zusammenfassen} \\ &= 50 - 50 = 0 && \end{aligned}$$

Aufgaben

1 Addieren von ganzen Zahlen durch Legen von Plättchen

Lege die Aufgabe jeweils mit Plättchen nach und notiere das Ergebnis.

a) $(+3)+(+4)$ b) $(-3)+(-4)$ c) $(-3)+(+4)$ d) $(+3)+(-4)$
e) $(+2)+(+7)$ f) $(-2)+(+7)$ g) $(-2)+(-7)$ h) $(+2)+(-7)$
i) $(+5)+(-5)$ k) $(-5)+(-5)$ l) $(-6)+(+3)$ m) $(-3)+(-6)$

Überlege dir zunächst das Ergebnis. Prüfe es durch Legen der Aufgabe mit Plättchen.

n) $(+2)+(+4)$ o) $(-2)+(-4)$ p) $(-2)+(+4)$ q) $(+2)+(-4)$
r) $(+3)+(-7)$ s) $(+3)+(+7)$ t) $(-3)+(+7)$ u) $(-3)+(-7)$

2 Addieren von ganzen Zahlen

a) $(+13)+(-17)$ b) $(-13)+(+17)$ c) $(-15)+(-18)$ d) $(-23)+(+12)$
e) $(-23)+(-27)$ f) $-32+(+23)$ g) $(-37)+(+43)$ h) $(+75)+(-125)$
i) $(-123)+(-147)$ k) $(-233)+(+128)$ l) $(+421)+(-626)$ m) $(-367)+(-333)$
n) $(-367)+(+333)$ o) $(+367)+(-333)$ p) $(-387)+(-578)$ q) $-(888)+(-222)$

3 Das Kommutativgesetz für ganze Zahlen

a) Überprüfe an zwei selbst gewählten Beispielen: Das Vertauschen der beiden Summanden einer Summe ändert das Ergebnis nicht.

b) Begründe mit der Additionsregel, dass das Kommutativgesetz beim Addieren beliebiger ganzer Zahlen gilt.

4 Subtraktion von ganzen Zahlen mit verschiedenem Vorzeichen

Wir interessieren uns für das Ergebnis der Differenz (−5) − (+3).

a) Wir legen die Rechnung (−5) − (+3) mit Plättchen:

Warum lässt sich diese Rechnung nicht einfach durch Wegnehmen von drei blauen Plättchen lösen?

b) Wir behelfen uns durch einen Trick:

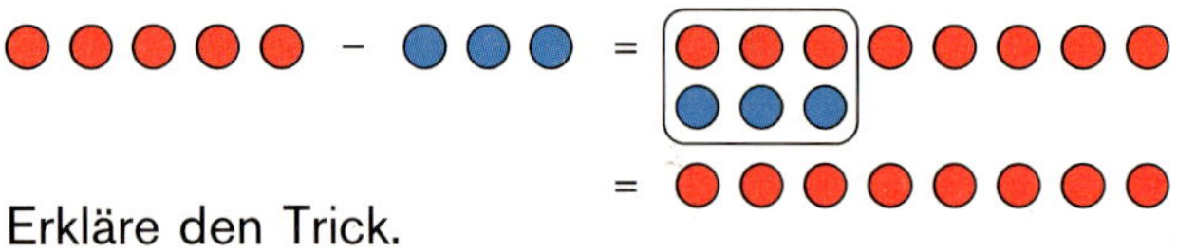

Erkläre den Trick.

c) Löse (−3) − (+5) und (+3) − (−5) durch Legen von Plättchen.

5 Subtrahieren von ganzen Zahlen durch Legen von Plättchen

Lege die Aufgabe jeweils mit Plättchen nach und notiere das Ergebnis. Überprüfe, dass die Addition der Gegenzahl jeweils zum gleichen Ergebnis führt:

a) (+6) − (+4) b) (−6) − (−4) c) (−6) − (+4) d) (+6) − (−4)
e) (−2) − (−5) f) (−2) − (+7) g) (+2) − (−7) h) (−3) − (+4)
i) (+3) − (−4) k) (−3) − (−4) l) (−6) − (+3) m) (−3) − (−6)

Überlege dir zunächst das Ergebnis. Prüfe es durch Legen der Aufgabe mit Plättchen.

n) (+5) − (+4) o) (−5) − (−4) p) (−5) − (+4) q) (+5) − (−4)
r) (+2) − (−8) s) (+2) − (+8) t) (−2) − (+8) u) (−2) − (−8)

6 Subtrahieren von ganzen Zahlen

a) (−15) − (+23) b) (−17) − (−13) c) (+26) − (−11) d) (+18) − (+33)
e) (−54) − (−39) f) (−37) − (+42) g) (−33) − (−67) h) (+86) − (+11)
i) (−48) − (+22) k) (−136) − (+124) l) (+144) − (−111) m) (−253) − (+143)
n) (−426) − (−436) o) (+456) − (+500) p) (−345) − (+765) q) (+123) − (+543)

7

Berechne.

a) (+33) − (−25) b) (+33) − (+58) c) (−33) + (−58) d) (−33) − (−58)
e) (−32) − (+12) f) (+19) − (+31) g) (+26) + (−34) h) (+15) − (+95)
i) (−83) + (−34) k) (−30) − (−68) l) (−78) − (+42) m) (−123) − (−47)

8 Vereinfachen der Schreibweise

Schreibe die Terme zuerst ohne Klammern und berechne dann:

a) (−24) − (−16) + (−24) b) (−27) + (−19) − (−17)
c) (−59) − (+71) + (−49) d) (+174) + (−296) − (−274)
e) (−576) − (+777) − (−776) f) (+337) − (−54) + (−237)
g) (−57) − (−82) + (+47) − (+72) h) (+33) − (+23) − (−59) + (−79)
i) (+32) + (−45) − (−29) − (+31) k) (−26) − (−38) + (−17) − (−45)

9 Wanted: Zahlen

John hat die Zahlen in den Klammern weggelöscht. Er weiß nicht mehr, was in die Klammern gehört. Kannst du ihm helfen?

a) $(+13)+(\square)=7$ b) $(\square)+(+6)=-6$ c) $(+6)-(\square)=-6$
d) $(\square)-(+7)=-4$ e) $(-14)+(\square)=-5$ f) $(\square)+(-20)=-2$
g) $(\square)-(-7)=4$ h) $(-8)-(\square)=-33$ i) $(-14)-(\square)=20$
k) $(-11)+(\square)=-24$ l) $(-9)+(\square)=17$ m) $(\square)-(-7)=-4$

10 Zahlenfolgen fortsetzen

Überlege dir, wie du die nächsten Zahlen in der Zahlenfolge bekommst.
Setze dann jede Folge um drei weitere Zahlen fort.

a) 1, 5, 9, 13, 17, 21, …
b) 12, 7, 2, −3, −8, −13, …
c) 1, 2, 3, 5, 8, 13, 21, …
d) 13, 10, 3, 7, −4, 11, −15, …
e) 1, 2, −1, 3, −4, 7, −11, 18, −29, …
f) 1, 1, 0, 1, −1, 2, −3, 5, −8, 13, …
g) 1, −2, −1, −3, −4, −7, −11, −18, …
h) 0, −1, −1, −2, −3, −5, −8, −13, …

11 Kopfrechnen

Berechne:

a) $4-5-(-9)$ b) $7-(-9)-3$ c) $18-17-(-12)$
d) $-11-(-11)+(-22)$ e) $33-13-14$ f) $-11-13-(-9)$
g) $14+(-22)-9$ h) $-20-13+16$ i) $-12+(-12)-12$
k) $-15-(-15)+(-30)$ l) $-20-(-60)-40$

12

Um wie viel ist

a) 23 größer als −5, b) −46 größer als −56, c) −8 größer als −32,
d) −13 kleiner als 5, e) −20 kleiner als −12, f) −7 kleiner als 15?
g) Erfinde selbst solche Aufgaben und stelle sie deinem Nachbarn.

13 Lies genau!

Welche Zahl muss man

a) zu −12 addieren, um 12 zu erhalten,
b) von −12 subtrahieren, um 1 zu erhalten,
c) zu 13 addieren, um −3 zu erhalten,
d) von 24 subtrahieren, um 27 zu erhalten,
e) zu −302 addieren, um −222 zu erhalten,
f) von −321 subtrahieren, um −231 zu erhalten,
g) zu 513 addieren, um −513 zu erhalten,
h) von 252 subtrahieren, um 611 zu erhalten?

14 Berechne:

a) $-131-[-29+(-47)]$
b) $-97-[-78-(-136)]$
c) $-128-[325+(-388)]$
d) $-67-[18+(15-90)]$
e) $79-[-25-(-39-68)]$
f) $-61-[15-(21+45)]$
g) $(23-38)-(-4+30)$
h) $(-79+58)+(51-80)$
i) $-(53+68)-(-74+133)$
k) $(-18+41)-(-9-28)$
l) $31-(-13+52)-(-24-13)$
m) $-53+(17-40)-(26+73)$
n) $-(-418-75)-(-519-288)$
o) $-(-219-144)-(462-17)-18$

15 **Stelle den Term auf!**

a) Addiere 19 zur Differenz der Zahlen 18 und 71.
b) Subtrahiere die Differenz der Zahlen −23 und −58 von 69.
c) Subtrahiere die Zahl −96 von der Summe der Zahlen 21 und −78.
d) Subtrahiere die Differenz der Zahlen 14 und 47 von der Differenz der Zahlen 37 und 51.
e) Subtrahiere von der Summe der Zahlen −23 und −19 die Gegenzahl der Differenz der Zahlen 7 und 13.

16 **Rechenchampion**

a) $186-294-(-16)-[75-106-(-16)]$
b) $-[144-167+58]-[(-77)+112]$
c) $-223-[12-(-39)-29-(47+77)]-[42-(+57)]$
d) $17-(-48)+[(-15)+(-16-17)-18]-[19+(-20)]$
e) $-[-(298-412)+133]+[-43+(-58)]$
f) $608-\{612-[-317-(-910)]-47\}-696$
g) $-32-\{136-[-14-(+164)+58]+(-214)\}$
h) $-62-\{-111-[52-86]+[-23-(-67)-91]\}-39$
i) $12-66-\{-73-[-78+(-35-143)+19]\}+49$

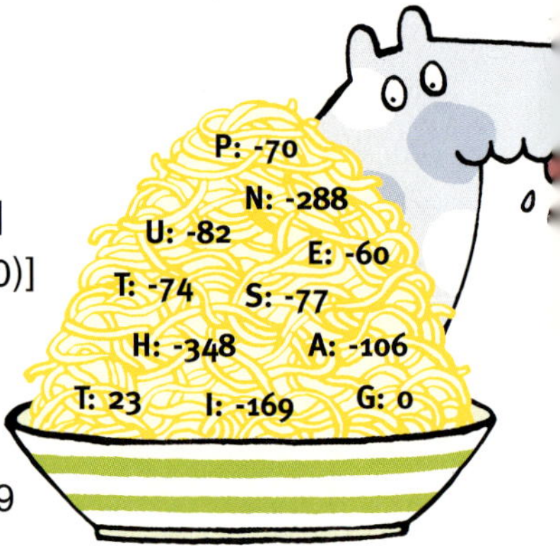

17 **Pegelstand**

Christine wohnt in Mittenwald direkt an der Isar. Je nach Jahreszeit ist das Wasser der Isar verschieden tief. In der Tabelle hat Christine die Wassertiefe an jedem Monatsanfang eingetragen:

Monat	Jan	Feb	Mrz	Apr	Mai	Jun	Jul	Aug	Sep	Okt	Nov	Dez
Wassertiefe	68	70	72	81	93	105	88	84	103	88	82	74
Pegel												

a) Der normale Wasserstand beträgt 84 cm. Dies ist der Pegelnullpunkt. Berechne die Pegelwerte für die einzelnen Monate. Stelle deine Ergebnisse in einem Balkendiagramm dar.
b) In welchen drei Monaten ist der Pegel am kleinsten? Warum?
c) Warum steigt der Pegel in den Monaten April, Mai und Juni stark an?

18 Das Tote Meer

Das Tote Meer liegt 421 m unter dem Meeresspiegel. Die größte Wassertiefe im Toten Meer beträgt 374 m.

a) Wie viele Meter liegt der Grund des Toten Meeres unter dem Meeresspiegel?

b) Der Ölberg nahe der Stadt Jerusalem liegt 827 m über dem Meeresspiegel. Wie viele Meter musst du auf dem Weg vom Strand des Toten Meeres auf den Ölberg in die Höhe steigen?

19 Bankkonto

Herr Reichel kontrolliert am Wochenende den Kontoauszug der letzten Woche. Bei seiner letzten Kontrolle am 28. 1. hatte er ein Guthaben von 359 € auf seinem Konto.

a) Was bedeuten die Buchstaben „H" und „S" hinter den Geldbeträgen?

b) Berechne jeweils die Höhe des Kontostands am Ende eines Tages.

Kontoauszug Kontonummer 123 456 — STADTBANK

Herrn/Frau/Firma Reichel — Auszug 011 — Blatt 1

Tag	Datum	Bemerkung	Betrag
Mo	29.1	Schuhladen	78 S
		Einkaufszentrum	138 S
Di	30.1	Sport Lahner	176 S
		Zinsen von Sparbrief	56 H
		Restaurant "Poseidon"	48 S
Mi	31.1	Steuerrückerstattung	563 H
		Modehaus Grüninger	398 S
Do	1.2	Miete	585 S
		Lohn	1873 H
		Wasser + Strom	38 S
		Krankenkassenbeitrag	176 S
Fr	2.2	Einkaufszentrum	164 S
		Einzahlung auf Bausparkonto	175 S

c) Was bedeutet der Kontostand am Dienstagabend?

d) Beim Elektrofachgeschäft Jupiter ist bis zum 28.02. ein Computer im Angebot, der von 1398 € auf 999 € reduziert wurde. Wie hoch wäre sein Kontostand, wenn sich Herr Reichel den Computer jetzt kaufen würde? Würdest du ihm den Kauf empfehlen?

20 Bevölkerungsentwicklung

Das Diagramm zeigt, wie sich ab 1965 die Bevölkerungszahl von Bamberg verändert hat.

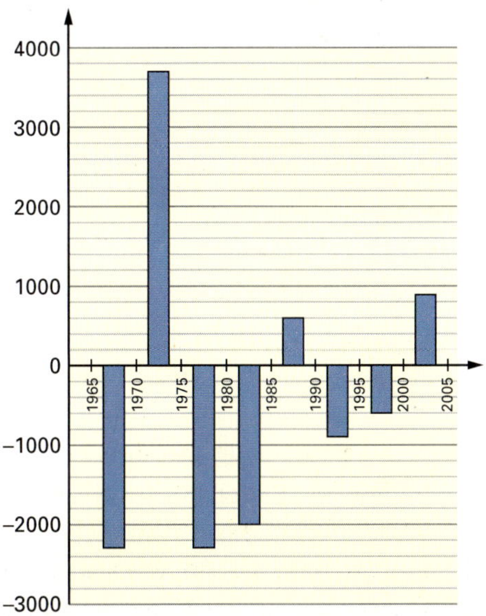

a) Was gibt ein Balken an?

b) Lies aus dem Diagramm ab, wie viele Menschen jeweils abgewandert bzw. zugewandert sind. Trage die Werte in einer Tabelle in deinem Heft ein.

c) 1965 lebten 72 869 Menschen in Bamberg. Wie viele Menschen lebten 2005 in Bamberg?

d) Berechne, wie viele Menschen zwischen 1985 und 1995 zugezogen sind. Wie viele waren es zwischen 1995 und 2005?

21 Temperaturunterschiede

Die vier Thermometer zeigen jeweils zwei Temperaturen an.

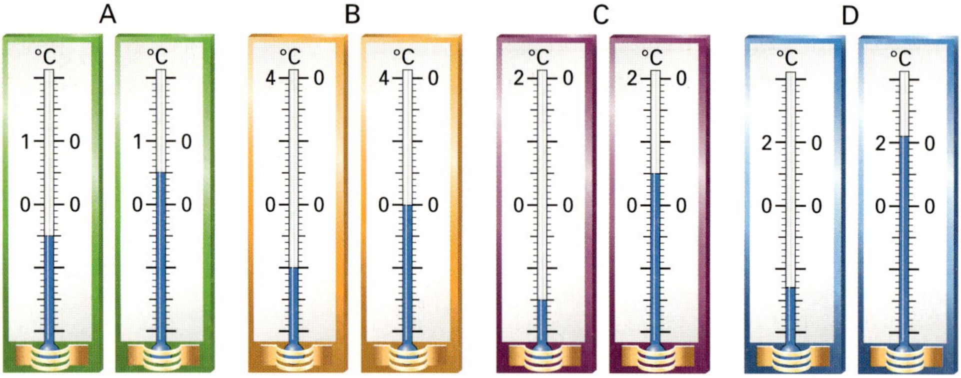

a) Um welche Temperaturen handelt es sich vermutlich?
b) Lies an jedem Thermometer die beiden Temperaturen ab.
c) Wie groß ist jeweils der Unterschied zwischen den beiden Werten?
d) Welche Temperatur liegt jeweils genau in der Mitte zwischen den beiden Temperaturwerten?

22 Verwirrende Zeitzonen

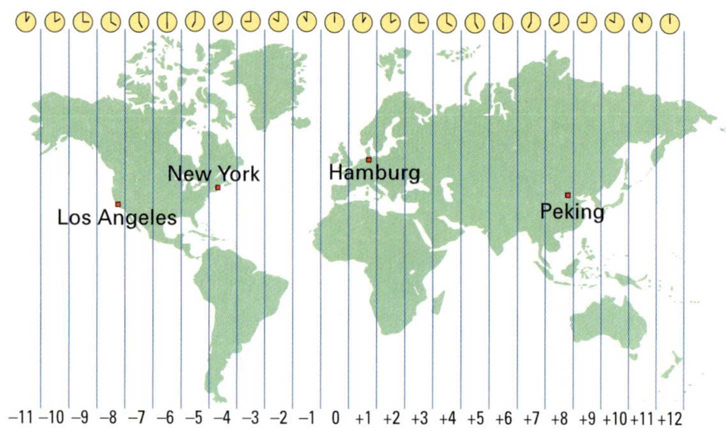

Dominiks Tante Lucy in Los Angeles hat heute Geburtstag. Dominik will ihr nach der Schule um 13.00 Uhr telefonisch gratulieren. Seine Mutter hält ihn zurück: „Tante Lucy dürfen wir erst heute Abend anrufen!“

a) Warum reagiert Dominiks Mutter so? Wie spät ist es in Los Angeles, wenn es in Deutschland 13.00 Uhr ist?
b) An Weihnachten besucht Tante Lucy ihre Freundin in New York. Ihr Flugzeug startet um 9.00 Uhr Ortszeit in Los Angeles. Nach einer Flugzeit von 5 Stunden landet sie in New York. Wie spät ist es bei der Landung in New York?
c) Die Strecke von Los Angeles nach New York beträgt knapp 4000 km. Das ist genauso weit wie von Hamburg zum Nordpol! Warum muss man auf dem Weg von Hamburg zum Nordpol seine Uhr nicht nachstellen?
d) Ein Flug von Peking nach Los Angeles dauert 12 Stunden. Lucys chinesischer Neffe Bo Ying startet am 1. Januar um 3.00 Uhr in Peking. Wann kommt Bo in Los Angeles an?

23 Ins Schwarze getroffen

Bei einem Dart-Spiel erhältst du bei jedem Wurf die Punktzahl, die in dem Bereich eingetragen ist, den du getroffen hast. Ein Spiel besteht aus drei Würfen.

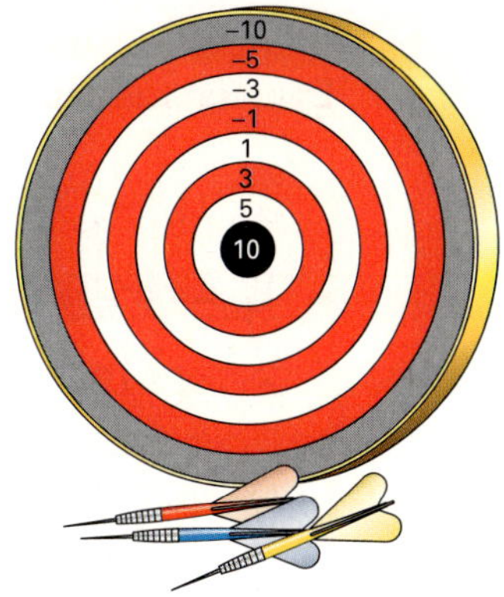

a) Welches ist das beste und welches ist das schlechteste Resultat, das du in einem Spiel erreichen kannst?

b) Welche Möglichkeiten gibt es, die Zahl −7 zu erhalten?

c) Welche Zahlen zwischen −10 und 10 können nicht als Ergebnis eines Spiels auftreten?

Zum Intensivieren

24 Zahlen – verschollen!

Welche Zahl musst du in das Kästchen einsetzen, damit die Rechnung stimmt?

a) ■ + (−8) = −3	b) ■ − (+10) = −4	c) ■ + (−12) = −3
d) ■ − (−27) = 13	e) ■ + (+15) = −3	f) ■ − (+23) = −45
g) (+12) − ■ = −45	h) (+42) + ■ = +23	i) (−57) − ■ = −13

25 Wanted: Vorzeichen!

Setze in den Klammern die richtigen Vorzeichen.

a) (■ 2) + (■ 10) = −8	b) (−5) + (■ 7) = (■ 2)	c) (■ 19) + (+11) = (■ 8)
d) (■ 10) + (■ 10) = 0	e) (■ 12) + (■ 0) = (■ 12)	f) (■ 13) + (■ 13) = (■ 26)
g) (■ 12) − (■ 4) = 8	h) (■ 12) − (■ 4) = 16	i) (■ 9) − (■ 5) = −4
k) (−17) − (■ 12) = (■ 5)	l) (■ 16) − (■ 8) = (■ 8)	m) (■ 18) − (■ 10) = (■ 8)

26

Berechne:

a) $-243-[-74-(+139)]$ b) $29-[25-(17-23)]$

c) $3-[41+(20-52)]$ d) $-64-[19-(27-98)]$

e) $-74+(11-38)-(26-77)$ f) $(-127+58)-222-[120-(-78)]$

27 Rechenmeister

a) $-[-148+126+57]+[66+(-111)]$

b) $93+(-198)-[-37+12-(32-99)+19]$

c) $-[143-(329-412)]+[-161-(-86)]$

d) $-34-\{127+(-213)-[-15+48-(+143)]\}$

e) $-44-\{-83-[-25+(-68)-(+173)]\}+68$

28 Mitte gesucht

Welche Zahl liegt genau in der Mitte zwischen

a) 3 und 7?	b) −5 und −1?	c) −6 und 2?
d) 27 und 57?	e) −38 und −16?	f) −14 und 48?
g) 123 und 177?	h) −257 und 269?	i) −467 und −499?

29 Pauls Lösung der Stegreifaufgabe

Paul hat die vier Aufgaben der Stegreifaufgabe wie folgt gelöst:

a) $-23+37=-14$

b) $-55-(23-48)=-55-(-25)=-55-25=-30$

c) $-(-17-23)+(-34)=17-23-34=-6-34=-40$

d) $-28-(-22-33+17)=-28-(-22-50)=-28-(-72)$

$=-28+72=100$

Korrigiere die Arbeit: Suche die Fehler. Gib an, gegen welche Regeln Paul dabei verstoßen hat. Stelle die Rechnung richtig. Mit welcher Note würdest du Pauls Arbeit bewerten?

30 Blühende Phantasie: Das Boot

Laura schreibt folgende Zeilen in einem Erlebnisaufsatz über die Fahrt eines U-Boots: „... *Der Tiefenmesser zeigt −68 m an. Der Kapitän gibt den Befehl, weitere 74 m in die Tiefe abzutauchen. Die Crew wagt es kaum noch zu atmen. Das feindliche Schiff entdeckt sie nicht. Nachdem die Gefahr vorbei ist, steigt das Boot um 108 m – verweilt dort kurz – und steigt anschließend nochmals um 46 m nach oben. Um die Reise ungestört fortzusetzen, taucht das Boot wieder 33 m in die Tiefe.*“

a) Sind alle Angaben in Lauras Aufsatz sinnvoll? Berechne dafür schrittweise, in welcher Wassertiefe sich das U-Boot jeweils befindet.

b) Was zeigte der Tiefenmesser des U-Bootes am Ende an, wenn alle Schritte wie im Aufsatz angegeben durchgeführt werden könnten?
Löse die Aufgabe mithilfe eines Gesamtansatzes!

c) Ersetze die Angaben im Text durch sinnvolle Werte und berechne damit, in welcher Tiefe sich das U-Boot am Ende befindet.

31 Urlaubsabrechnung

Martin war einige Tage im Urlaub. Er hat stets mit seiner Scheckkarte bezahlt. Rechts ist sein Kontoauszug zu sehen. Am Sonntag Abend vor der Abreise war er 289 € im Plus.

Kontoauszug Kontonummer 567 432 — Sparkasse
Herrn/Frau/Firma Martin — Auszug 004, Blatt 1

Tag	Datum	Bemerkung	Betrag
Mo	12.2	Bahnfahrkarte	138 S
		Pension	42 S
Di	13.2	Fahrkarte	26 S
		Eintritt Museum	12 S
		Gaststätte	37 S
Mi	14.2	Andenkenladen	27 S
		Hotel	95 S
Do	15.2	Kleidung	76 S
		Supermarkt	52 S
		Urlaubsgeld Tante Gerda	500 H
Fr	16.2	Bahnfahrkarte	138 S

a) Berechne den Kontostand am Ende jeden Tages.

b) Um wie viele Euro hat Martin sein Konto am Mittwoch überzogen?

c) Welche Nachteile hat es, „mit der Karte“ zu bezahlen?

Grundbegriffe der Geometrie in der Ebene

Schiffe versenken*

Beim „Schiffe versenken" spielen zwei Personen gegeneinander. Es gibt 5 Schiffe: einen „Zweier", zwei „Dreier", einen „Vierer" und einen „Fünfer". Jeder Spieler hat zwei Spielfelder – sein eigenes „Meer" und ein gegnerisches „Meer". Zunächst verteilt jeder seine Flotte von 5 Schiffen im eigenen „Meer" und hält die Verteilung geheim. Dabei dürfen die Schiffe **nur** waagerecht oder senkrecht angeordnet werden.

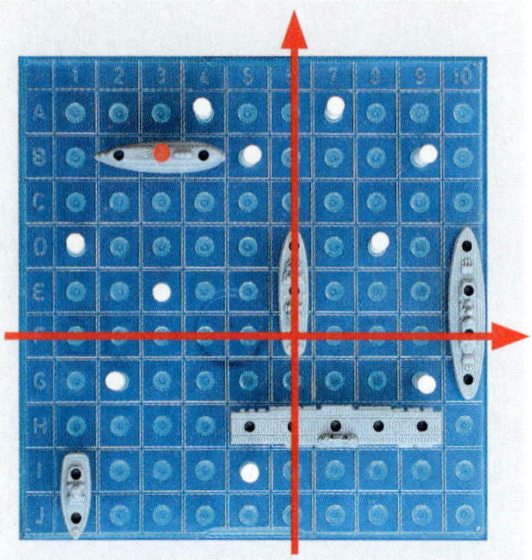

Wir übertragen das oben abgebildete Spielfeld in ein Koordinatensystem. Der Treffer des „Dreiers" hat in diesem die Koordinaten T(–3|4).

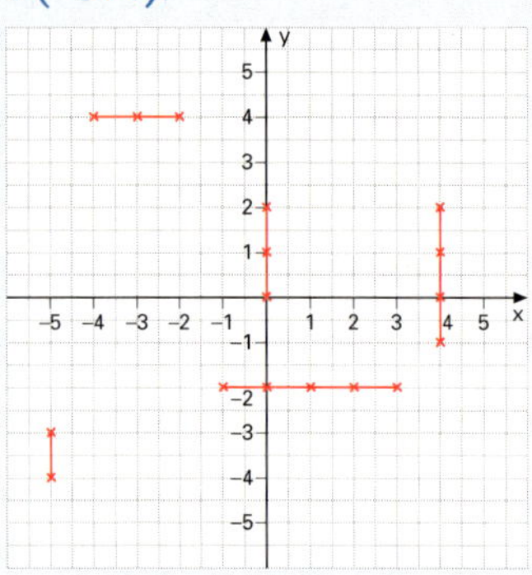

Spielregeln

- Die Spieler geben abwechselnd einen Schuss in das gegnerische „Meer" ab.
- Nach einem Schuss sagt der Gegner dem Schützen, ob ins Wasser geschossen („Wasser") oder welches Boot getroffen wurde (z.B. „Dreier").
- Jeder Spieler markiert den Schuss im zugehörigen Feld: Treffer mit Rot, Wasser mit Blau.
- Ein Schiff ist versenkt, wenn alle Punkte des Schiffs getroffen wurden.

1. Was wird durch den Schuss S(4|–3) getroffen?

2. Welche Schüsse müssen abgegeben werden, damit der „Dreier" versenkt wird?

3. Gib die Koordinaten der Treffer zu den anderen Schiffen an.

Die Schülerinnen und Schüler der rechten Seite des Klassenzimmers spielen gegen die Schülerinnen und Schüler der linken Seite. Auf einer Overheadfolie befinden sich zwei Koordinatensysteme. Eines ist verdeckt. In dieses trägt die Lehrkraft die 5 Schiffe ein. Die beiden Gruppen schießen abwechselnd. Die Schüsse werden im sichtbaren Koordinatensystem markiert. Jeder Schüler markiert die Schüsse zur Kontrolle auch in einem eigenen Koordinatensystem. Gewonnen hat die Gruppe mit den meisten Treffern.

* Erst nach Einführung des Koordinatensystems bearbeiten!

4.1 Punkt, Strecke, Gerade und Halbgerade

Das Koordinatensystem

Bilder auf einem Monitor setzen sich aus Punkten zusammen. Diese sind so klein, dass man sie nur vergrößert getrennt wahrnehmen kann. Dann sehen wir kleine runde oder eckige Flecken. In der Mathematik dagegen ist ein Punkt noch viel, viel kleiner. Vor 2300 Jahren beschrieb der Grieche Euklid den mathematischen Punkt mit den Worten:

> Ein Punkt ist, was keine Teile hat.

Deshalb markieren wir Punkte nicht als Knödel – es gibt schließlich halbe Knödel –, sondern durch **Kreuze**. Punkte erhalten große Buchstaben als Namen: A, B, C, D, …, P, Q, …

Um ihre Orte angeben zu können, verwenden wir ein Koordinatensystem. Es besteht aus einer waagrechten Zahlengeraden, der **x-Achse**, und einer senkrechten Zahlengeraden, der **y-Achse**. Ihr gemeinsamer Punkt heißt **Nullpunkt** oder **Ursprung**.

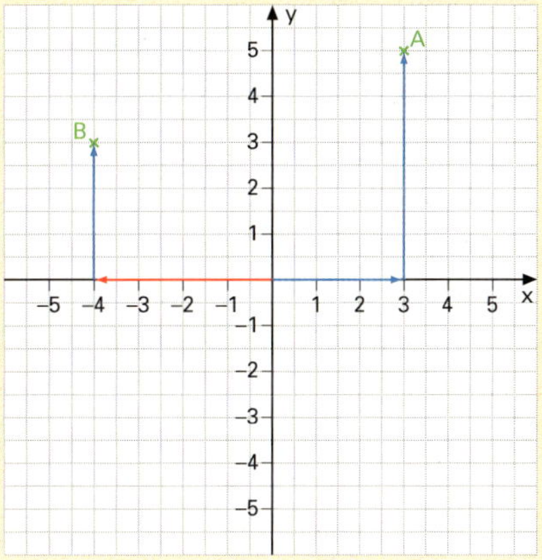

Den rechts dargestellten Punkt A erhalten wir, indem wir vom Ursprung

- 3 cm nach rechts und dann
- 5 cm nach oben gehen.

Die Zahl 3, um die man auf der x-Achse von 0 aus gehen muss, nennt man **x-Koordinate**, und die Zahl 5, um die man in y-Richtung gehen muss, **y-Koordinate**. Wir schreiben die Koordinaten in runde Klammern hinter den Namen des Punktes. Wir trennen sie durch einen senkrechten Strich voneinander (Aufgabe 1): A(3|5).
B hat die x-Koordinate −4 und die y-Koordinate 3: B(−4|3).
Die beiden Koordinatenachsen zerlegen den gesamten Zeichenbereich in vier Teile. Nach dem lateinischen Wort *quadrans* für *Viertel* nennt man sie **Quadranten**. Diese werden, wie rechts abgebildet, nummeriert. A(3|5) liegt im I., B(−4|3) im II. Quadranten (Aufgabe 2).

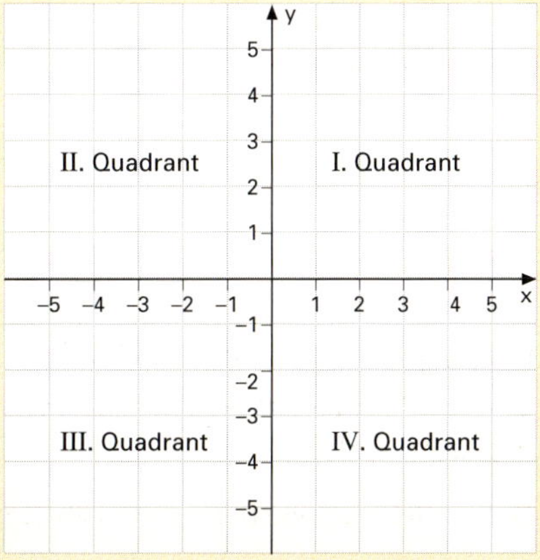

Strecke, Gerade, Halbgerade

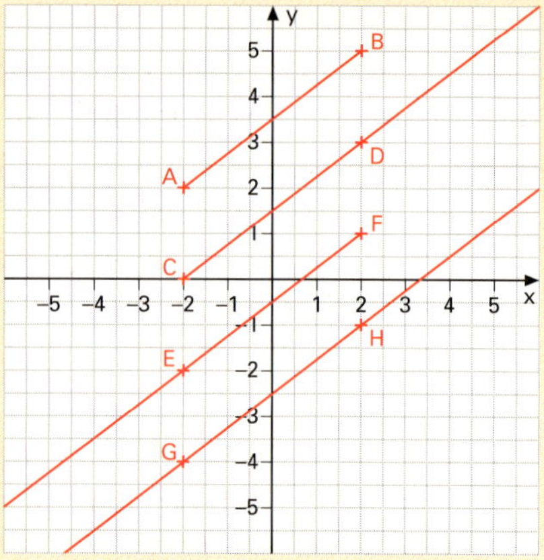

> Die kürzeste Verbindung zweier Punkte heißt **Strecke**.

Beim Zeichnen benötigen wir dazu ein gerades Lineal. Eine Strecke gibt man durch ihre beiden Endpunkte an, die in eckige Klammern geschrieben werden: z. B. [AB].

Die Strecke [AB] ist 5 cm lang. Dafür schreibt man kurz: $\overline{AB} = 5$ cm.

Verlängern wir eine Strecke über einen Endpunkt „unbegrenzt“ gerade hinaus, erhalten wir eine **Halbgerade**. Die Halbgerade, die im Punkt C beginnt und über D hinaus läuft, wird mit [CD bezeichnet. Die Halbgerade, die in F beginnt und über E unbegrenzt hinausgeht, bezeichnet man mit EF].

> Wird eine Strecke über beide Endpunkte hinaus unbegrenzt verlängert, erhalten wir eine **Gerade**.

Die Gerade durch die Punkte G und H wird mit GH bezeichnet.

Anmerkung: Die abgebildeten Kästchen sind überall in diesem Buch in Wirklichkeit einen halben Zentimeter lang.

Aufgaben

1 Wanted: Koordinaten der Punkte

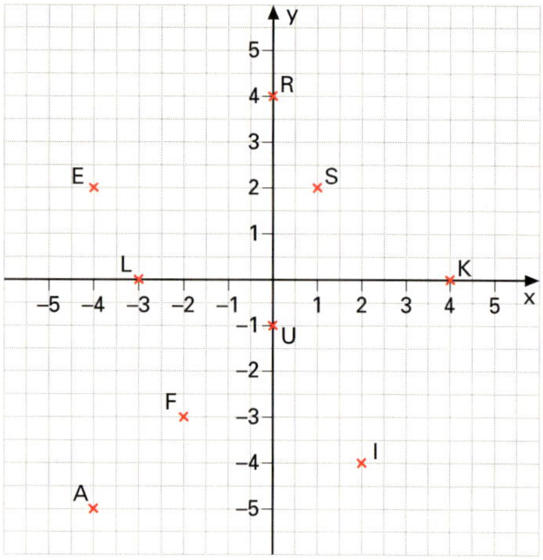

Rechts sind die Punkte K, R, E, I, S, L, A, U, F in ein Koordinatensystem eingezeichnet.

a) Lies die Koordinaten der Punkte K, R, E und I ab.
Warum darf man bei der Angabe des Ortes eines Punktes seine x- und seine y-Koordinate nicht vertauschen?

b) Lies die Koordinaten der Punkte S, L, A, U, F ab.

2 Quadrant schnell erkannt

Zeichne ein Koordinatensystem. Trage in jeden Quadranten zwei Punkte ein.

a) Gib die Koordinaten der Punkte an. Wie kannst du an den Koordinaten eines Punktes erkennen, in welchem Quadranten der Punkt liegt?

b) In welchem Quadranten liegen die Punkte: A(123|99), B(–1234|999), C(99|–123), D(–1000|–9999)?

3 Versteckte Bilder

Die links angegebenen Zahlen beschreiben den Platzbedarf: Zeichne ein Koordinatensystem, das vom Nullpunkt 5 cm nach oben, 4 cm nach links, 4 cm nach rechts und 3 cm nach unten geht.

a) Trage die Punkte D(0|4), G(1|1), I(2|−2), K(−2|−2), M(−3|4), N(3|4) und
5 O(−1|1) in das Koordinatensystem ein. Verbinde die Punkte K mit I, I mit N,
0 4 N mit G, G mit D, D mit O, O mit M und M wieder mit K durch eine gerade
3 Linie. Dadurch entsteht der Streckenzug KINGDOMK. Welche Figur erhältst du?

8 b) Trage die Punkte A(4|2), D(−2|2), H(5|1), I(1|7), N(1|2), O(−3|1), S(1|1),
0 6 T(4|−1) und U(−2|−1) in ein Koordinatensystem ein. Zeichne den Strecken-
2 zug INDIANSOUTHS. Welche Figur erhältst du?

4 Schatzsuche

Auf der Schatzinsel Treasure Island ist ein sagenumwobener Schatz vergraben. Um ihn zu finden, musst du den in der Schatzkarte verborgenen Text entschlüsseln: „(1|2), (1|−2), (−2|1), (−2|1), (0|3), (−2|−1), (2|−2), (3|0), (2|1), (0|3), (−2|−1), (−1|−2)". Wo ist der Schatz auf der Insel vergraben?

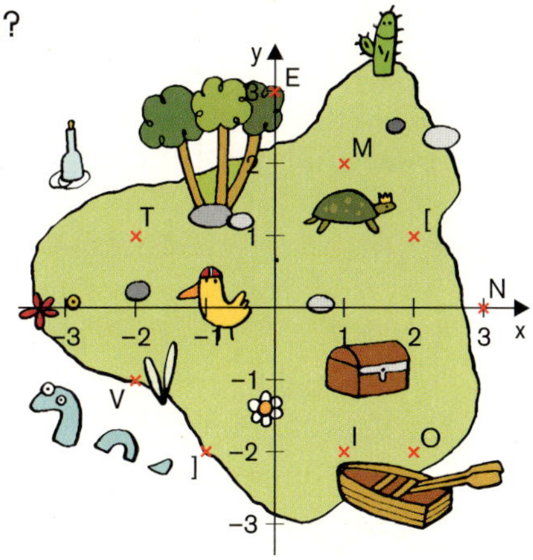

5 Lost: Koordinatensystem

Erna hat Wasser auf das Koordinatensystem ihres Bruders Bert geschüttet. Es ist nur noch die Lage der Punkte V, I und E zu erkennen. Bert erinnert sich, dass E den y-Wert 5 und V den x-Wert −1 hat. Bert sucht die Koordinatenachsen.

a) Übertrage die Punkte in dein Heft.
Bestimme die x- und y-Achse.

b) Wie lauten die Koordinaten der Mittelpunkte der Strecken [VI], [IE], [EV]?

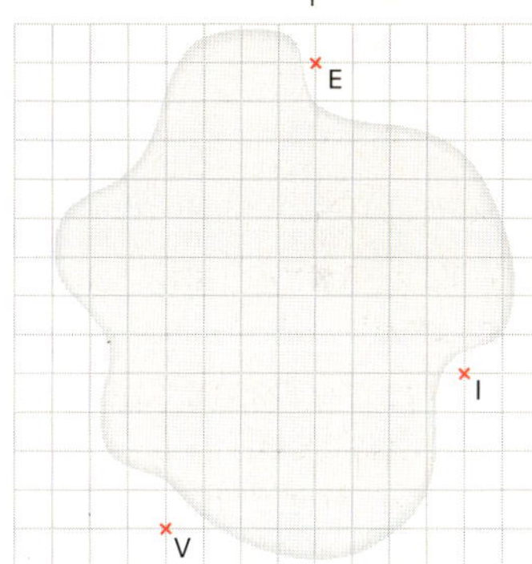

6 Das Haus vom Nikolaus

6 a) Trage die Punkte A(−3|−2), B(1|−2), C(1|3), D(−3|3) und E(−1|6) in ein
0 4 Koordinatensystem ein. Zeichne damit das Haus vom Nikolaus.
4 b) Gib die Strecken an, die du bei a) eingezeichnet hast.

c) Gib drei verschiedene Möglichkeiten an, wie du das Haus vom Nikolaus zeichnen kannst, ohne den Stift abzusetzen.

d) Welche Strecken sind gleich lang? Gib jeweils ihre gemeinsame Länge auf Millimeter genau an.

e) Wie lang muss ein Draht sein, damit man daraus „das Haus vom Nikolaus" in der vorgegebenen Größe biegen kann?

7 Sicheres Auge?

a) Gegeben sind die Punkte A(−2|−2), B(3|0), C(5|2), D(2|1), E(7|7), F(1|2), G(2|5), H(0|3), K(4|1), L(1|4), M(7|4) und N(4|7). Überlege dir anhand der vorgegebenen Koordinaten, wie groß das Koordinatensystem sein muss, damit alle Punkte darin eingezeichnet werden können. Zeichne das Koordinatensystem und trage die gegebenen Punkte ein.

b) Zeichne in das Koordinatensystem die Halbgeraden [AB, [AC, [AD, [AE, [AF, [AG und [AH ein.

c) Trage nun die Strecken [KL] und [MN] ein. Sind beide Strecken gleich lang? Miss ihre Längen.

8 Ein Licht geht auf!

6 Trage die Punkte A(−1|5), B(0|4), C(−1|3), D(0|2), E(1|−2), F(−2|4),
4 0 4 G(−2|2), H(−3|−2), I(1|4) und K (1|2) in ein Koordinatensystem ein. Zeichne
4 [AB], [AF], [BD], [FG], [DE], [GH], [CI, [CK und HE ein. Was erkennst du?

9 Punkte im Koordinatensystem

Im Koordinatensystem sind die Punkte „P, O, L, A, R, E, I, S" gegeben.

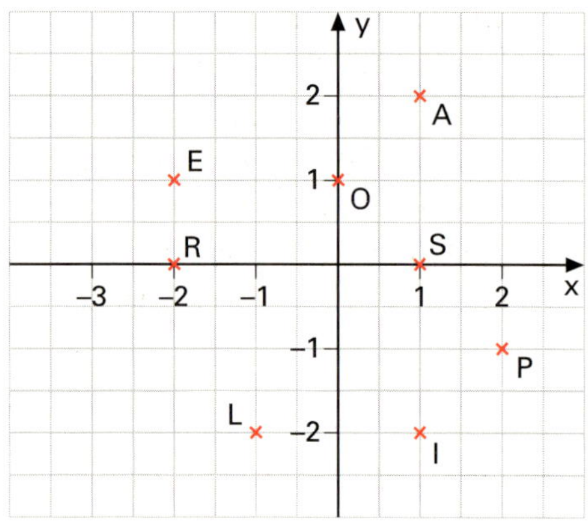

a) Gib die Koordinaten der Punkte an. Welche Punkte liegen auf der x-Achse, welche auf der y-Achse?

b) Die Gerade EI hat mit der x-Achse den Punkt X gemeinsam und mit der y-Achse den Punkt Y. Gib die Koordinaten von X und Y an.

c) Liegt Q(−3|2) auf EI], [EI, [EI], EI?

Zum Intensivieren

10 Hochstapelei

a) Trage die folgenden Punkte in ein Koordinatensystem ein: A(−3|−3),
4 B(−1|−3), C(0|−2), D(2|−2), E(3|−1), F(−3|−1), G(−2|0), H(−1|−1),
4 0 4 I(2|0), J(3|1), K(1|1), L(1|3), M(0|2), N(−1|3) und O(−2|2).
4 b) Zeichne den Streckenzug DEJKLNOMCDIGFABHF. Zeichne zusätzlich die Strecken [GO], [ML], [HK], [IJ] und [BC] ein. Was erkennst du?

11 Wo liegen die gesuchten Punkte?

a) Kreuze alle Punkte blau an, deren x-Koordinate genauso groß wie die y-
5 Koordinate ist.
5 0 5 b) Kreuze alle Punkte grün an, die von der x-Achse 2 cm entfernt sind.
5 c) Kreuze alle Punkte rot an, die von der y-Achse mindestens 3 cm entfernt sind.

12 Schach

Ein Schachbrett hat gleich lange Seiten. Es besteht, wie rechts dargestellt, aus 64 Feldern. Zeichne das Koordinatensystem ohne Schachbrett in dein Heft.

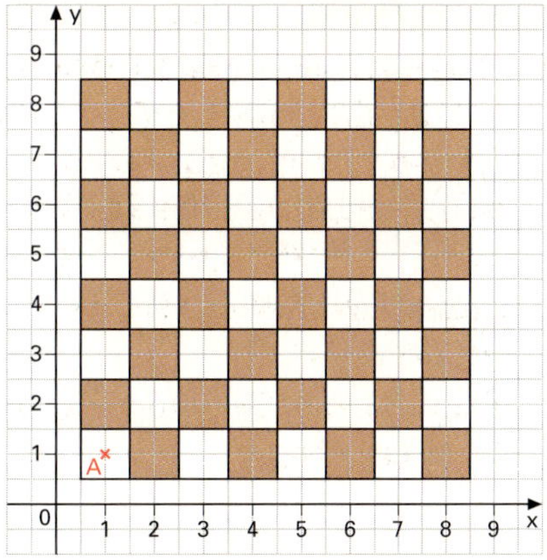

a) In der Mitte des linken unteren Eckfeldes befindet sich der Punkt A(1|1). Welche Koordinaten haben die Mittelpunkte der anderen Eckfelder?

Beim Schach darf der Turm nur waagrecht oder senkrecht bewegt werden.

b) Im Verlauf des Spiels steht der Turm auf T(6|3). Welche Felder kann der Turm beim nächsten Spielzug erreichen?

Das Pferd, der sogenannte Springer, ist die Figur, die sich am ungewöhnlichsten bewegt. Es darf bei einem Zug entweder 2 Schritte nach rechts/links und 1 Schritt nach oben/unten, oder 2 Schritte nach oben/unten und 1 Schritt nach rechts/links bewegt werden.

c) Zu Beginn des Spiels befindet sich der Springer auf P(2|1). Welche Felder kann der Springer beim ersten Zug erreichen? Markiere die Mittelpunkte dieser Felder blau.

d) Welche Felder kann der Springer mit zwei Zügen erreichen? Markiere diese Felder grün.

13 Geflochtenes

Zeichne die Figuren ab und setze sie fort.

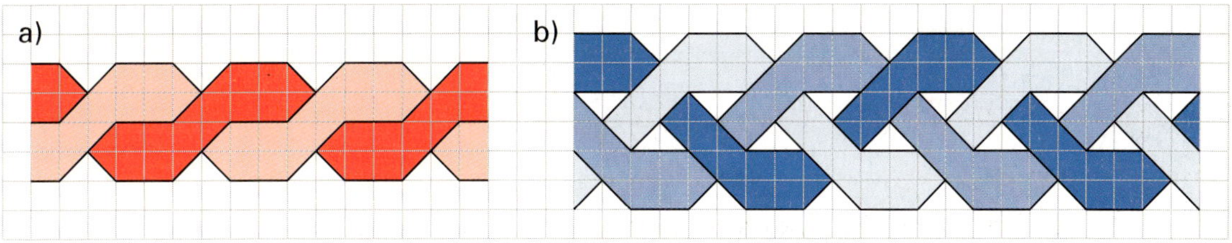

4.2 Der Kreis

Der Bau des sagenumwobenen Stonehenge bei Amesbury in England wurde vor ca. 4500 Jahren begonnen und erst 1000 Jahre später beendet. Die Frage „Wie und warum wurde das monumentale Werk erbaut?“ gibt bis heute noch große Rätsel auf. Stonehenge besteht aus mehreren Steinkreisen und einem umgebenden großen kreisförmigen Erdwall. Die Menschen in der Steinzeit konnten also schon mit ihren Hilfsmitteln Kreise zeichnen. Welche Eigenschaft des Kreises nutzten sie aus?

Alle Punkte, die von einem Punkt M gleich weit entfernt sind, liegen auf einem **Kreis k**.
Die Entfernung der Punkte vom Mittelpunkt M heißt **Radius r**.

Wie sind die Menschen der Steinzeit vermutlich vorgegangen? In der Mitte wird ein Pfahl eingeschlagen. An diesem Pfahl ist ein Seil befestigt. Läuft man mit dem gespannten Seil um den Pfahl herum, so beschreibt das äußere Seilende eine Kreislinie.
Der Radius der äußeren Steinreihe beträgt 15 m, der Radius des Erdwalls 57 m. Will man von einem Punkt des Erdwalls auf dem kürzesten Weg zum gegenüberliegenden Punkt laufen, muss man 114 m zurücklegen. Der Weg verläuft durch den Mittelpunkt.

Eine Verbindungsstrecke zweier Punkte des Kreises, die durch seinen Mittelpunkt verläuft, heißt **Durchmesser d**. Dieser ist doppelt so lang wie der Radius r.

Zum Zeichnen eines Kreises benutzen wir einen Zirkel.

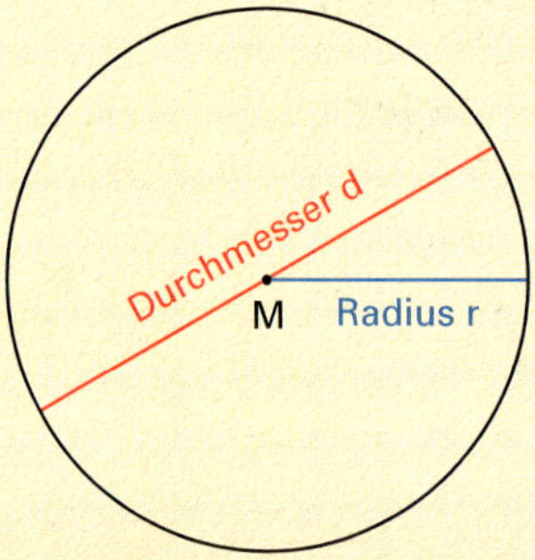

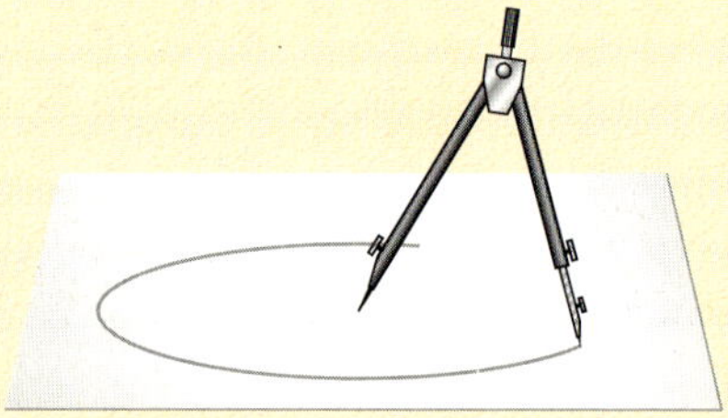

Aufgaben

Bei allen Aufgaben entspricht ein Kästchen einem Kästchen des karierten Papiers.

1 Zirkelübungen

Zeichne folgende Figuren mit dem Zirkel ab.

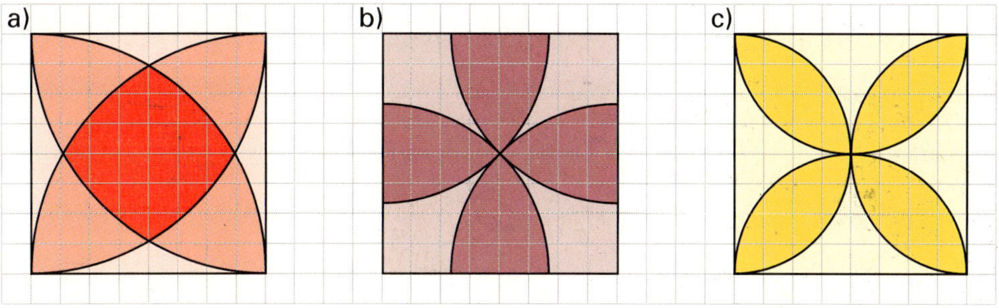

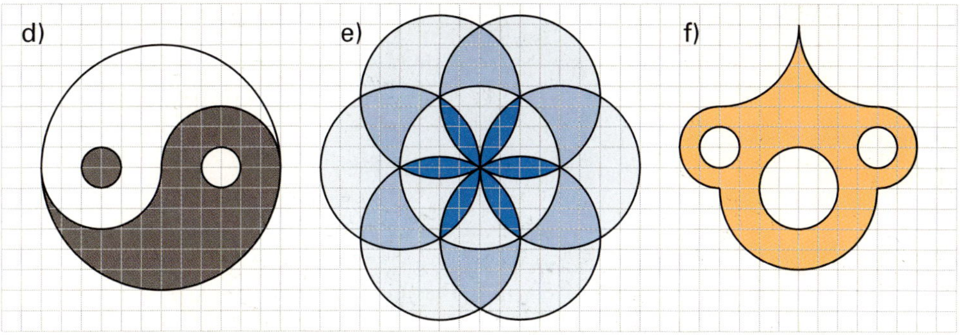

2 Zirkelkunst

Zeichne die Figuren mit dem Zirkel ab.

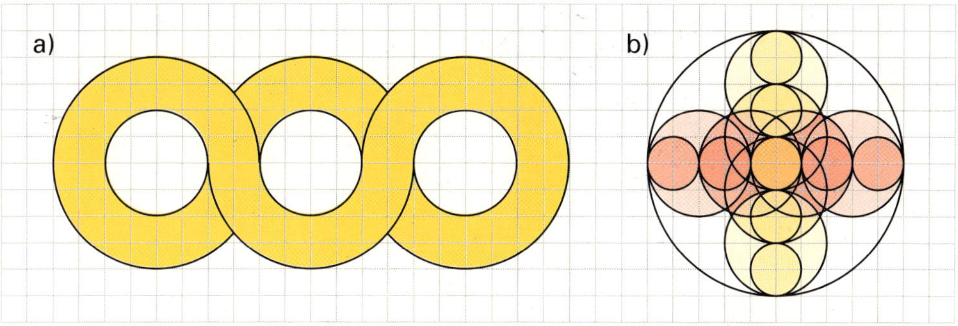

3 Zeichnungen mit dem Zirkel

Zeichne mit einem Zirkel ab.

Zum Intensivieren

4 Kreise über Kreise

Zeichne folgende Figuren mit dem Zirkel ab.

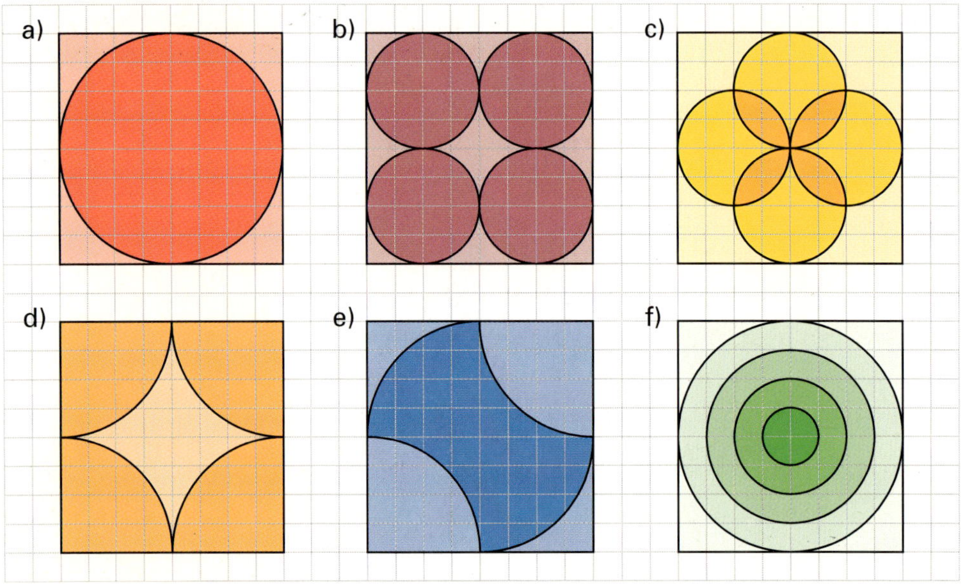

5 Zirkelkunst

Zeichne die Figuren mit dem Zirkel ab.

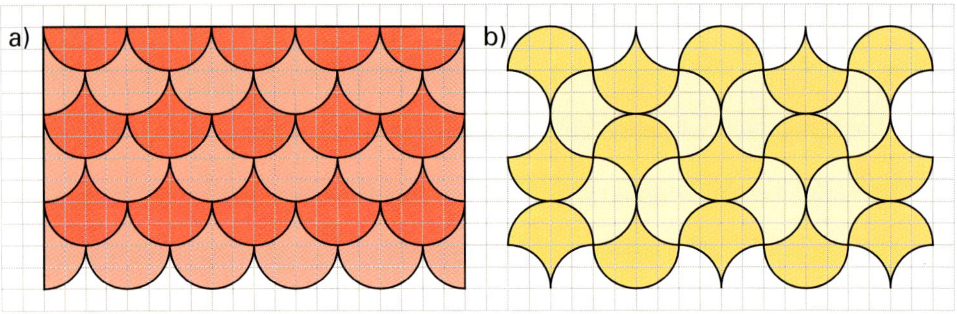

4.3 Winkel

Drehwinkel

„In Bayern geh'n die Uhren anders.“ Die Zeiger der rechts dargestellten Uhr führen eine Linksdrehung aus. Die Drehrichtung nach links – die Drehrichtung der „bayerischen Uhren“ – stimmt mit der in der Mathematik vereinbarten Drehrichtung überein.

Wir betrachten nur den großen Zeiger. Dieser weist nach oben. Er überstreicht innerhalb von beispielsweise 12 Minuten einen bestimmten Bereich. Man sagt: Der Zeiger überstreicht einen *Winkel*.

Wir verallgemeinern vom Uhrzeiger auf Halbgeraden:

Dreht sich eine Halbgerade um ihren Anfangspunkt gegen den Uhrzeigersinn, entsteht ein **Winkel**.
Die Halbgerade in der Ausgangsstellung heißt **1. Schenkel** des Winkels, die Halbgerade in der Endstellung **2. Schenkel**, der Anfangspunkt **Scheitel S**. Den Bereich, der von der Halbgeraden überstrichen wird, nennt man **Winkelfeld**.

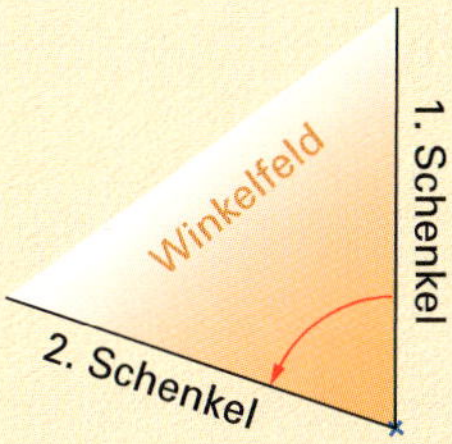

Winkelmessung

Zum Messen benötigen wir eine Einheit. Z.B. messen wir Längen in Meter. Da ein Jahr etwa 360 Tage hat, haben die Babylonier schon vor mehreren tausend Jahren den Vollwinkel in 360 gleiche Teile zerlegt.

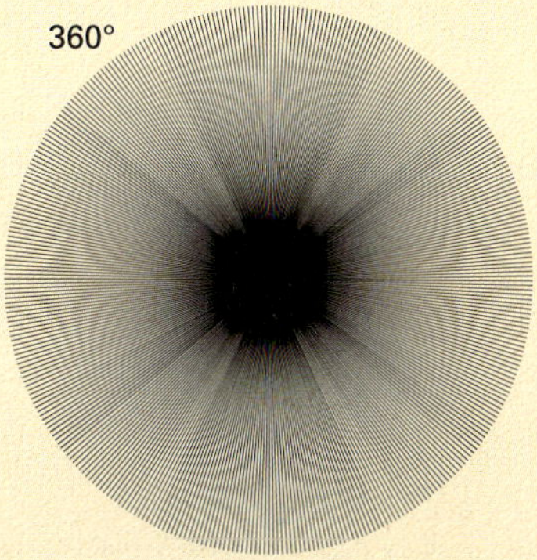

Die Winkeleinheit ist **1 Grad** (**1°**). Teilt man einen Vollwinkel in 360 gleich große Winkel, erhält man 1°-Winkel.

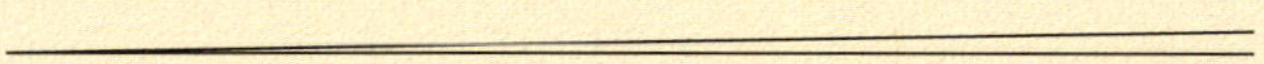

Winkel bezeichnen wir mit kleinen griechischen Buchstaben. Häufig werden α (alpha), β (beta), γ (gamma), δ (delta), ε (epsilon) und φ (phi) verwendet.

Zur Angabe der Drehrichtung zeichnen wir einen gebogenen Pfeil vom 1. zum 2. Schenkel. Den Namen des Winkels schreiben wir in das Winkelfeld.

Messen eines Winkels, der kleiner als 180° ist

Unser Messgerät für Winkel ist das Geodreieck. Auf diesem ist eine Winkelskala von 0° bis 180° angebracht.

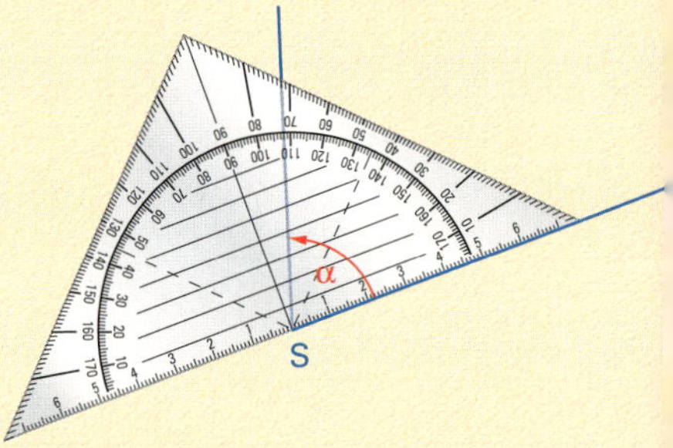

Geh beim Messen eines Winkels (Aufgaben 1 und 3) wie folgt vor:

1. Lege die lange Seite des Geodreiecks so auf den 1. Schenkel des Winkels, dass der Nullpunkt des Geodreiecks auf dem Scheitel S liegt.
2. Stelle dir vor, dass der 1. Schenkel des Winkels α auf den 2. Schenkel entgegen des Uhrzeigersinns gedreht wird. Der Winkel nimmt auf der äußeren Winkelskala von 0° zu. Am 2. Schenkel kannst du auf der Skala die Größe des Winkels ablesen.

Für α erhalten wir: $\alpha = 72°$

Merke: Wähle immer die Winkelskala, die am 1. Schenkel mit 0° beginnt.

Die Winkel teilt man nach ihrer Größe ein: $\alpha = 0°$ heißt Nullwinkel.

spitzer Winkel: $0° < \alpha < 90°$

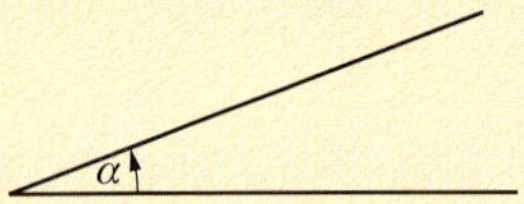

rechter Winkel: $\alpha = 90°$

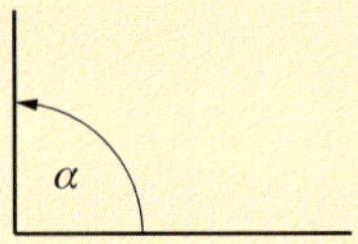

stumpfer Winkel: $90° < \alpha < 180°$

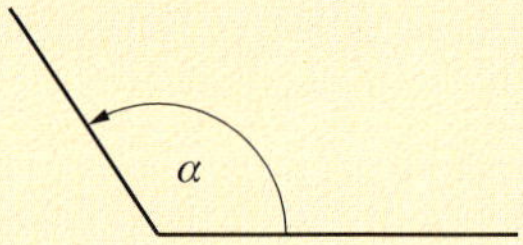

gestreckter Winkel: $\alpha = 180°$

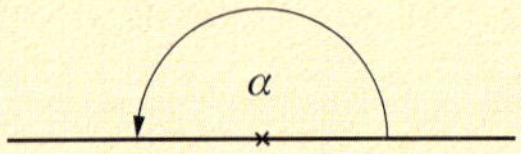

überstumpfer Winkel: $180° < \alpha < 360°$

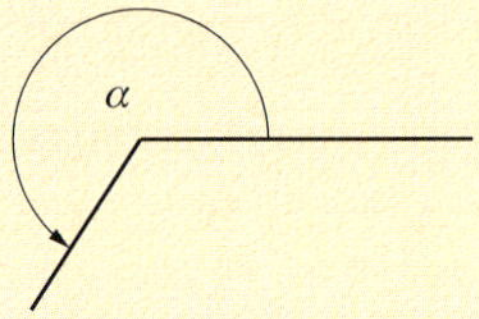

Vollwinkel: $\alpha = 360°$

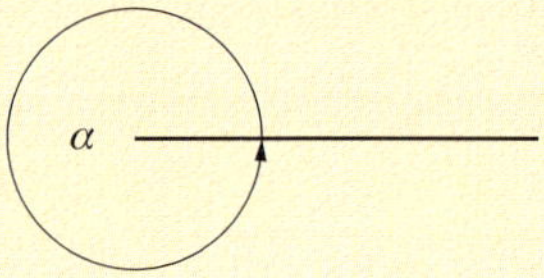

Zeichnen eines Winkels mit dem Geodreieck

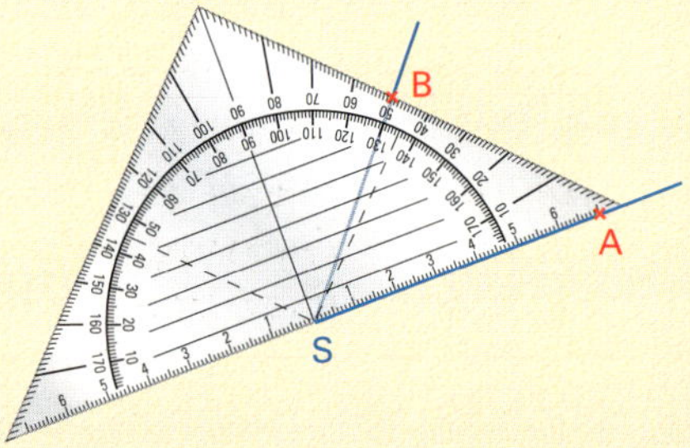

Beispiel Zeichnen eines 50°-Winkels

1. Zeichne eine Halbgerade [SA.
2. Lege die lange Seite des Geodreiecks so an die Halbgerade an, dass S im Nullpunkt liegt.
3. Bezeichne die Stelle, die 50° anzeigt, mit B.
4. Zeichne die Halbgerade [SB.

Aufgaben

1 Winkelmessung leicht gemacht

a) Miss die Größen der in A) gezeichneten Winkel.

b) Miss die Größen der in B) gezeichneten Winkel.

c) Was musst du beim Winkelmessen beachten?

A)

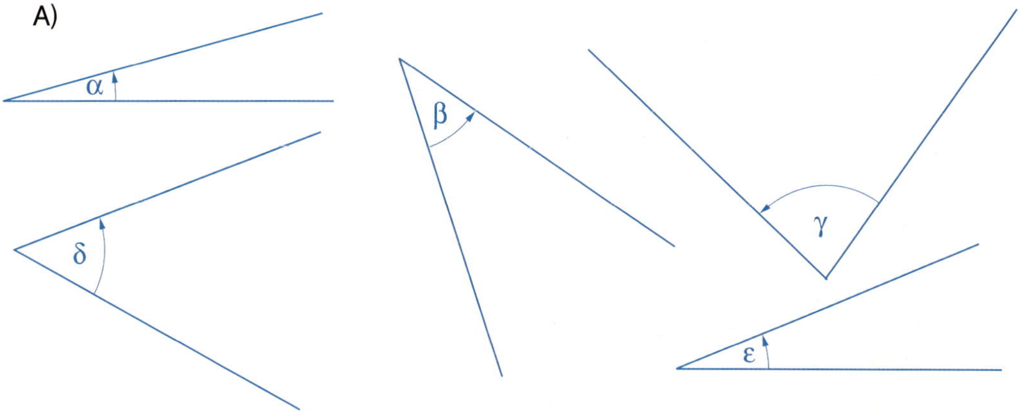

B)

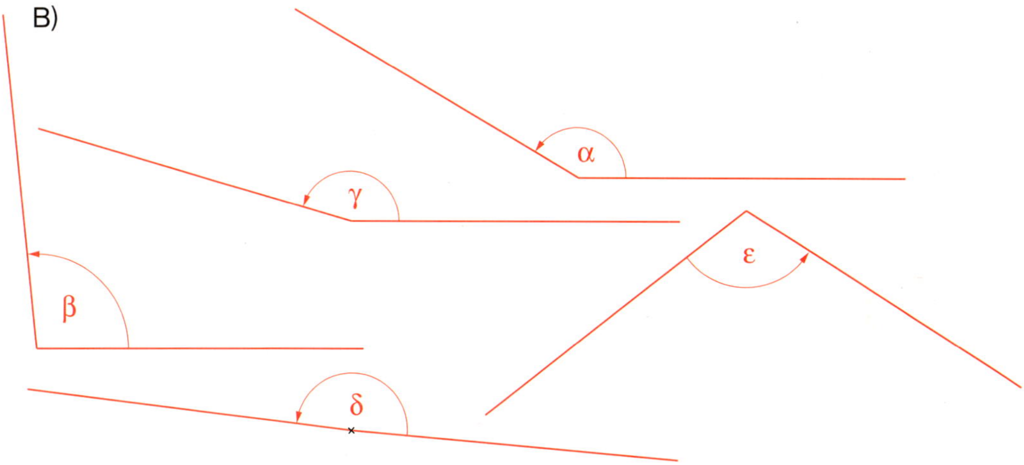

2 Haus vom Nikolaus

Übertrage das Haus in dein Heft.

a) Miss die Winkel α, β, γ, δ, ε und φ.

b) Treten im Haus vom Nikolaus Winkel auf, die genauso groß wie α, β, γ, δ, ε und φ sind? Markiere gleich große Winkel mit der gleichen Farbe.

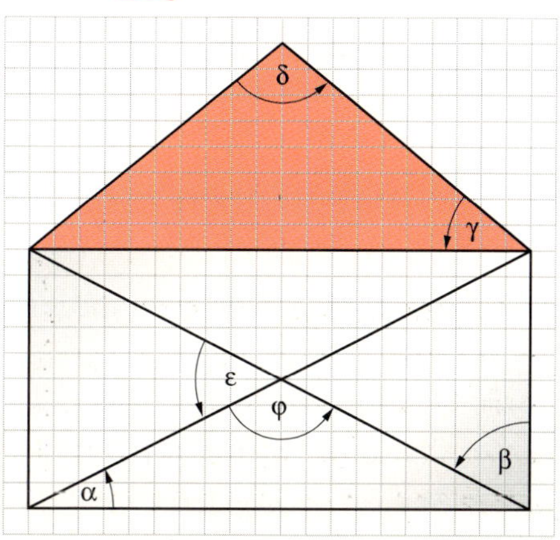

3 Messen von Winkeln über 180°

Die Winkelskala des Geodreiecks reicht nur von 0° bis 180°. Winkel über 180° kannst du deshalb nicht direkt mit dem Geodreieck messen.

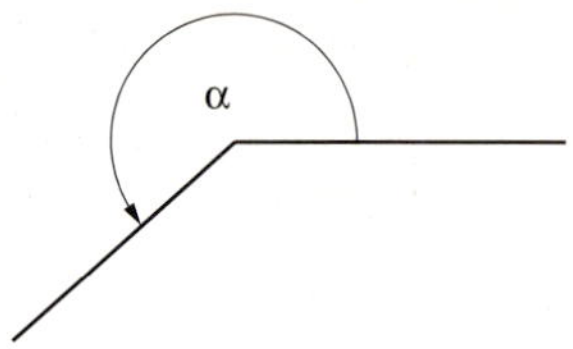

a) Zeichne, wie rechts dargestellt, einen Winkel α, der größer als 180° ist.

b) Wie kannst du die Größe von α bestimmen? (Tipp: Verlängere den 1. Schenkel des Winkels über den Scheitel hinaus.)

c) Bestimme die Größe von α.

d) Zeichne drei Winkel, die größer als 180° sind. Bestimme nach deinem Verfahren ihre Größe.

4 Messen von überstumpfen Winkeln:

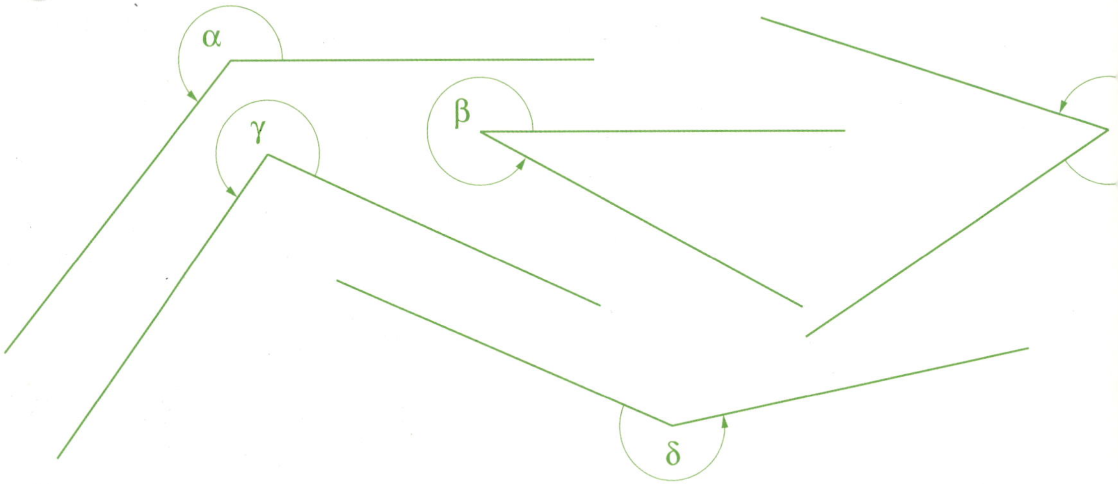

5 Winkel an allen Ecken

Zeichne für jede Teilaufgabe ein neues Koordinatensystem. Trage die Punkte ein
6 und verbinde sie in alphabetischer Reihenfolge. Verbinde den letzten Punkt mit
3 0 5 A. Miss alle Streckenlängen auf Millimeter genau. Beschrifte alle Winkel im In-
3 neren der Figur und gib ihre Größe an.

a) A(−3|−1), B(4|−3) und C(2|6)

b) A(0|−1), B(5|−2), C(4|5) und D(−2|3)

c) A(−3|1), B(1|−2), C(4|−1) und D(1|3)

d) A(−3|1), B(3|−2), C(1|1), D(2|4) und E(−2|6)

6 Zeichnen von überstumpfen Winkeln

Max will einen 235°-Winkel zeichnen. Leider geht die Winkelskala des Geodreiecks nur bis 180°.

a) Wie kann er den 235°-Winkel zeichnen?

b) Zeichne den 235°-Winkel.

c) Zeichne einen 220°-, 257°-, 270°- und einen 312°-Winkel.

7 Winkel zeichnen

Gib jeweils die Art des Winkels an und zeichne einen Winkel dieser Größe.

a) 30°	b) 41°	c) 150°	d) 108°	e) 72°	f) 100°	g) 208°
h) 313°	i) 189°	k) 171°	l) 300°	m) 90°	n) 144°	o) 360°

8 Winkel an der Uhr

Welchen Winkel schließen die beiden Zeiger um

a) 6 Uhr	b) 3 Uhr	c) 1 Uhr	d) 2 Uhr	e) 5 Uhr
f) 6 Uhr 30	g) 11 Uhr 30	h) 5 Uhr 30	i) 7 Uhr 20	k) 20 Uhr 20
l) 10 Uhr 10	m) 4 Uhr 40	n) 5 Uhr 50	o) 11 Uhr 50	p) 6 Uhr 6

miteinander ein?

9 Schöne Aussichten

Der Große Arber ist mit 1.456 Metern der höchste Berg des Bayerischen Waldes. Auf seinem Gipfel ist ein Fernrohr mit einer Winkelskala angebracht. Die Skala ist so eingestellt, dass sie 0° anzeigt, wenn das Fernrohr auf den „Großen Osser" zeigt.

a) Welche Berge siehst du jeweils, wenn du das Fernrohr gegen den Uhrzeigersinn um 44°, 155° und 193° drehst?

b) Um wie viel Grad musst du das Fernrohr gegen den Uhrzeigersinn drehen, um den „Kleinen Arber", „Die Platte", „Hochzell" und den „Großen Falkenstein" zu sehen?

Zum Intensivieren

10 Das Geheimnis der Winkel eines Dreiecks

Zeichne ein beliebiges Dreieck auf ein DIN-A4-Blatt und schneide es aus. Beschrifte die Winkel im Inneren des Dreiecks mit α, β und γ.

a) Miss die Größe der drei Winkel.

b) Reiße nun, wie rechts abgebildet, die drei Ecken des Dreiecks ab und lege sie aneinander. Was fällt dir auf? Vergleiche mit deinem Nachbarn. Klebe die drei Ecken in dein Heft.

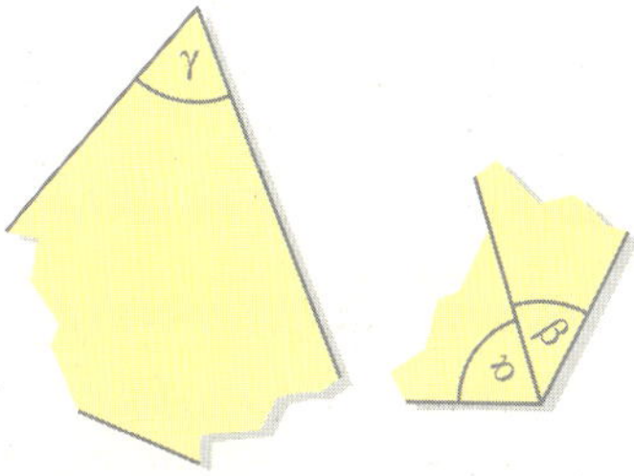

c) Berechne zur Bestätigung die Summe deiner drei gemessenen Winkel.

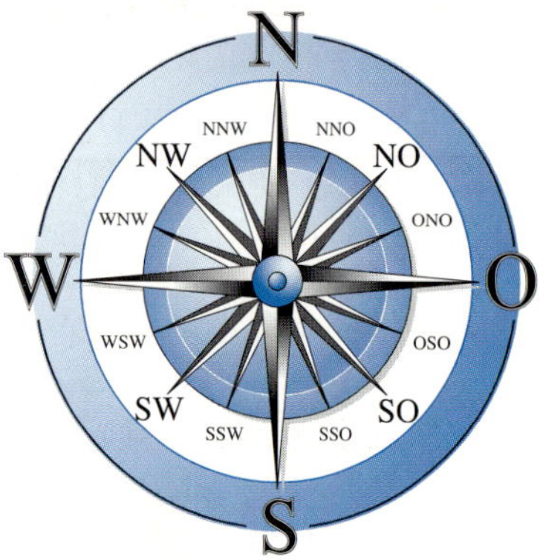

11 **Windrose**

In der Windrose sind die Himmelsrichtungen von Nord über Nord-Nordwest über West, Süd und Ost bis hin zu Nord-Nordost dargestellt.
Wie groß ist der Winkel zwischen den Himmelsrichtungen

a) N und NW,
b) N und NO,
c) N und SW,
d) NNW und SSW?
e) Der Wind weht aus SSW. Er dreht im Laufe des Tages um 45° nach Westen. Aus welcher Richtung weht der Wind danach?

12 **Irrgarten**

In einem Park befindet sich ein kleiner Irrgarten. Dominik möchte seine Freunde beeindrucken, indem er als erster den Ausgang findet. Damit sein Vorhaben auch sicher gelingt, hat er sich die Route zum Ausgang einige Tage vorher eingeprägt:
5 Schritte geradeaus,
30° nach links,
4 Schritte geradeaus,
...
Vervollständige Dominiks Wegbeschreibung.

13 **Drehwinkel der Uhrzeiger**

a) Welchen Winkel überstreicht der Minutenzeiger in einer Minute?
b) In welcher Zeit überstreicht der Minutenzeiger einen Winkel von 180°, 60°, 120°, 270°, 6°?
c) Welchen Winkel überstreicht der Stundenzeiger in einer Stunde?
d) Wie groß ist der Winkel, um den sich der Stundenzeiger in 3 h, 7 h, 30 min, 20 min, 6 min, 42 min dreht?

14 **Verwirrend**

Armin sieht im Spiegel die rechts dargestellte Uhr. Er ist verwirrt. Wie viel Uhr ist es?

4.4 Senkrechte und parallele Geraden

Schnittpunkt zweier Geraden

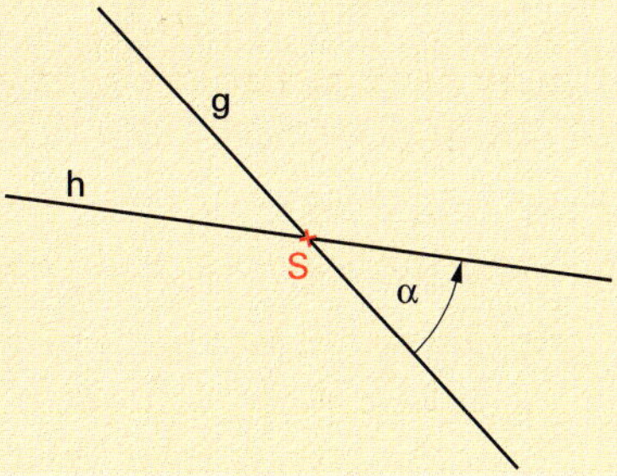

In der Seefahrt müssen Schiffe in bestimmten Punkten ihre Richtung ändern (Aufgabe 1). Um diese zu finden, muss der Kapitän auf einer Karte den gemeinsamen Punkt zweier Geraden bestimmen.

> Der gemeinsame Punkt zweier Geraden g und h heißt **Schnittpunkt** S von g und h.

Das Schiff schlägt bei S eine andere Richtung ein. Der Winkel, um den das Schiff seine Fahrtrichtung ändern muss, ist der Winkel zwischen den beiden Geraden. In unserem Beispiel beträgt der Winkel α zwischen den Geraden g und h 39°.

Senkrechte Geraden

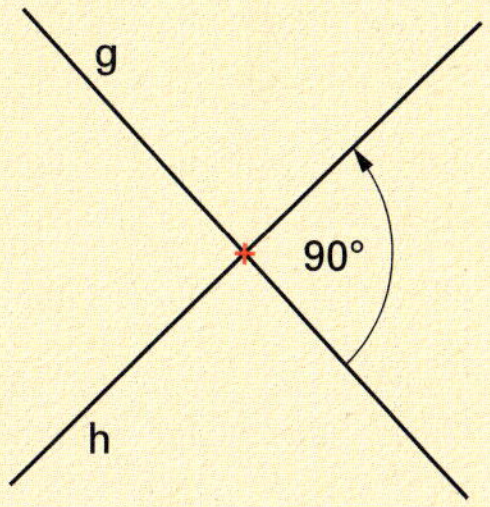

Kanten von Tischen, von Fenstern und von Türen schließen häufig einen 90°-Winkel ein. Man sagt:

> Zwei Geraden g und h sind **senkrecht** zueinander, wenn sie einen Winkel von 90° einschließen.
> Kurz: $g \perp h$ Lies: „g ist senkrecht zu h“

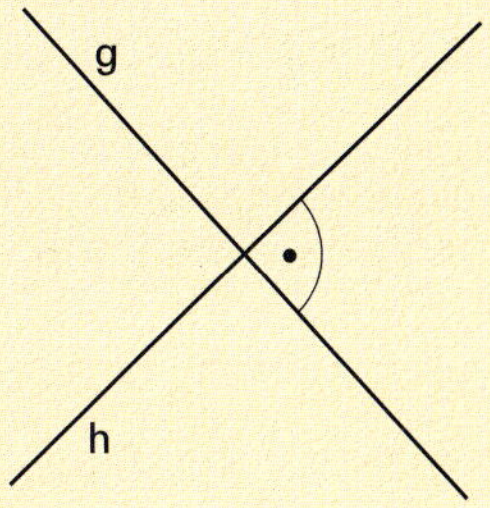

Zum Kennzeichnen senkrechter Geraden wird ein Kreisbogen mit Punkt als Zeichen benutzt:

Zeichnen von senkrechten Geraden mit dem Geodreieck

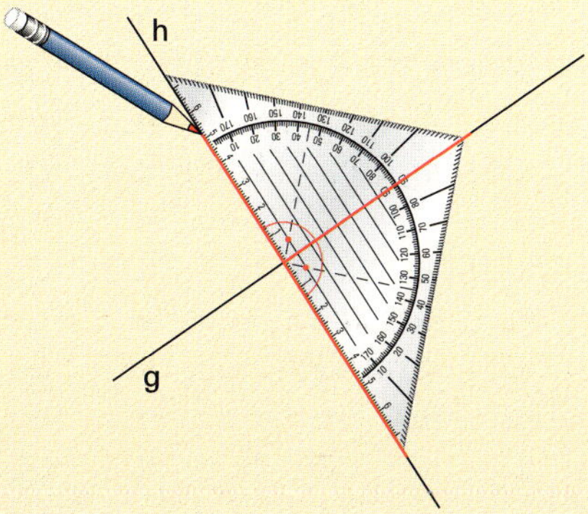

Beim Zeichnen einer senkrechten Gerade h zur Geraden g legst du die Mittellinie des Geodreiecks (90°-Markierung) auf g.

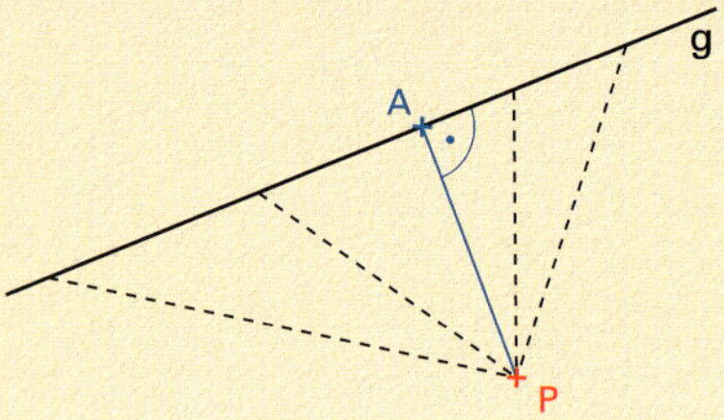

Der Abstand

Der kürzeste Weg vom Punkt P zur Geraden g verläuft auf der Geraden PA, die auf g senkrecht steht. Seine Länge $\overline{PA}$ nennt man den **Abstand** des Punktes P von g.

Parallele Geraden

Züge fahren auf Schienen. Damit die Züge nicht entgleisen, sind die beiden Schienen auf den senkrecht zu ihnen verlaufenden Schwellen im gleichen Abstand befestigt. In Deutschland und den meisten Ländern beträgt der Abstand der Schienen 1435 mm. Die Schienen kommen einander nie näher: Sie schneiden sich also nie.

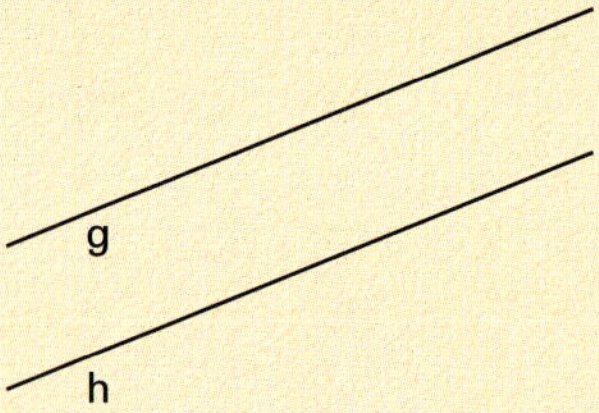

Schneiden sich zwei Geraden g und h in der Ebene nicht, so sagt man, die Geraden sind **parallel**.
Kurz: $g \parallel h$ Lies: „g ist parallel zu h“

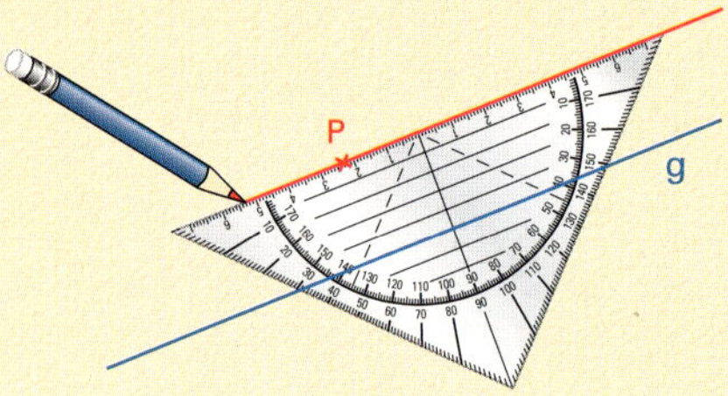

Zeichnen von parallelen Geraden

Auf deinem Geodreieck sind zur langen Seite des Geodreiecks Linien im gleichen Abstand, also parallele Linien, aufgezeichnet. Nutze sie zum Zeichnen einer parallelen Geraden zur Geraden g durch den Punkt P.

Aufgaben

1 Richtfeuer

Damit Schiffe in seichten Gewässern nicht auf Grund laufen, werden zur Navigation Richtfeuer eingesetzt. Ein Richtfeuer besteht aus zwei Leuchttürmen: einem kleinen Turm – dem Unterfeuer – und einem weiter entfernten großen Turm – dem Oberfeuer. Beide Feuer sind so ausgerichtet, dass die Gerade durch beide Feuer durch die Mitte des Fahrwassers verläuft.

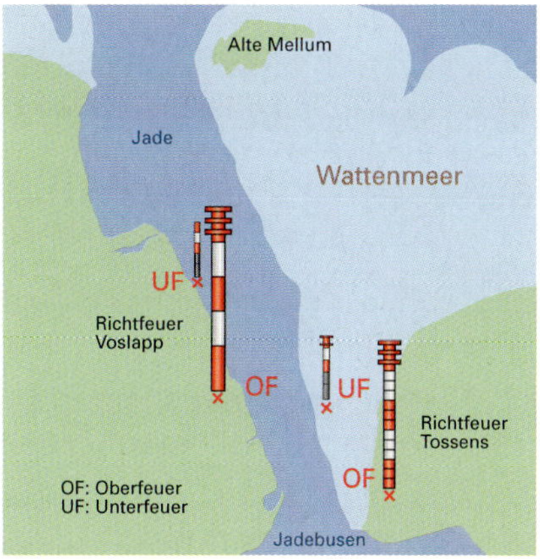

a) Warum ist ein Schiff auf dem richtigen Kurs, wenn man vom Schiff aus die beiden Feuer direkt übereinander sieht?

Will ein Schiff von der Nordsee über die Jade in den Jadebusen nach Wilhelmshaven fahren, muss es sich zuerst an dem Richtfeuer von Voslapp orientieren und dann an Tossens.

b) Trage die Koordinaten des Unterfeuers V(−3|2) und Oberfeuers W(−2|−2)
5 von Voslapp und des Unterfeuers T(2|−2) und Oberfeuers U(5|−6) von Tossens in ein Koordinatensystem ein. Zeichne die Fahrlinien ein, die die einzelnen Richtfeuer den Schiffen weisen.

c) Warum ist das Richtfeuer Tossens für die Einfahrt in den Hafen wichtig?
Warum kann ein Schiff nicht nur über das Richtfeuer Tossens in den Hafen einfahren?
An welchem Punkt muss das Schiff seinen Kurs wechseln?
Bestimme die Koordinaten des Punktes.
Zeichne den Fahrweg des Schiffes entlang der Jade ein.

d) Um wie viel Grad muss das Schiff seinen Kurs ändern?

e) Sind die Richtfeuer Voslapp und Tossens die einzigen Richtfeuer zur Einfahrt in den Jadebusen?

2 Geradenkreuzung

Trage die Punkte A(−5|−4), B(1|5), C(−7|1), D(5|3) und E(−1|−2) in ein Koordinatensystem ein.

5 a) Zeichne AB und CD ein. Gib die Koordinaten des Schnittpunktes an.

Schneiden sich zwei Geraden, so entsteht eine **Geradenkreuzung**.

b) Miss die vier Winkel, die an der Kreuzung von AB und CD auftreten. Was fällt dir auf?

c) Zeichne die Gerade CE ein. Gib die Koordinaten der Schnittpunkte mit CD und AB an. Miss jeweils die Winkel, die an den entstandenen Geradenkreuzungen auftreten.

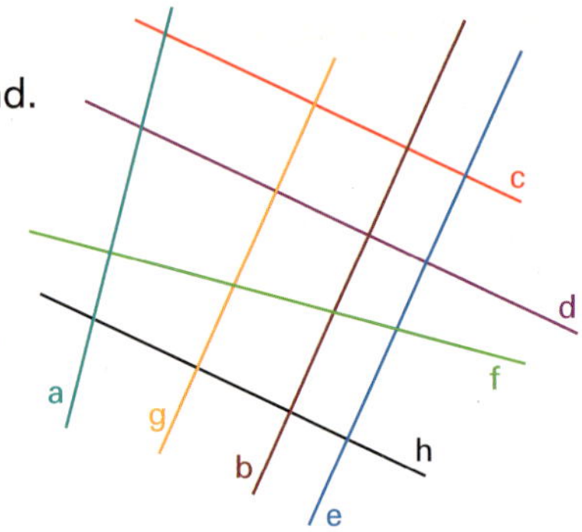

3 Senkrechte und parallele Geraden

a) Gib an, welche Geraden zueinander senkrecht sind.

b) Gib an, welche Geraden zueinander parallel sind.

4 Senkrechte Geraden

Trage in ein Koordinatensystem die Punkte A(−5|0), B(3|4), C(−1|2) und D(3|−1) ein.

a) Zeichne die Gerade AB.

b) Zeichne die senkrechte Gerade c zu AB durch C ein.

c) Wie kannst du die senkrechte Gerade d zu AB durch D zeichnen? Zeichne diese ein. Gib die Koordinaten des Schnittpunktes S von d mit AB an.

d) Miss den Abstand des Punktes D von der Geraden AB.

e) Wie verlaufen SD und c zueinander?

5 Senkrechte Geraden im Koordinatensystem

Trage die Punkte A(−3|1), B(3|−4), C(1|2) und D(5|1) in ein Koordinatensystem ein.

3
4 0 6
5

a) Zeichne die senkrechte Gerade zu AB durch B.

b) Zeichne die senkrechte Gerade zu AB durch C.

c) Zeichne die senkrechte Gerade zu CD durch C.

d) Zeichne die senkrechte Gerade zu CD durch A.

6 Parallele Geraden im Koordinatensystem

Trage die Punkte A(−3|−3), B(3|−2), C(3|1) und D(0|3) in ein Koordinatensystem ein.

5
5 0 6
6

a) Zeichne die Parallele zu AB durch C ein.

b) Zeichne die Parallele zu BD durch C ein.

c) Zeichne die Parallele zu AB durch D ein.

d) Zeichne die Parallele zu BD durch A ein.

7 Über den Öresund

Die Öresundbrücke verbindet Dänemark mit Schweden. Sie ist 8 km lang und zählt zu den größten technischen Bauwerken Europas.

a) Welche Städte verbindet die Brücke?

b) Beschreibe, welche Bestandteile der Brücke zueinander senkrecht verlaufen.

c) Beschreibe, welche Bestandteile der Brücke zueinander parallel verlaufen.

8 Senkrechte und parallele Geraden am Dreieck

a) Zeichne das Dreieck EVA mit E(−3|−1), V(3|−3) und A(1|2).

b) Miss die Größen der drei Winkel, die in EVA auftreten.

8 c) Zeichne durch jeden Eckpunkt eine Gerade, die auf der gegenüberliegenden Dreiecksseite senkrecht steht. Welchen Abstand haben die Eckpunkte jeweils von der gegenüberliegenden Seite? Miss auf Millimeter genau.

d) Zeichne zu jeder Dreiecksseite die parallele Gerade durch den gegenüberliegenden Eckpunkt.
Die drei Parallelen zu den Dreiecksseiten schneiden sich in drei Punkten. Benenne die Schnittpunkte mit F, G und H. Gib ihre Koordinaten an.
Miss die drei Winkel im Dreieck FGH. Vergleiche mit den Werten von EVA von Aufgabe b).

Zum Intensivieren

9 Das Andreaskreuz

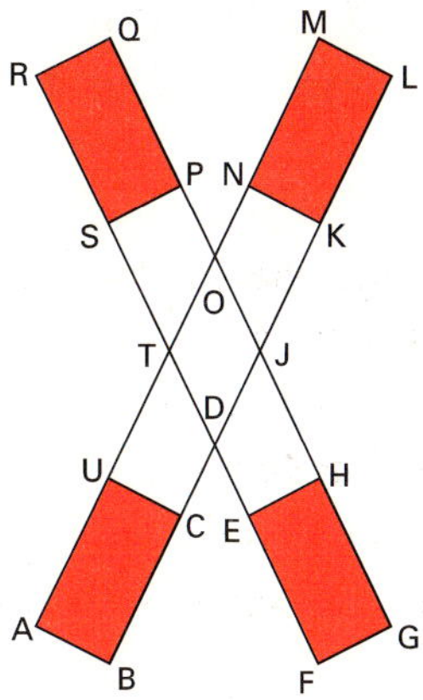

a) Die Abbildung zeigt ein besonderes Verkehrsschild – das Andreaskreuz. Wozu wird es im Straßenverkehr eingesetzt?

Beim Andreaskreuz treten mehrere Geraden auf.

b) Welche dieser Geraden sind zueinander parallel?

c) Welche Geraden sind zueinander senkrecht?

10 Parallelen

Zeichne mithilfe des Geodreiecks zwei Parallelen in einem Abstand von

a) 2 cm b) 3 cm c) 1,5 cm d) 2,5 cm e) 1,8 cm f) 3,2 cm.

11 Sternbild am Nachthimmel

In einer klaren Nacht kannst du im Norden das Sternbild „Großer Wagen" am Himmel beobachten.

16 a) Trage die Punkte B(1|3), I(4|4), L(9|3), D(11|1), E(15|2) und R(15|5) in ein Koordinatensystem ein. Zeichne den Streckenzug BILDERL und du erhältst das Sternbild „Großer Wagen".

b) Findest du in diesem Sternbild parallele und senkrechte Geraden?

c) Mithilfe des „Großen Wagens" kannst du den Polarstern finden, der genau im Norden steht: Du müsstest dazu [ER] über R hinaus verlängern und von R aus [ER] viermal antragen. Berechne die Koordinaten des Polarsterns P.

12 Grundwissen: Geburtstagsspiel mit ganzen Zahlen

Leon feiert seinen 11. Geburtstag. Jeder Gast bekommt einen Luftballon. Die Gäste sollen sich so in Gruppen zusammenstellen, dass die Summe der Zahlen auf den Luftballons einer Gruppe 11 oder −11 ergibt.

a) Finde jeweils eine Gruppe mit 2, 3 und 4 Personen.

b) Stelle eine Gruppe zusammen, deren Ballons alle gleichfarbig sind.

c) Gibt es auch eine 5er Gruppe?

13 Besondere Buchstaben

Buchstaben sind häufig aus zueinander senkrechten oder auch parallelen Strecken zusammengesetzt. Schreibe zwei Großbuchstaben, die

a) senkrechte und parallele Strecken enthalten,

b) weder senkrechte noch parallele Strecken enthalten,

c) parallele Strecken, aber keine senkrechten enthalten,

d) senkrechte Strecken, aber keine parallelen enthalten.

14 Forschungsplattform „Fino I“

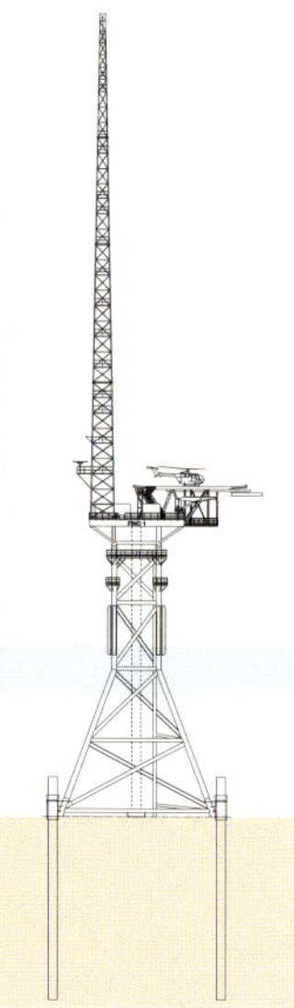

In der Nordsee steht die Forschungsplattform „Fino I“. Auf ihr werden Messungen für die Planung von Windkraftanlagen durchgeführt. Der tiefstmögliche Wasserstand bei Ebbe wird auf Seekarten mit dem Pegel „0 m“ bezeichnet. Beim Pegel „0 m“ ist das Wasser bei „Fino I“ 28 m tief. Die Arbeitsplattform befindet sich 20 m über dem „Kartennull“. Jeder Abschnitt des rot-weiß gestrichenen Windmessmastes ist 6 m hoch.

a) Wie viele Meter über dem Meeresgrund befindet sich die Arbeitsplattform?

b) Wie hoch ist die Spitze des Mastes über dem Meeresgrund?

Als Lisa das erste Mal auf der Plattform war, betrug der Pegel 2 m und die Wellen waren 5 m höher.

c) Wie viele Meter ragte die Arbeitsplattform aus den Wellen heraus?

Tintenkleckse

Falte ein DIN-A4-Blatt in der Mitte. Lass dir von deiner Lehrerin oder deinem Lehrer zwei Tropfen Tinte mit einem Kolbenfüller oder einer Tintenpatrone auf den Falz des Blattes geben.
Falte das Blatt wieder zusammen und verstreiche die Tintentropfen vom Falz weg. Öffne das Blatt wieder.
Die entstehende Figur ist symmetrisch zum Falz.
Dieser ist die Achse der Figur.

1. Welche Figur erkennst du in deinem Tintenklecks?

2. Zeichne mit Bleistift und Lineal die Achse deiner Figur ein.

3. Suche einen besonderen Punkt auf der linken Seite der Achse. Welcher Punkt der rechten Seite liegt im gefalteten Zustand auf diesem? Diese beiden Punkte heißen symmetrische Punkte.
   a) Zeichne die Verbindungsstrecke deiner symmetrischen Punkte ein.
   b) Welche besonderen Eigenschaften hat diese Verbindungsstrecke?

4. Wähle einen weiteren Punkt und suche dazu den symmetrischen Punkt. Überprüfe, ob die Verbindungsstrecke dieser beiden Punkte die gleichen Eigenschaften hat, die du vorher erkannt hast.

5.1 Achsensymmetrie von Figuren

Die Achsensymmetrie

Geben wir auf ein Blatt Papier Tintentropfen und falten es, entsteht eine **symmetrische Figur** (Seite 79). Die Punkte, die beim Zusammenklappen aufeinander liegen, heißen **symmetrische Punkte**.

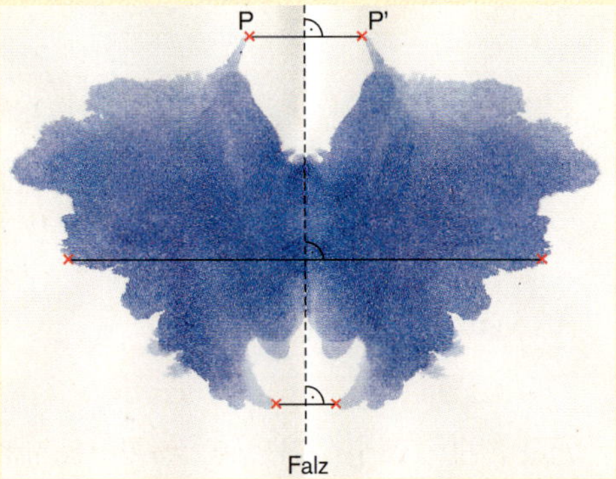

Eine Figur ist **achsensymmetrisch**, wenn sie sich so falten lässt, dass die beiden Hälften genau aufeinander liegen. Der Falz heißt **Symmetrieachse**.
Die Verbindungsstrecke von zwei symmetrischen Punkten P und P' steht auf der Symmetrieachse **senkrecht**.
P und P' haben von der Symmetrieachse den **gleichen Abstand**.

Ergänzen einer Figur zu einer symmetrischen Figur

Lege das Geodreieck mit der Mittellinie so auf die Symmetrieachse, dass seine lange Seite durch den zu spiegelnden Punkt verläuft. Den symmetrischen Punkt erhältst du auf der anderen Seite im gleichen Abstand von der Achse.

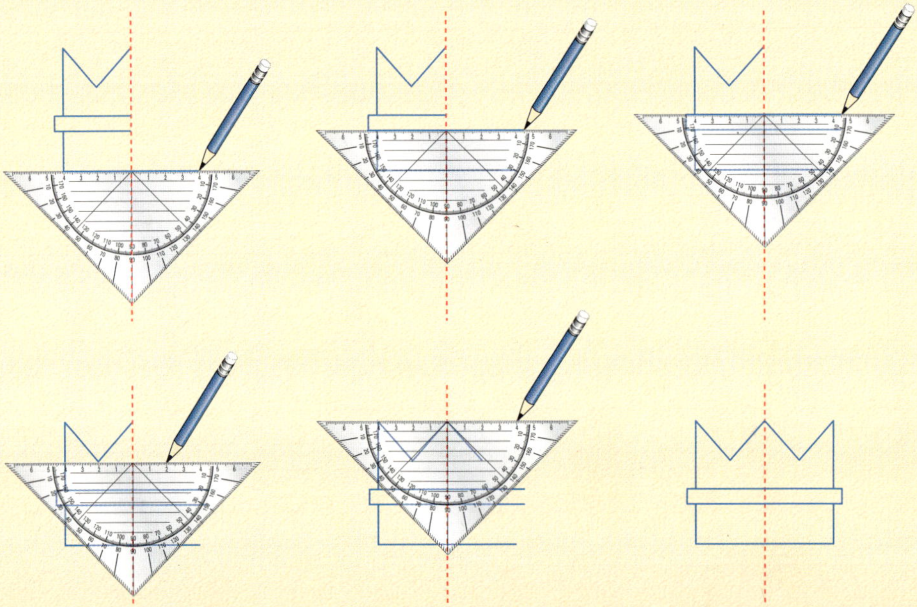

Aufgaben

1 Achsensymmetrisch?

Wie viele Symmetrieachsen haben die folgenden Figuren?

a)

b)

c)

d)

e)
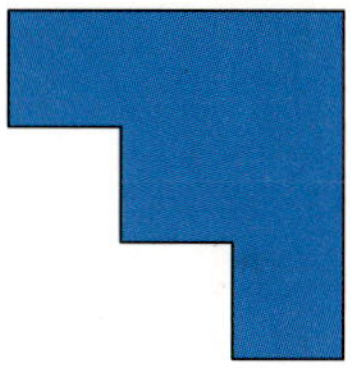

2 Symmetrische Buchstaben?

a) Schreibe die achsensymmetrischen Großbuchstaben des Alphabets in dein Heft. Zeichne alle Symmetrieachsen ein.
A B C D E F G H I J K L M N O P Q R S T U V W X Y Z

b) Finde zwei Wörter mit einer senkrechten Symmetrieachse (z. B. AHA).

c) Finde zwei Wörter mit einer waagrechten Symmetrieachse (z. B. KOCH).

3 Was ist das?

Übertrage die Figuren in dein Heft und ergänze sie zu achsensymmetrischen Figuren.

a)
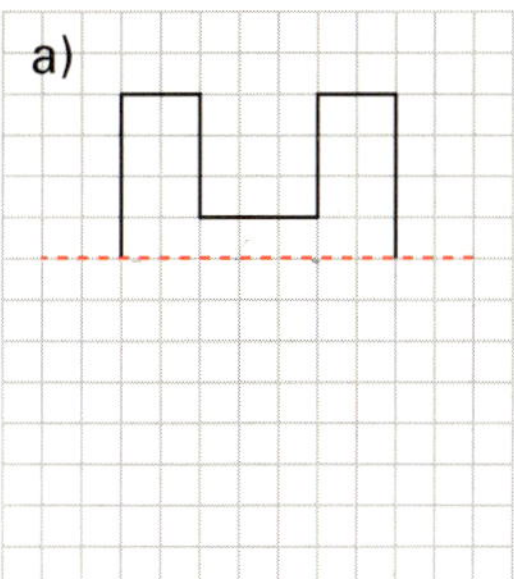

b)
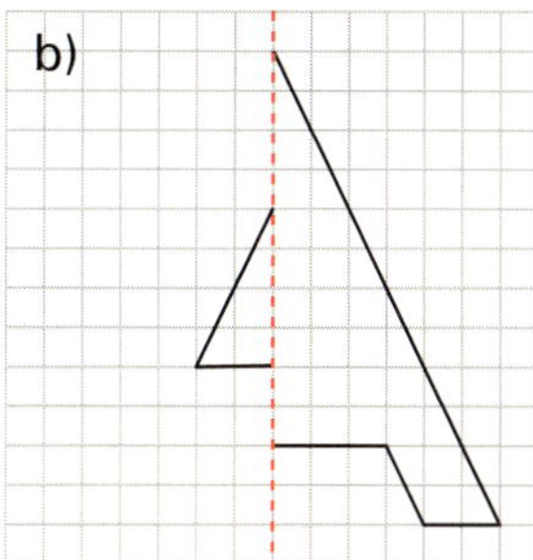

c)
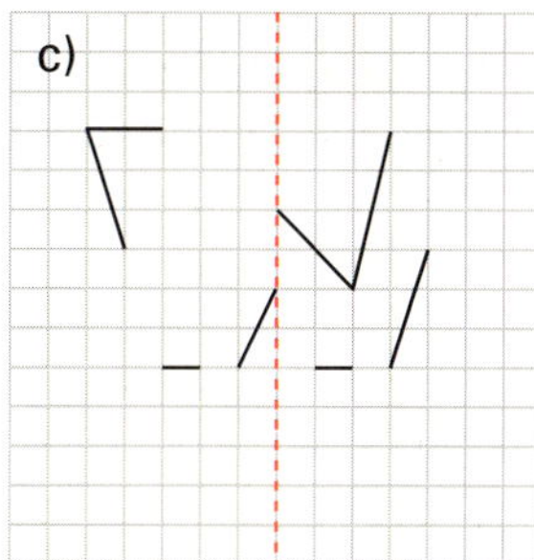

d)
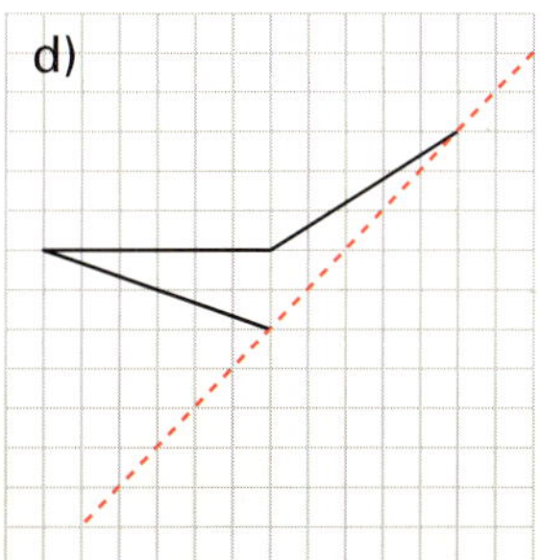

e)
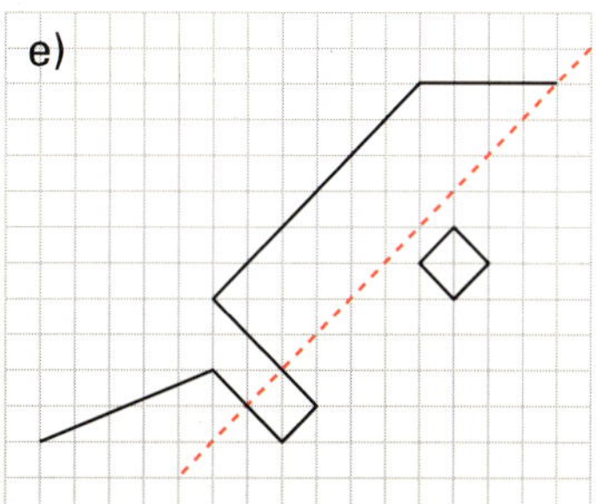

f)
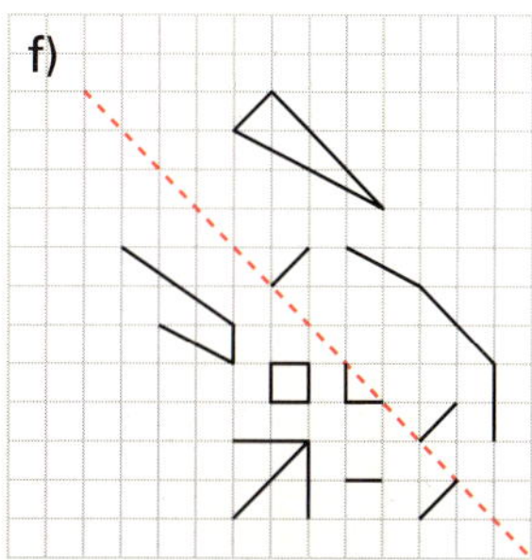

4 Faltung

Armin faltet ein Blatt Papier zwei Mal. Er schneidet mit einer Schere – wie rechts dargestellt – ein Eck heraus.

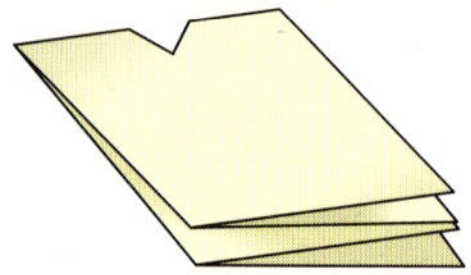

a) Armin faltet das Papier wieder auf. Wie sieht jetzt sein Blatt aus?

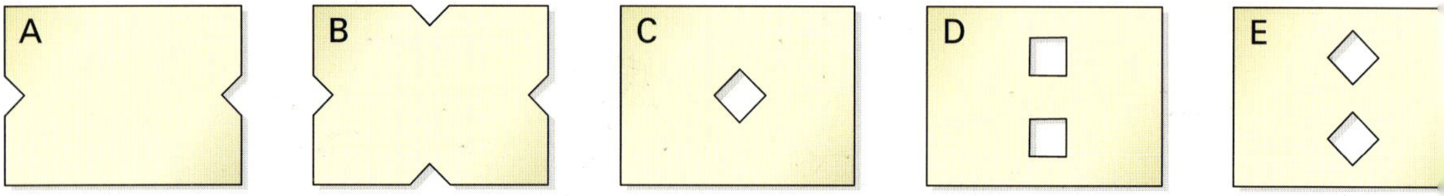

b) Probiere aus, ob du die richtige Lösung gefunden hast.

Zum Intensivieren

5 Stecknadeln

Wie viele Symmetrieachsen haben die folgenden Figuren?

a) 
b) 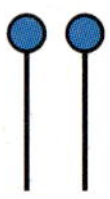
c) 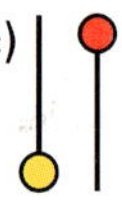
d) 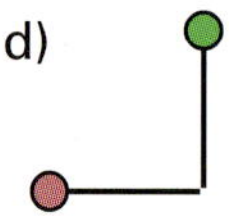
e) 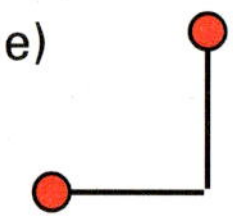
f) 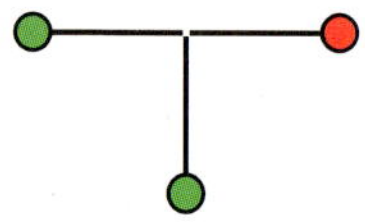

g) 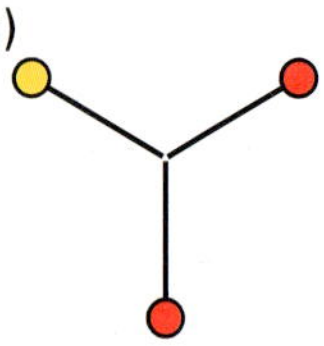
h) 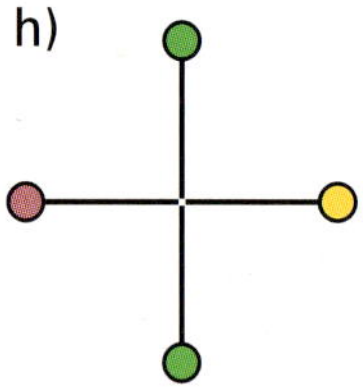
i) 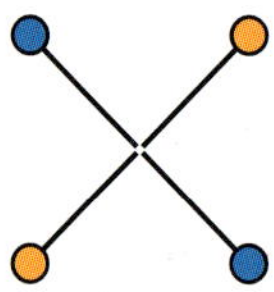
k) 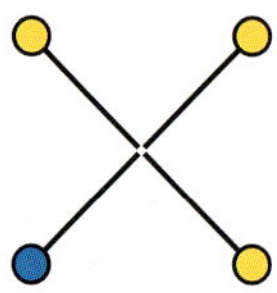
l) 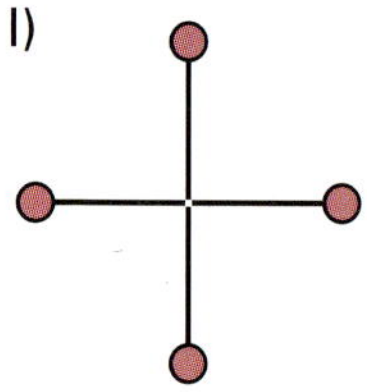

m) Zeichne eine Stecknadelfigur mit 6 Nadeln und 4 Symmetrieachsen!

n) Zeichne eine Stecknadelfigur mit 6 Nadeln und 2 Symmetrieachsen!

6 Symmetrisch oder nicht?

Welche der folgenden Figuren sind achsensymmetrisch, welche nicht?

a) 
b) 
c) 
d) 

e) 
f) 
g) 
h) 

7 Symmetrische Ergänzungen

Übertrage die Figuren in dein Heft und ergänze sie zu achsensymmetrischen Figuren.

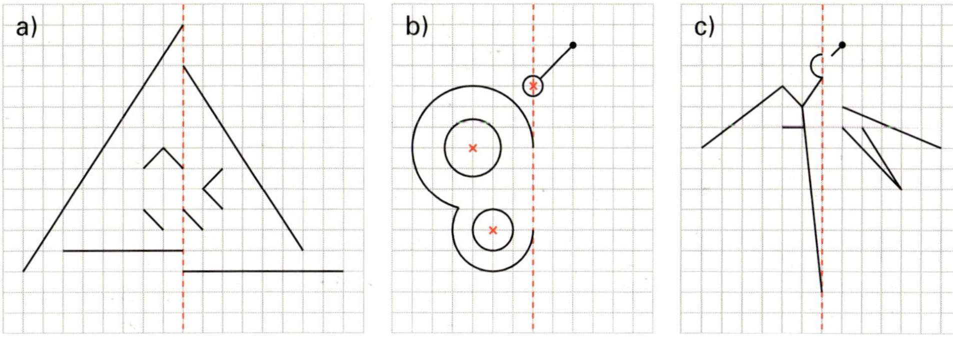

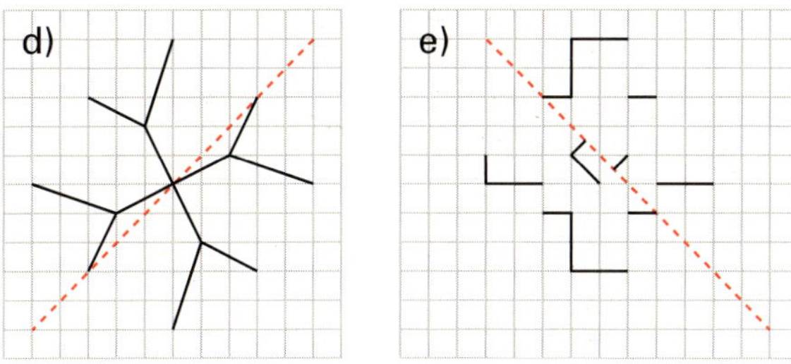

f) Überlege dir selbst ein Muster, das nach dem Spiegeln eine überraschende Figur liefert. Lass deinen Nachbarn die Aufgabe lösen.

8 Knifflig: So wenig wie möglich!

Übertrage die rechts dargestellte Figur in dein Heft. Wie viele der kleinen Quadrate musst du mindestens rot färben, damit eine achsensymmetrische Figur entsteht?

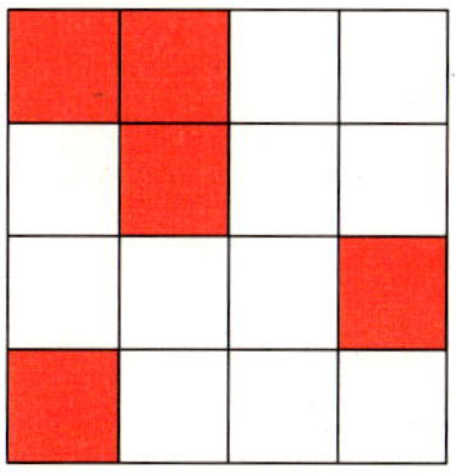

9 Knifflig: Viele Wege führen zum Ziel

Trage in die 9 Kreise die Zahlen von 1 bis 9 so ein, dass die Summen der drei Zahlen auf einer Linie gleich sind. Suche mehrere Möglichkeiten.

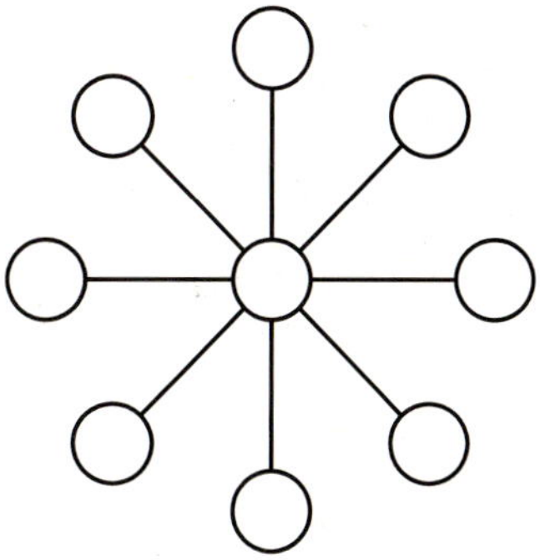

5.2 Weitere symmetrische Figuren

Vierecke

Im täglichen Leben begegnen uns häufig **Vierecke**.
Die bayerische Flagge setzt sich aus besonderen blauen und weißen Vierecken zusammen.

Ein Viereck mit vier rechten Winkeln heißt **Rechteck**.
Ein Viereck mit vier gleich langen Seiten heißt **Raute**.
Ein Viereck mit vier rechten Winkeln und vier gleich langen Seiten heißt **Quadrat**.

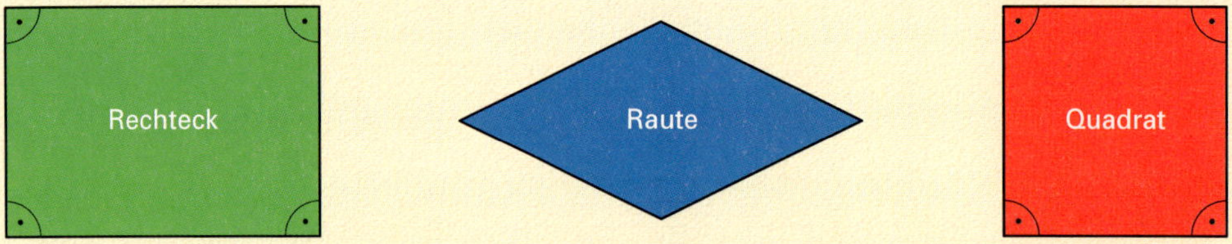

Diese besonderen Vierecke sind achsensymmetrisch. Sie sind sogar zu mehreren Achsen symmetrisch (Aufgabe 1). Es gibt auch Dreiecke mit Symmetrieachsen (Aufgabe 2).

Aufgaben

1 **Symmetrieachsen von besonderen Vierecken**
Nimm als Rechteck ein DIN-A4-Blatt.

a) Bestimme alle Symmetrieachsen des Rechtecks durch Falten des DIN-A-4-Blattes.
Zeichne ein Rechteck mit allen Symmetrieachsen in dein Heft.

Schneide ein Quadrat mit 5 cm langen Seiten aus.

b) Bestimme durch Falten alle Symmetrieachsen eines Quadrats.
Zeichne ein Quadrat mit allen Symmetrieachsen in dein Heft.

Schneide eine Raute aus kariertem Papier aus.

c) Bestimme durch Falten alle Symmetrieachsen der Raute.
Zeichne eine Raute mit allen Symmetrieachsen in dein Heft.

2 Symmetrieachsen von Dreiecken

Rechts sind drei Dreiecke dargestellt.

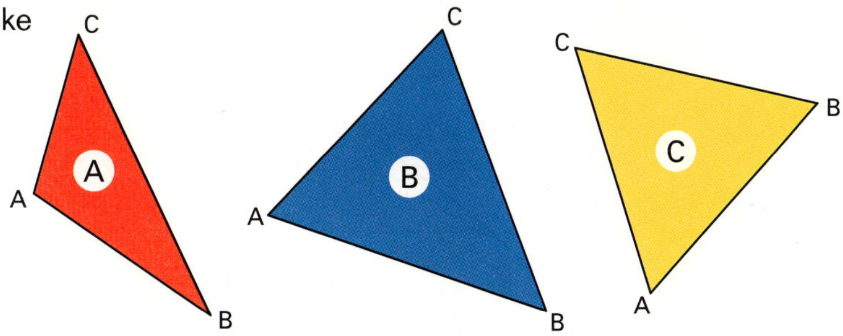

a) Miss von jedem Dreieck die Seitenlängen.

b) Untersuche die Dreiecke auf Symmetrie. Gib jeweils die Anzahl der Symmetrieachsen an.

c) Wann hat ein Dreieck keine, eine, zwei bzw. drei Symmetrieachsen?

3 Verkehrssicherheit

Wie viele Symmetrieachsen haben jeweils die Verkehrsschilder?
Was bedeuten die Schilder?

4 Rechteckpuzzle

Welches der Puzzleteile bildet zusammen mit dem rechts abgebildeten Teil ein Rechteck?

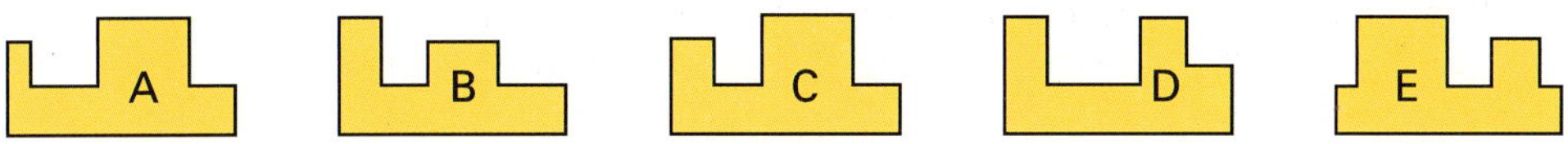

5 Quadrate im Quadrat

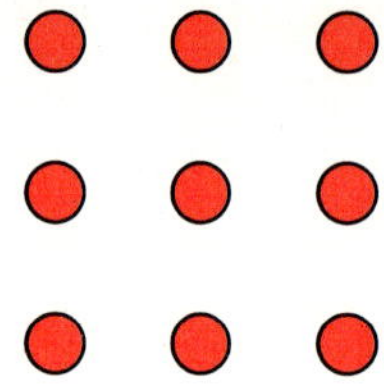

Neun Punkte bilden, wie rechts dargestellt, ein Quadrat. Wie viele der neun Punkte musst du mindestens wegstreichen, damit es unter den verbliebenen Punkten keine vier gibt, die Eckpunkte eines Quadrates sind?

(A) 1 (B) 2 (C) 3 (D) 4 (E) 6

6 Knifflig

Versuche ein Viereck mit drei Symmetrieachsen zu zeichnen.

Zum Intensivieren

7 Wie oft geht es hinein?

Wenn du die beiden Mittelpunkte benachbarter Rechtecksseiten miteinander verbindest, entsteht ein kleines Dreieck. Wie oft passt dieses Dreieck in das Rechteck hinein?

8 Scherenschnitt selbst gemacht

a) Wie viele Symmetrieachsen hat das abgebildete Schnittmuster?

b) Nimm ein quadratisches Stück Papier und eine Schere. Wie musst du dieses Papier falten, damit du mit möglichst wenigen Schnitten das Schnittmuster erhältst?

c) Stelle das Schnittmuster her.

9 Grundwissen: Addieren und Subtrahieren ganzer Zahlen

a) $-45-(14-30)$ b) $18-(-24+66)$ c) $-13-(12+32)$

d) $-139-(34-76-52)$ e) $-72-(-87+43-39)$ f) $-52-(-53-26+111)$

10 Grundwissen: Rechnen mit Klammern

a) $36+(-48)-(-17)-35$ b) $-134-[-29+(-47)]$

c) $(158-336)-(-378+493)$ d) $-26-(27-43)-35+14$

e) $-74-[269-(258+98)-(-123+87)]$

f) $-122-[231-(288+67)-(-143+87)$

g) $-(47-63)-\{-288-[-184-(86-48)]\}-112$

h) $-164-(-43-53)-\{-272-[-189-(87-48)]\}$

i) $-34-\{-282-[-32-62-114]\}-(56-184)$

k) $-[-143-(-333+412)]-[-361-(-146)+548]$

Multiplizieren und Dividieren ganzer Zahlen

Die Terrakotta-Armee des 1. Kaisers von Chin

Die riesige Grabanlage des chinesischen Kaisers Shi Huang Di wurde erst 1974 entdeckt. Eine ganze Armee von lebensgroßen Terrakotta-Soldaten wacht seit mehr als 2200 Jahren über sein Grab.
Das Besondere an den Figuren ist, dass sie verschiedene Gesichter haben. Die Armee ist in einem Rechteck angeordnet: Die Soldaten werden von Bogenschützen angeführt, die in drei Reihen aufgestellt sind. In jeder Reihe stehen 68 Bogenschützen.

1. Berechne die Anzahl der Bogenschützen, indem du die Bogenschützen der Reihen addierst. Wie kannst du die Anzahl der Bogenschützen schneller berechnen?

Hinter den Bogenschützen ist in 11 Gängen die Nachhut angeordnet. Die gesamte Armee wurde noch nicht vollständig ausgegraben, weil die bunte Bemalung der Soldaten an der Luft schnell abblättert. Archäologen fanden heraus, dass ein Gang etwa 150 m lang ist. Die Soldaten stehen in Viererreihen in einem Abstand von 1 m hintereinander.

2. Aus wie vielen Soldaten besteht die Nachhut?

3. Aus wie vielen Kriegern besteht die gesamte Armee?

6.1 Multiplikation von natürlichen Zahlen

Summen mit gleichen Summanden

Vor mehr als 2200 Jahren ließ sich der 1. Kaiser von China mit einer Armee aus lebensgroßen Tonsoldaten beerdigen (Seite 88). Die Soldaten sind in 11 Gängen angeordnet. Bisher wurden in jedem nur 24 Reihen zu je 4 Soldaten ausgegraben. In 11 Gängen wurden insgesamt

$$96+96+96+96+96+96+96+96+96+96+96=1056$$

Soldaten ausgegraben.

Für die Addition gleicher Summanden führt man die **Multiplikation** als Kurzschreibweise ein:

$$\underbrace{\underset{\text{1. Faktor}}{11} \cdot \underset{\text{2. Faktor}}{96}}_{\text{Produkt}} = \underset{\text{Wert des Produkts}}{1056}$$

Der 1. Faktor des Produkts gibt die Anzahl der gleichen Summanden an.

Die Bezeichnung Multiplikation kommt vom lateinischen Wort *multiplicare*, das *vervielfachen* bedeutet.

Das Addieren vieler gleicher Summanden ist sehr umständlich. Du kennst bereits ein eleganteres Verfahren zum Vervielfachen (Aufgaben 1 und 3). Bei größeren Faktoren berechnen wir den Wert des Produkts meistens nicht im Kopf, sondern schriftlich.

Beispiel

123 · 54	
6150	mit 5 multiplizieren (schreibe 5, merke 1, ...); Null anhängen
+ 492	mit 4 multiplizieren (schreibe 2, merke 1, ...)
6642	addieren

Mit einer **Überschlagsrechnung** können wir das ungefähre Ergebnis vorhersagen oder überprüfen. Dabei runden wir beide Faktoren jeweils auf den höchsten Stellenwert. Nach Möglichkeit runden wir einen Faktor ab und den anderen auf, damit wir keinen viel zu kleinen oder viel zu großen Schätzwert erhalten.

Beispiel $123 \cdot 54 \approx 100 \cdot 60 = 6000$ Das liefert eine grobe Abschätzung des genauen Werts. Runden wir gewöhnlich, d. h. beide Zahlen ab, verschlechtert sich der Schätzwert:
$123 \cdot 50 \approx 100 \cdot 50 = 5000$

Rechenregeln

Treten in einer Rechnung mehrere Rechenarten auf, muss die Reihenfolge der Rechenschritte durch „Vorfahrtsregeln" festgelegt werden: Zuerst soll die Punktrechnung ausgeführt werden und dann die Strichrechnung. Was nicht zum Rechnen dran ist, wird jeweils unverändert abgeschrieben. Die Regel merken wir uns in der Kurzform:

Punkt vor Strich, Klammer vor allem!

Beispiele a) $17 + 13 \cdot 6 = 17 + 78 = 95$ Punkt vor Strich
b) $8 \cdot (15 - 7) = 8 \cdot 8 = 64$ Klammer vor allem

Kommutativ- und Assoziativgesetz

Der Wert einer Summe ändert sich nicht, wenn beide Summanden vertauscht werden. Auch bei einem Produkt darf man die Reihenfolge der Faktoren vertauschen (Aufgabe 8a):

Beispiel $7 \cdot 5 = 35 = 5 \cdot 7$

Vertauschungsgesetz oder **Kommutativgesetz** (kurz: K-Gesetz)
Der Wert eines Produkts ändert sich nicht, wenn die beiden Faktoren a und b vertauscht werden: $a \cdot b = b \cdot a$

Der Wert einer Summe aus drei Summanden ändert sich nicht, wenn die einzelnen Summanden unterschiedlich verbunden werden. Auch bei einem Produkt dürfen die Faktoren verschieden verbunden werden (Aufgabe 8b):

Beispiel $(2 \cdot 7) \cdot 5 = 14 \cdot 5 = 70$
$2 \cdot (7 \cdot 5) = 2 \cdot 35 = 70$

Verbindungsgesetz oder **Assoziativgesetz** (kurz: A-Gesetz)
Der Wert eines Produkts ändert sich nicht, wenn die Faktoren a, b und c verschieden verbunden werden: $(a \cdot b) \cdot c = a \cdot (b \cdot c)$

Distributivgesetz

Wie berechnen wir $13 \cdot 17$ im Kopf?

$$13 \cdot 17 = \underbrace{17+17+17+17+17+17+17+17+17+17}_{10 \cdot 17} + \underbrace{17+17+17}_{3 \cdot 17}$$
$$= 10 \cdot 17 + 3 \cdot 17$$
$$= 170 + 51 = 221$$

Wir zerlegen 13 in die beiden Summanden 10 und 3 und erhalten eine Rechnung, in der sowohl die Addition als auch die Multiplikation auftritt: $13 \cdot 17 = (10 + 3) \cdot 17$

Es ist also: $(10 + 3) \cdot 17 = 10 \cdot 17 + 3 \cdot 17$

Oder vertauscht: $17 \cdot (10 + 3) = 17 \cdot 10 + 17 \cdot 3 = 221$

Der Faktor 17 wird somit auf jeden der beiden Summanden 10 und 3 verteilt.

Wir veranschaulichen die Regel mit roten und blauen Plättchen.

Beispiel Rechts sind rote und blaue Plättchen in der Form eines Rechtecks gelegt. Wir berechnen die Gesamtzahl der Plättchen auf zwei Arten:

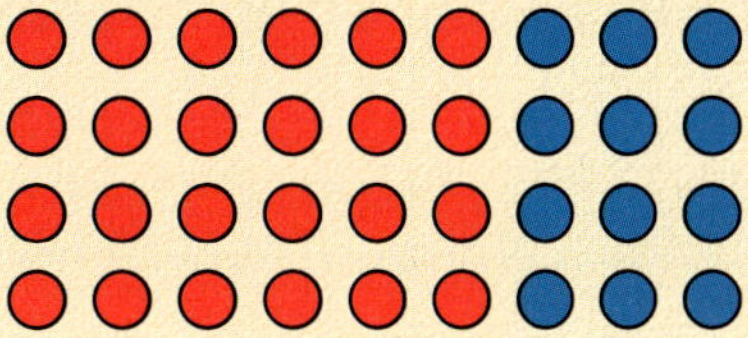

- Es sind 4 Reihen mit je 6 roten und 3 blauen Plättchen, also $4 \cdot (6+3)$ Plättchen.
- Es sind 4 Reihen mit je 6 roten Plättchen und 4 Reihen mit je 3 blauen Plättchen, also insgesamt $4 \cdot 6 + 4 \cdot 3$ Plättchen.
  Somit ist: $4 \cdot (6+3) = 4 \cdot 6 + 4 \cdot 3$

Verteilungsgesetz oder **Distributivgesetz** (kurz: D-Gesetz)
Ein Produkt aus einer Zahl a und der Summe $b+c$ bzw. der Differenz $b-c$ wird berechnet, indem wir den Faktor a jedem Summanden bzw. Minuend und Subtrahend als Faktor zuteilen:

$$a \cdot (b+c) = a \cdot b + a \cdot c \quad \text{und} \quad a \cdot (b-c) = a \cdot b - a \cdot c$$

Anstatt „den Faktor den Summanden zuteilen" sagt man kurz: Die Klammer wird **ausmultipliziert**. Das Distributivgesetz erleichtert dir das Kopfrechnen (Aufgabe 10).

Beispiele
a) $12 \cdot 11 = 12 \cdot (10+1) = 12 \cdot 10 + 12 \cdot 1 = 120 + 12 = 132$
b) $13 \cdot 19 = 13 \cdot (20-1) = 13 \cdot 20 - 13 \cdot 1 = 260 - 13 = 247$
c) $14 \cdot 17 + 14 \cdot 3 = 14 \cdot (17+3) = 14 \cdot 20 = 280$
d) $8 \cdot 27 - 8 \cdot 7 = 8 \cdot (27-7) = 8 \cdot 20 = 160$

Schriftliches Multiplizieren

Mit dem Verteilungsgesetz können wir das schriftliche Multiplizieren begründen:

$$\begin{aligned} 231 \cdot 34 &= 231 \cdot (30+4) \\ &\overset{\text{DG}}{=} 231 \cdot 30 + 231 \cdot 4 \\ &= 6930 + 924 \\ &= 7854 \end{aligned}$$

In bekannter Kurzform:

```
 231 · 34
   6930   ← 231 · 30
 +  924   ← 231 · 4
   7854
```

Aufgaben

1 **Summen mit gleichen Summanden**
Schreibe als Produkt und berechne:
a) $8+8+8+8+8+8+8$
b) $25+25+25+25$
c) $102+102+102+102+102$
d) $76+76+76+76+76+76+76+76+76+76$

2 Multipliziere im Kopf!

a) $8 \cdot 7$ b) $11 \cdot 8$ c) $12 \cdot 11$ d) $3 \cdot 400$ e) $10 \cdot 17$ f) $5 \cdot 17$
g) $25 \cdot 4$ h) $25 \cdot 12$ i) $50 \cdot 12$ k) $125 \cdot 2$ l) $125 \cdot 8$ m) $125 \cdot 16$
n) $22 \cdot 5$ o) $22 \cdot 50$ p) $22 \cdot 500$ q) $15 \cdot 7$ r) $15 \cdot 70$ s) $44 \cdot 40$

3 Besondere Faktoren

a) Berechne: $0 \cdot 17$, $369 \cdot 0$, $0 \cdot 123\,456$, $1234 \cdot 0 \cdot 56\,789$.
Was fällt dir auf? Formuliere dazu eine Regel.

b) Berechne: $1 \cdot 56$, $213 \cdot 1$, $1\,234\,567 \cdot 1$, $1 \cdot 987\,654\,321$.
Was fällt dir auf? Formuliere dazu eine Regel.

c) Berechne: $34 \cdot 10$, $52 \cdot 100$, $76 \cdot 1000$, $125 \cdot 10\,000$.
Wie multiplizierst du eine Zahl mit einer Stufenzahl? Formuliere dein Ergebnis als Regel.

d) Berechne: $43 \cdot 20$, $43 \cdot 200$, $43 \cdot 2000$, $43\,000 \cdot 2$, $430 \cdot 200$, $4300 \cdot 20$, $10\,030 \cdot 800$.
Was fällt dir auf? Formuliere dazu eine Regel.

4 Schriftliches Multiplizieren

Berechne zunächst mit einer Überschlagsrechung einen Schätzwert und dann den genauen Wert:

a) $58 \cdot 33$ b) $47 \cdot 96$ c) $93 \cdot 15$ d) $365 \cdot 24$
e) $99 \cdot 77$ f) $137 \cdot 73$ g) $99 \cdot 88$ h) $999 \cdot 888$
i) $8\,402 \cdot 204$ k) $3\,007 \cdot 678$ l) $3\,042 \cdot 603$ m) $9\,007 \cdot 123$
n) $90\,807 \cdot 1200$ o) $4\,102 \cdot 225$ p) $808 \cdot 125$ q) $7\,089 \cdot 706$

5 Buchstabensalat

Nimm dein Lesebuch.

a) Wie viele Seiten hat es?
b) Wie viele Zeilen hat eine Seite ungefähr?
c) Wie viele Buchstaben stehen ungefähr in einer Zeile?
d) Wie viele Buchstaben enthält dein Lesebuch ungefähr?

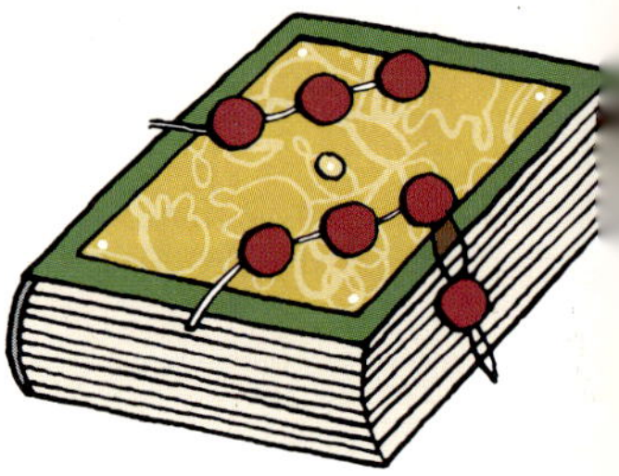

6 Besondere Produkte

Berechne die folgenden Produkte. Was fällt dir auf?

a) $30\,447 \cdot 80\,080$ b) $272\,085 \cdot 17\,472$
c) $330\,939 \cdot 11\,440$ d) $12\,935 \cdot 376\,992$

7 Verflixt, wie alt ist der Vater?

Sarah ist heute 8 Jahre alt. Ihr Vater ist fünfmal so alt wie sie. Wie alt wird ihr Vater sein, wenn Sarah doppelt so alt ist wie jetzt?

8 Rechengesetze

Im rechts dargestellten Karton sind Butterstücke in mehreren Schichten einsortiert.

a) Auf welche zwei verschiedenen Arten kannst du die Anzahl der Butterstücke in einer Schicht durch Multiplizieren berechnen?
Welches Rechengesetz der Addition lässt sich auch auf die Multiplikation übertragen?

b) Auf welche zwei verschiedenen Arten kannst du die Anzahl der Butterstücke in dem Karton durch Multiplizieren berechnen?
Welches Rechengesetz der Addition lässt sich auch auf die Multiplikation übertragen?

9 Ein Schwarm Uferschwalben

Zugvögel sammeln sich im Herbst, um in südlichere Winterquartiere zu ziehen. Auf Seite 87 ist ein Schwarm Schwalben zu sehen. Bestimme ihre Anzahl durch eine Überschlagsrechnung. Beschreibe, wie du dabei vorgegangen bist.

10 Rechentrick

a) Berechne $36 \cdot 201$ im Kopf.
Schreibe deinen Rechenweg auf. Welches Gesetz hast du dabei benutzt?

b) Versuche $36 \cdot 99$ im Kopf zu berechnen.
Wie bist du vorgegangen? Vergleiche dein Vorgehen mit dem deines Nachbarn. Schreibe deinen Rechenweg auf.

c) Wie würdest du $74 \cdot 19$ berechnen?

d) Berechne geschickt: $21 \cdot 46$, $99 \cdot 27$.

11 Vorteilhaftes Rechnen

a) Berechne $42 \cdot 123$, $123 \cdot 42$. Was fällt dir leichter?

b) Berechne $121 \cdot 98$, $98 \cdot 121$.

c) Berechne $2222 \cdot 432$, $432 \cdot 2222$. Was fällt dir leichter?

d) Berechne $2000 \cdot 345$, $345 \cdot 2000$. Was fällt dir leichter?

12 Wie die Zeit vergeht!

Hannes bekommt zu seinem Geburtstag eine Uhr mit Sekundenzeiger geschenkt. Er stellt fest, dass eine Minute 60 Sekunden hat. Wie viele Sekunden dauert

a) eine Stunde,
b) ein Tag,
c) eine Woche,
d) ein Monat,
e) ein Jahr?

13 Produkte von Produkten

Berechne die Produkte mithilfe der Rechengesetze vorteilhaft:

a) $25 \cdot 7 \cdot 4$
b) $250 \cdot 5 \cdot 4$
c) $20 \cdot 27 \cdot 5$
d) $6 \cdot 125 \cdot 8$
e) $6 \cdot 5 \cdot 11$
f) $2 \cdot (5 \cdot 16)$
g) $12 \cdot 25 \cdot 3$
h) $4 \cdot (7 \cdot 125)$
i) $125 \cdot (4 \cdot 8) \cdot 25$
k) $(12 \cdot 4) \cdot (25 \cdot 5)$
l) $40 \cdot (25 \cdot 93)$
m) $125 \cdot (7 \cdot 8)$
n) $40 \cdot (25 \cdot 17)$
o) $(7 \cdot 75) \cdot 8$
p) $99 \cdot 80 \cdot 125$

14 Wer die Rechengesetze nutzt, ist klar im Vorteil!

Berechne möglichst geschickt:

a) $13 \cdot 17 + 13 \cdot 3$
b) $132 \cdot 12 - 32 \cdot 12$
c) $29 \cdot 7 - 14 \cdot 7$
d) $598 \cdot 312 + 402 \cdot 312$
e) $417 \cdot 398 - 417 \cdot 198$
f) $222 \cdot 72 - 22 \cdot 222$
g) $315 \cdot 133 + 67 \cdot 315$
h) $17 \cdot 36 + 21 \cdot 36 - 38 \cdot 36$
i) $11 \cdot 57 - 41 \cdot 11 + 34 \cdot 11$
k) $1962 \cdot 1404 - 1960 \cdot 1404$

15 Hilf Robert!

Robert hat versehentlich Tinte auf sein Mathematikheft gespritzt. Hilf ihm, die fehlenden Zahlen wiederzufinden.

a) $87 \cdot \bigstar = 0$
b) $182 \cdot (\bigstar - 52) = 0$
c) $\bigstar \cdot (14 \cdot 3) = 84$
d) $(28 - 19) \cdot \bigstar = 63$
e) $18 \cdot (\bigstar \cdot 6) = (6 \cdot 18) \cdot 3$
f) $16 \cdot \bigstar = \bigstar \cdot 16$
g) $(3 \cdot 6) \cdot 9 = 27 \cdot \bigstar$
h) $(3 \cdot 2) \cdot (5 \cdot 2) = 12 \cdot \bigstar$
i) $(3 \cdot \bigstar) \cdot (7 \cdot 2) = 21 \cdot 8$
k) $(\bigstar - 14) \cdot (35 - \bigstar) = 0$

16 Veränderung von Produkten

Erläutere jeweils an einem selbst gewählten Beispiel, wie sich der Wert eines Produkts ändert, wenn

a) der erste Faktor verdoppelt wird,
b) der zweite Faktor halbiert wird,
c) der erste Faktor verdoppelt und der zweite Faktor verdreifacht wird,
d) der erste Faktor versechsfacht und der zweite Faktor halbiert wird.

17 Vorfahrt achten!

a) $7 \cdot 2 + 8$
b) $24 - 4 \cdot 6$
c) $3 + 7 \cdot 2$
d) $5 \cdot 7 - 2$
e) $9 \cdot 5 + 5$
f) $(4 + 2) \cdot 3$
g) $12 - 2 \cdot (8 - 3)$
h) $(7 + 4) \cdot 8 - 8 \cdot 14$
i) $14 + 6 \cdot (4 + 3)$
k) $(14 - 6) \cdot 7 + 3$
l) $23 - 3 \cdot 15 + 5$
m) $13 \cdot (17 - 2) - 88$
n) $12 \cdot 21 - 11 \cdot 7$
o) $(17 - 4) \cdot 11 - 6 \cdot 14$
p) $(42 - 35) \cdot 7 + 33$
q) $144 - 4 \cdot 26 - 16 \cdot 2$
r) $12 \cdot 5 + 3 \cdot [11 \cdot 12 + 8 \cdot (32 - 2 \cdot 13)]$

18 Kino

Ein Kinosaal hat 486 Sitzplätze. Für eine Premierenvorstellung wurden im Vorverkauf 268 Karten an Erwachsene und 74 Karten an Schüler verkauft. Außerdem wurden 50 Freikarten an Ehrengäste verteilt. Die restlichen Karten sind an der Abendkasse erhältlich.

Eintrittspreise Kino	
Erwachsene	€ 8,-
Schüler	€ 5,-

a) Wie viele Karten können noch an der Abendkasse gekauft werden?

b) Der Kinobesitzer möchte wissen, wie viel er beim Kartenverkauf an der Abendkasse höchstens einnehmen kann. Berechne es für ihn.

c) Wie hoch sind die gesamten Einnahmen, wenn er alle restlichen Karten an Erwachsene verkauft?

d) Um wie viele Euro sind die Einnahmen geringer, wenn die restlichen Karten ausschließlich an Schüler verkauft werden?

Zum Intensivieren

19 Wer multipliziert gewinnt!

Forme in geeignete Produkte um und berechne:

a) $7+7+7+7$

b) $6+6+6+6+6+6+6+6$

c) $3+17+3+17+3+17$

d) $17+16+17+16+17+16$

e) $2+3+5+2+3+5+2+3+5+2+3+5$

20 Schriftliches Multiplizieren

Berechne jeweils den Wert des Produkts. Fällt dir etwas auf?

a) $483 \cdot 12$

b) $198 \cdot 27$

c) $297 \cdot 18$

d) $39 \cdot 186$

e) $28 \cdot 157$

f) $42 \cdot 138$

g) $159 \cdot 48$

h) $54 \cdot 297$

21 Durchschaubare Produkte

a) Berechne: $21 \cdot 9$; $321 \cdot 9$; $4321 \cdot 9$; $54\,321 \cdot 9$
Kannst du das Ergebnis für $654\,321 \cdot 9$ vorhersagen?

b) Berechne: $9 \cdot 7$; $99 \cdot 77$; $999 \cdot 777$; $9999 \cdot 7777$
Kannst du das Ergebnis für $99\,999 \cdot 77\,777$ vorhersagen?

22 Gebäck und mehr

Jenny hat ihre Brieffreundin Tina über das Wochenende zu Besuch. Für das Frühstück kauft Jenny beim Bäcker ein: 5 Brezeln, 4 Kaiserbrötchen, 3 Roggenbrötchen, 2 Croissants, 2 Käsestangen, 1 Quarktasche. Sie bezahlt ihren Einkauf mit einem 10-Euro-Schein. Wie viel Geld bekommt sie wieder zurück?

Preisliste	
Kaiserbrötchen	11 Ct
Laugenbrötchen	32 Ct
Roggenbrötchen	26 Ct
Zwiebelbrötchen	35 Ct
Laugenbrezel	39 Ct
Käsestange	90 Ct
Mohnschnecke	85 Ct
Quarktasche	78 Ct
Croissant	59 Ct
Kirschplunder	75 Ct

6.2 Potenzen

König Ludwig II ist berühmt für seine herrlichen Schlösser, die er errichten ließ: das rechts abgebildete märchenhaft schöne Schloss Neuschwanstein, Schloss Linderhof und Schloss Herrenchiemsee.
Ludwig II erblickte 1845 als Sohn von Maximilian II und Marie Friederike das Licht der Welt. Nach dem Tod seines Vaters übernahm er 1864 das Amt des Königs.
Bayern wurde von 1806 bis 1919 von insgesamt 5 Königen regiert. Ludwigs Urgroßvater wurde 1806 zum 1. König Bayerns ernannt. Wie viele Urgroßeltern hatte Ludwig?

Schloß Neuschwanstein

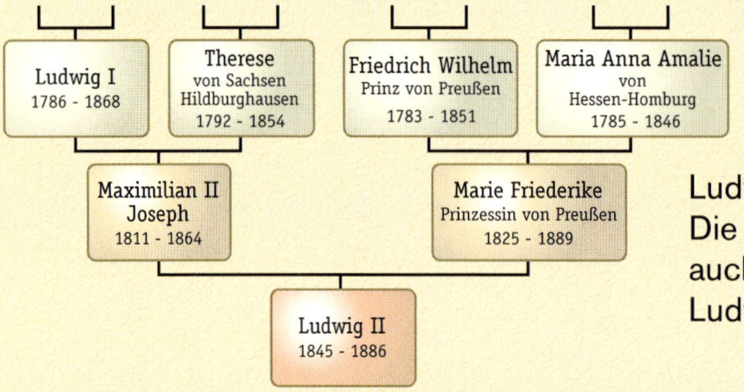

Ludwig hat $2 \cdot 2 = 4$ Großeltern. Die 4 Großeltern haben jeweils auch wieder 2 Eltern, somit hat Ludwig $2 \cdot 2 \cdot 2 = 8$ Urgroßeltern.

Für ein Produkt mit gleichen Faktoren gibt es die **Potenzschreibweise**

$$\underbrace{\text{Basis}^{\text{Exponent}}}_{\text{Potenz}} \quad 2^3 = 8 \quad \text{Wert der Potenz}$$

als Abkürzung: $2 \cdot 2 \cdot 2 = 2^3$
(lies: „2 hoch 3")

Die Grundzahl heißt auch **Basis**. Die Hochzahl, auch **Exponent** genannt, gibt die Anzahl der gleichen Faktoren an.

Zehnerpotenzen

Potenzen mit der Basis 10 heißen **Zehnerpotenzen**:

$10^2 = 10 \cdot 10 \qquad\qquad\qquad\qquad = 100$
$10^3 = 10 \cdot 10 \cdot 10 \qquad\qquad\qquad = 1000$
$10^4 = 10 \cdot 10 \cdot 10 \cdot 10 \qquad\qquad = 10\,000$
$10^5 = 10 \cdot 10 \cdot 10 \cdot 10 \cdot 10 \quad = 100\,000$

Der Exponent einer Zehnerpotenz gibt die Anzahl der Faktoren 10 und damit auch die Anzahl der Nullen der Stufenzahl an.

Mithilfe der Potenzschreibweise können sehr große Zahlen übersichtlich geschrieben werden:

Der Mond ist von der Erde ca. 380 000 Kilometer entfernt:
$380\,000 = 38 \cdot 10\,000 = 38 \cdot 10^4$

Die Erde ist von der Sonne ca. 150 Millionen Kilometer entfernt:
150 Millionen $= 150 \cdot 1\,000\,000 = 15 \cdot 10 \cdot 1\,000\,000$
$= 15 \cdot 10^7$

Quadratzahlen

Die einfachsten Potenzen bestehen aus zwei gleichen Faktoren (Aufgabe 3).

Den Wert eines Produkts aus zwei gleichen Faktoren nennt man **Quadratzahl**.

$3 \cdot 3 = 3^2 = 9$ (lies: „3 hoch 2 oder 3 Quadrat")

Quadratzahlen begegnen dir in der Mathematik immer wieder. Deshalb solltest du die Quadratzahlen von 1^2 bis 20^2 auswendig wissen.

$1^2 = 1$	$2^2 = 4$	$3^2 = 9$	$4^2 = 16$	$5^2 = 25$
$6^2 = 36$	$7^2 = 49$	$8^2 = 64$	$9^2 = 81$	$10^2 = 100$
$11^2 = 121$	$12^2 = 144$	$13^2 = 169$	$14^2 = 196$	$15^2 = 225$
$16^2 = 256$	$17^2 = 289$	$18^2 = 324$	$19^2 = 361$	$20^2 = 400$

Rechenregeln

Für Rechnungen mit mehreren Rechenarten müssen wir nun unsere „Vorfahrtsregeln" erweitern: Zuerst soll die Potenzrechnung ausgeführt werden, dann die Punktrechnung und dann die Strichrechnung. Treten Klammern auf, ist ihr Inhalt zuerst zu berechnen. Was nicht zum Rechnen dran ist, wird jeweils unverändert abgeschrieben. Die Regel merken wir uns wieder in der Kurzform:

Hoch vor Punkt vor Strich, Klammer vor allem!

Beispiele

a) $3 \cdot 2^4 = 3 \cdot 16 = 48$ — Hoch vor Punkt

b) $(4 \cdot 5)^3 = 20^3 = 8000$ — Klammer vor allem

c) $3^4 \cdot 5 - 3 \cdot (3 \cdot 4)^2$
$= 3^4 \cdot 5 - 3 \cdot 12^2$ — Klammer vor allem
$= 81 \cdot 5 - 3 \cdot 144$ — Hoch vor Punkt
$= 405 - 432 = -27$ — Punkt vor Strich

Aufgaben

1 Zehnerpotenzen

Schreibe die folgenden Zahlen mithilfe von Zehnerpotenzen:

a) 1 000 b) 1 000 000 c) 100 000 000
d) 50 000 e) 12 000 f) 1 230 000
g) 23 Millionen h) 72 Milliarden i) 3 Billionen
k) 425 000 000 l) 10 020 000 m) 10 002 000 000

2 Unser Sonnensystem

Um unsere Sonne kreisen acht Planeten und der Zwergplanet Pluto, der 6 Milliarden km von der Sonne entfernt ist. In der Tabelle sind die Entfernungen der Planeten zur Sonne angegeben.

a) Schreibe die Entfernungen mithilfe von Zehnerpotenzen.
b) Ordne dem Bild der Planeten ihre Namen zu.
c) Warum kann man sich mit dem Satz *„Mein Vater erklärt mir jeden Sonntag unseren Nachthimmel."* die Reihenfolge der Planeten unseres Sonnensystems merken?

Planet	Entfernung in km
Erde	150 000 000
Jupiter	780 Millionen
Mars	227 000 000
Merkur	58 Millionen
Neptun	4500 Millionen
Saturn	1430 Millionen
Uranus	2900 Millionen
Venus	108 Millionen

3 Worterklärung

Rechts sind farbige Plättchen zu sehen.

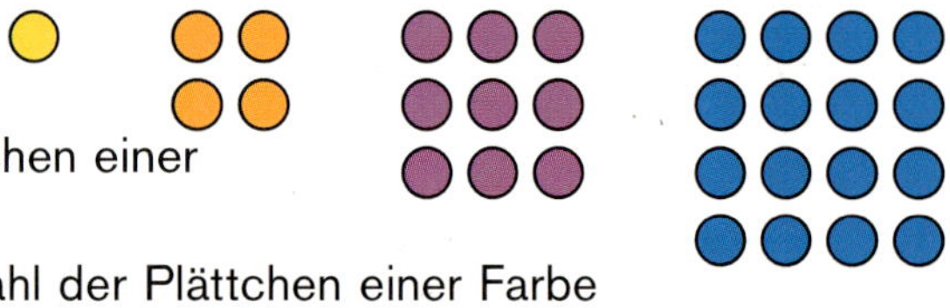

a) In welcher Form sind die Plättchen einer Farbe jeweils angeordnet?
b) Wie kannst du jeweils die Anzahl der Plättchen einer Farbe berechnen? Führe die Rechnungen aus.
c) Diese Zahlen werden nach ihrer Anordnung benannt. Wie heißen sie?

4 Interessante Quadratzahlen

Berechne. Beschreibe, was dir auffällt.

a) 101^2 b) 202^2 c) 404^2 d) 505^2 e) 606^2 f) 707^2

g) 12^2 h) 21^2 i) 13^2 k) 31^2 l) 14^2 m) 41^2

n) 4^2 o) 34^2 p) 334^2 q) 3334^2 r) $33\,334^2$

5 Besondere Potenzen

a) Potenzen mit der Basis 2 nennt man auch **Zweierpotenzen**. Berechne die Zweierpotenzen: 2^2, 2^3, 2^4, 2^5, 2^6, 2^7, 2^8, 2^9, 2^{10}.

b) Potenzen mit dem Exponenten 3 heißen auch **Kubikzahlen**. Berechne die Kubikzahlen: 2^3, 3^3, 4^3, 5^3, 6^3, 7^3.

6 Gleich oder nicht gleich?

Berechne und vergleiche jeweils das Ergebnis.

a) 2^3 und 3^2 b) 3^3 und $3 \cdot 3$ c) 4^3 und 3^4

d) 2^5 und $5 \cdot 2$ e) 9^2 und 2^9 f) 2^2 und $2 \cdot 2$

g) 2^4 und 4^2 h) 13^2 und $13 \cdot 2$ i) $(2 \cdot 4)^3$ und $2 \cdot 4^3$

k) $(7 \cdot 3)^2$ und $7^2 \cdot 3^2$ l) $(3+2)^4$ und $3+2^4$ m) $(7+8)^2$ und 7^2+8^2

7

Berechne:

a) $3 \cdot 2^5 \cdot 5$ b) $2^3 \cdot 25 \cdot 5^2$ c) $2 \cdot 5^3 \cdot 1^5$

d) $2^3 \cdot 3^2$ e) $3 \cdot 5 \cdot 2^4$ f) $3 \cdot (3 \cdot 6)^2$

g) $5 \cdot (2^4)^2$ h) $1^4 \cdot (2 \cdot 3)^3$ i) $(2 \cdot 3 \cdot 5)^4 \cdot 5$

k) $(3 \cdot 2^3)^2 \cdot 1^{20} \cdot 6$ l) $5^2 \cdot (2^2 \cdot 3)^2$ m) $(1^{1000} \cdot 3)^3 \cdot 3^2 \cdot 2^5$

8

Berechne:

a) $102-2 \cdot 3^4$ b) $3 \cdot 14-4 \cdot 3^3$ c) $7 \cdot 2^5-2^3 \cdot 3 \cdot 15-5 \cdot 2^4$

d) $17 \cdot 18-(3 \cdot 2^3)^2$ e) $4 \cdot (3^4 \cdot 2-2 \cdot 6^2)$ f) $15 \cdot 16-16 \cdot (5^2-3^2)$

g) $15^2+5 \cdot (2^3 \cdot 4-2^4)$ h) $2^7 \cdot 3^2-2 \cdot (7^2-5^2)^2$ i) $(5^2 \cdot 4-2 \cdot 7^2)^3 \cdot 8-6^2$

k) $(2 \cdot 11^2-2^5 \cdot 7)^2 \cdot 3-3 \cdot 17^2$ l) $(7+2 \cdot 3^2)^2 \cdot 2+8 \cdot 94$

9 How many were going to Saint Ives?

This is a very old rhyming riddle. See if you can answer it by reading and thinking very carefully:

As I was going to Saint Ives,
I met a man with seven wives,
Every wife had seven sacks,
Every sack had seven cats,
Every cat had seven kits,
Kits, cats, sacks and wives,
How many were there going to Saint Ives?

10 **Verzwickt!**
Klara denkt sich eine Zahl. Sie verdoppelt die gedachte Zahl. Dann verdoppelt sie das Ergebnis, dann wird erneut verdoppelt und schließlich noch einmal. Überlege dir, welche der folgenden Zahlen *nicht* das Endergebnis ihrer Rechnung sein kann.

A) 80 B) 404 C) 48 D) 56 E) 560

Zum Intensivieren

11 **Merkwürdige Quadratzahlen**
Berechne die folgenden Quadratzahlen.

a) 11^2 b) 111^2 c) $1\,111^2$

d) Gib ohne weitere Rechnung an: $11\,111^2$, $111\,111^2$, $1\,111\,111^2$, $11\,111\,111^2$ und $111\,111\,111^2$.

12 **Hellseherische Fähigkeiten**
Setze – ohne zu rechnen – die rechts abgebildete Tabelle um zwei Zeilen fort.

$9^2 = 81$
$99^2 = 9801$
$999^2 = 998\,001$
$9999^2 = 99\,980\,001$

13 **Lügen haben lange Nasen**
Pinocchios Nase ist 3 cm lang. Bei jeder Lüge verdoppelt sich ihre Länge. Wie lang ist seine Nase nach 7 Lügen?

14 **Rechnen mit Potenzen für Profis**

a) $3 \cdot 4^2 - (3 \cdot 4)^2$
b) $26 \cdot 13 + 7 \cdot 3^4$
c) $6 \cdot 28 - 18 \cdot 3^2 + 18 \cdot 2^3$
d) $17 \cdot [(5^3 - 4^3) - (5 - 4)^3]$
e) $(13^2 - 11^2) \cdot 3 - 2 \cdot (13 \cdot 16 - 14^2)^2$
f) $[(3 + 7)^5 - (15 \cdot 20)^2]^2 - 1$
g) $3 \cdot 11^2 - [(7^2 \cdot 3 - 2^7)^2 + 3] - 10^3$
h) $[1^{200} \cdot (2 \cdot 5)^2]^2 - 10^3 \cdot 7 - 8 \cdot 5^3 \cdot 2^2$

15 **Magisches Quadrat**

a) Gib die Werte der Zweierpotenzen von 2^2 bis 2^8 an.
b) In dem rechts begonnen magischen Quadrat sollen die Zahlen 1, 2 und die Werte der Zweierpotenzen von 2^2 bis 2^8 so eingetragen werden, dass sich längs jeder Zeile, jeder Spalte und jeder Diagonale der gleiche Produktwert ergibt. Wie groß ist dieser?
c) Übertrage das magische Quadrat in dein Heft und versuche, die noch fehlenden Zahlen einzutragen.

1	16	256

16 **Grundwissen: Addition und Subtraktion ganzer Zahlen**
Berechne möglichst geschickt:

a) $-36 - 75$ b) $-47 + 83$ c) $52 - 107$ d) $-26 - 17 - 42$
e) $37 - 56 + 42 - 64$
f) $-58 + 84 - 63 + 73 - 24$
g) $152 - 75 + 11 - 304 + 98 - 113$
h) $-257 + 34 - 78 + 332 - 98 + 56$

6.3 Baumdiagramme und Zählprinzip

Johanna will sich für die Geburtstagsfeier ihrer besten Freundin Tanja chic anziehen. In der „Chic-Abteilung" ihres Kleiderschrankes hat sie 4 Blusen, 3 Röcke und 2 Paar Schuhe zur Auswahl. Auf wie viele Arten kann sich Johanna anziehen?
Um das Problem zu lösen, zerlegen wir Johannas Wahl in die Stufen: Bluse auswählen, Rock auswählen und Schuhe auswählen. Mit einem **Baumdiagramm** verschaffen wir uns eine Übersicht:

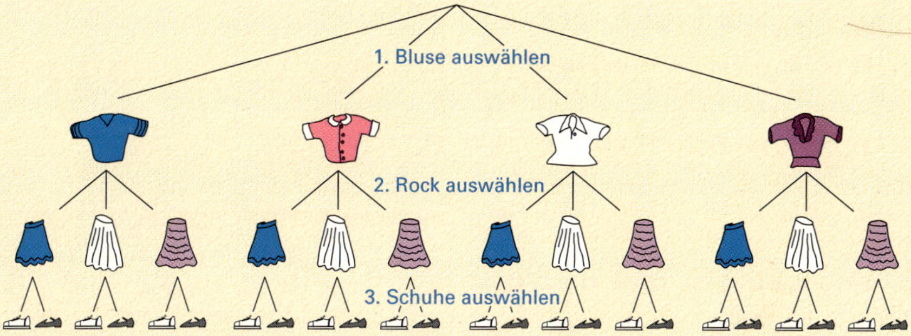

Zuerst wählt Johanna eine der vier Blusen aus. Jede der vier Blusen kann sie mit einem der drei Röcke kombinieren. Dafür gibt es insgesamt $4 \cdot 3$ Möglichkeiten. Zu jeder dieser Bluse-Rock-Kombinationen kann Johanna eines der zwei Paar Schuhe anziehen. Johanna hat also insgesamt $4 \cdot 3 \cdot 2 = 24$ Möglichkeiten, sich für die Party chic anzuziehen.
Das Baumdiagramm zeigt schrittweise die verschiedenen Möglichkeiten.
Das umständliche Zählen der verschiedenen Möglichkeiten können wir also durch ein Multiplizieren ersetzen (Aufgabe 1).

Das Zählprinzip
Lässt sich ein Vorgang in Stufen zerlegen, so erhalten wir die Anzahl der verschiedenen Möglichkeiten, indem wir die Anzahl der Möglichkeiten der einzelnen Stufen miteinander multiplizieren.

Aufgaben

1 **Schnitzeljagd nach dreistelligen Zahlen**
Nimm 3 gleiche Papierschnitzel. Nummeriere diese mit 1, 2 und 3. Gib die Papierschnitzel in ein undurchsichtiges Gefäß und mische. Ziehe einen Zettel und lege ihn vor dich hin. Ziehe einen weiteren Zettel und lege ihn rechts neben den ersten. Ziehe nun die letzte Ziffer und lege sie rechts daneben. So erhältst du eine dreistellige Zahl. Wiederhole den Versuch noch ein paar Mal.
a) Was ist das Besondere an den gezogenen dreistelligen Zahlen?

b) Zeichne zum Ziehen der Zettel ein Baumdiagramm, mit dem du alle Zahlen, die auf diese Weise entstehen können, herausfinden kannst.
Wie viele verschiedene solche Zahlen gibt es?

c) Nun wird wieder eine dreistellige Zahl gezogen. Allerdings werden jetzt die Zettel nach jedem Ziehen sofort wieder in das Gefäß zurückgelegt. Schreibe dir jeweils die gezogenen Ziffern auf. Ziehe nach diesem Verfahren dreistellige Zahlen. Was fällt dir dabei auf?
Überlege dir, wie viele Möglichkeiten es nun für eine dreistellige Zahl gibt.

2 Pferderennen

Bei Pferderennen können Wetten abgeschlossen werden. Beim ersten Rennen sind die vier Pferde Blitz, Thunder, Shadow und Fury am Start. Die Zuschauer haben die Möglichkeit, eine Zweierwette abzugeben. Dabei tippen sie, welche Pferde den 1. und den 2. Platz belegen werden.

a) Zeichne ein Baumdiagramm für den Zieleinlauf der ersten zwei Pferde. Wie viele verschiedene Möglichkeiten gibt es für eine Zweierwette?

b) Auf wie viele verschiedene Arten können alle vier Pferde einlaufen?

Das zweite Rennen wird von insgesamt 6 Pferden bestritten.

c) Auf wie viele verschiedene Arten können alle Pferde in das Ziel einlaufen?
Wie viele Möglichkeiten gibt es nun für eine Zweierwette?

d) Beim zweiten Rennen können auch Dreierwetten abgeschlossen werden.
Was versteht man unter einer Dreierwette?
Wie viele verschiedene Dreierwetten gibt es?

3 Qual der Wahl

Lena geht mit ihren Eltern zum Mittagessen. Rechts ist die Tageskarte abgebildet.

Tageskarte

Vorspeisen

Salatteller	*2,90 €*
Tomatensuppe	*3,90 €*

Hauptgerichte

Schnitzel mit Pommes	*7,50 €*
Gulasch	*5,50 €*
Käsespätzle	*6,00 €*
Schweinebraten	*7,50 €*

Nachspeisen

Gemischtes Eis	*4,00 €*
Sachertorte	*3,00 €*
Gefüllte Pfannkuchen	*3,50 €*

a) Wie viele Möglichkeiten hat Lena, sich ein Menü aus drei Gängen zusammenzustellen?

b) Auf wie viele Arten kann sich Lenas Vater sein Mittagessen zusammenstellen, wenn er keine Vorspeise will?

c) Lena mag keine Tomatensuppe, kein Gulasch und keinen Schweinebraten. Wie viele Möglichkeiten hat sie?

d) Auf wie viele Arten kann sich Lenas Mutter ihr Essen zusammenstellen, wenn sie keine Sachertorte mag?

4 Flaggen-Einmaleins

Viele Nationalflaggen bestehen aus drei farbigen Streifen. Zur Herstellung einer Flagge stehen dir Stoffe in den Farben schwarz, blau, grün, gelb, rot und weiß zur Verfügung. Wie viele verschiedene Flaggen können hergestellt werden, wenn

a) jeder Streifen eine andere Farbe haben soll,

b) der obere und der untere Streifen die gleiche Farbe haben sollen,

c) der mittlere Streifen weiß sein soll und sonst keine weitere Bedingung besteht?

5 Chic in die Stadt

Bianca möchte ausgehen. Sie hat in ihrem Schrank 3 Hüte, 7 Shirts, 5 Hosen und 6 Röcke.

Auf wie viele verschiedene Arten kann sich Bianca kleiden, wenn sie

a) ein Shirt und eine Hose anzieht,

b) einen Hut, ein Shirt und eine Hose tragen möchte,

c) einen Hut und ein Shirt tragen möchte und dazu noch einen Rock oder eine Hose,

d) ein Shirt und einen Rock anziehen will und mit oder ohne Hut geht?

6 Drehtür vor einem Supermarkt

Herr und Frau Meier gehen mit ihren Kindern Tanja, Nadja und Nicolas zum Einkaufen. Sie müssen in den Supermarkt hintereinander durch eine enge Drehtür gehen. Auf wie viele Arten können sie nacheinander die Drehtür passieren, wenn

a) die Reihenfolge beliebig ist,

b) die Kinder zuerst durch die Drehtür gehen,

c) Nicolas als erster die Drehtür betritt und anschließend die Mädchen durch die Drehtür gehen,

d) Frau Meier zuerst durch die Drehtür geht und Herr Meier als Letzter,

e) eine der Töchter zuerst durch die Drehtür geht?

7 Fototermin

Frau Kohl ist Mutter von 3 Jungen und 2 Mädchen. Sie möchte ein schönes Foto für das Familienalbum von ihren Kindern aufnehmen. Auf wie viele Arten kann sie ihre Kinder nebeneinander aufstellen, wenn

a) keine weiteren Bedingungen vorliegen,

b) sich Mädchen und Jungen in der Aufstellung abwechseln,

c) alle Jungen und alle Mädchen zusammenstehen sollen?

Zum Intensivieren

8 Anagramme

Anagramme sind Wörter, die aus den gleichen Buchstaben bestehen. Sie müssen keinen Sinn ergeben. Jeder Buchstabe wird auf eine Kugel (oder Papierschnitzel) geschrieben und in ein undurchsichtiges Gefäß gelegt. Die Kugeln werden nacheinander, ohne sie wieder zurückzulegen, aus dem Gefäß gezogen. Wie viele verschiedene Wörter erhältst du auf diese Weise? Löse die Aufgabe mithilfe eines Baumdiagramms. Wie viele Wörter sind jeweils sinnvoll?

a) SIE b) GAS c) ELSE d) LEER

9 Bei Luigi

In Luigis Pizzeria kannst du dir deine Pizza selbst zusammenstellen. Wie viele verschiedene Pizzas kannst du bestellen, wenn du

a) zwei verschiedene Zutaten aus der Liste wählst,

b) drei verschiedene Zutaten wählst,

c) drei verschiedene vegetarische Zutaten wählst?

Bei Luigi

Pizza mit …

Champignons
Schinken
Salami
Mozzarella
Paprika
Mais
Thunfisch
Zwiebeln
Ananas
Peperoni
Oliven

Alle Pizzas sind mit Tomatensoße und Käse

10 Zahlenschloss

Schreibe jede Ziffer von 0 bis 9 auf Papierschnitzel. Gib die Zettel in ein undurchsichtiges Gefäß und mische sie gründlich.

Phillips Fahrradschloss hat vier Ringe mit den Ziffern von 0 bis 9. Ziehe nach den unten angegebenen Bedingungen jeweils mögliche Zahlenkombinationen. Wie viele verschiedene Kombinationen gibt es insgesamt, wenn jede Ziffer

a) beliebig oft vorkommen darf,

b) höchstens einmal vorkommen darf,

c) beliebig oft vorkommen darf und die Zahl gerade sein soll?

11 Zahlenkombination

Löse die Aufgaben a) bis c) jeweils mit einem Baumdiagramm.
Wie viele *dreistellige Zahlen* kann man aus den Ziffern 0, 1, 5 bilden, wenn

a) jede Ziffer beliebig oft auftreten darf,

b) alle Ziffern verschieden sein sollen,

c) jede Ziffer beliebig oft auftreten darf und die Zahl durch 5 teilbar sein soll?

Nun stehen die Ziffern von 0 bis 9 zur Verfügung.

d) Überlege dir – ohne ein Baumdiagramm zu zeichnen – zu den Aufgaben a) bis c), wie viele Möglichkeiten es nun für eine dreistellige Zahl gibt.

12 Morsealphabet

„···–––···“ ist der bekannte Hilferuf „SOS“ in Morsezeichen. Im Morsealphabet werden die Buchstaben aus Punkten und Strichen aufgebaut.

A	·–	K	–·–	U	··–
B	–···	L	·–··	V	···–
C	–·–·	M	––	W	·––
D	–··	N	–·	X	–··–
E	·	O	–––	Y	–·––
F	··–·	P	·––·	Z	––··
G	––·	Q	––·–		
H	····	R	·–·		
I	··	S	···		
J	·–––	T	–		

a) Was bedeutet „SOS“?

b) Wie viele Möglichkeiten gibt es, Buchstaben mit einem Zeichen zu schreiben? Welche Buchstaben sind das? Warum hat man gerade diese Buchstaben dafür ausgewählt?

c) Wie viele Möglichkeiten gibt es, Buchstaben jeweils mit 2 Zeichen, 3 Zeichen und 4 Zeichen zu schreiben? Welche Buchstaben sind das?

d) Warum besteht kein Buchstabe aus 5 Zeichen?

e) Wozu wurde das Morsealphabet verwendet? Wo wird es heute noch benutzt?

f) Schreibe deinen Namen im Morsealphabet.

13 Grundwissen: Winkel an besonderen Vierecken

Zeichne ein Koordinatensystem, in das du die Punkte beider Teilaufgaben a) und b) einzeichnen kannst.

a) Trage die Punkte A(1|0), B(6|1), C(3|4) und D(–2|3) in das Koordinatensystem ein. Zeichne das Viereck ABCD.
Was ist das Besondere an diesem Viereck? Wie nennt man es? Beschrifte alle Winkel im Viereck ABCD und miss ihre Größe. Was fällt dir auf?

b) Trage die Punkte E(–4|–1), F(–3|–8), G(–2|–3) und H(3|–2) in das Koordinatensystem von a) ein. Zeichne das Viereck EFGH. Beschrifte alle Winkel im Viereck EFGH und miss ihre Größe. Was fällt dir auf? Was ist das Besondere an diesem Viereck?

Der Kolibri

Kolibris leben nur in Amerika. Es gibt ungefähr 340 Arten. Der kleinste Kolibri wiegt gerade mal 2 g und ist mit Schwanz und Schnabel 6 cm lang. Kolibris sind die einzigen Vögel, die seitwärts und sogar rückwärts fliegen können. Beim Schwirrflug „stehen" sie in der Luft. Dabei schlagen sie etwa 80-mal in der Sekunde mit ihren Flügeln hin und her.

1. Der oben abgebildete Kolibri hat in 6 Sekunden den Nektar der Blüte getrunken. Wie oft hat er dabei mit seinen Flügeln geschlagen?

2. Nach einem Schwirrflug mit 72000 Flügelschlägen wird der Kolibri müde. Wie viele Minuten „steht" der Kolibri dabei in der Luft?

Um einem Weibchen zu imponieren, veranstaltet ein Männchen ein spektakuläres Flugmanöver – den Balzflug. Kolibrimännchen schlagen beim Balzflug sogar etwa 200-mal pro Sekunde mit den Flügeln.

3. Ein Kolibri hat 24000-mal mit den Flügeln geschlagen. Wie viele Minuten ist er schon in der Luft, wenn er
a) vor einer Blüte „schwirrt",
b) um ein Weibchen balzt?

7.1 Die Division natürlicher Zahlen

Die Umkehrung der Multiplikation

Im Balzflug schlägt ein Kolibrimännchen etwa 200-mal pro Sekunde mit den Flügeln (Seite 106). Ein Kolibri hat mit 1000 Flügelschlägen um ein Weibchen geworben. Wie viele Sekunden hat sein Balzflug gedauert?
Wir kennen die Anzahl der Flügelschläge pro Sekunde und die Gesamtzahl der Flügelschläge. Die Dauer ist unbekannt. Somit kennen wir den einen Faktor 200 und den Produktwert 1000. Nun suchen wir den unbekannten zweiten Faktor x:

$$200 \cdot x = 1000$$

Um den unbekannten Faktor x zu finden, müssen wir den Produktwert 1000 durch den Faktor 200 teilen (Aufgabe 2). Diese Umkehrung der Multiplikation heißt **Division** (nach dem lat. Wort *dividere* für *teilen*). Dabei verwendet man folgende Fachbegriffe:

$$\underbrace{\underset{\text{Dividend}}{1000} : \underset{\text{Divisor}}{200}}_{\text{Quotient}} = \underset{\text{Wert des Quotienten}}{5}$$

Die **Division** ist die Umkehrung der Multiplikation.

Das Männchen hat nur 5 Sekunden um das Weibchen geworben.
Mit der Multiplikation können wir überprüfen, ob wir richtig dividiert haben:

$$200 \cdot 5 = 1000$$

Im Quotienten (vom lat. Wort *quotiens* für *wie oft*) treten Dividend und Divisor in alphabetischer Reihenfolge wie d vor s auf.

Geht die Division nicht auf, bleibt ein Rest. Wir schreiben dann z. B.:

$$1000 : 80 = 12 \text{ Rest } 40$$

Die Division und die Null

Was ist 5 : 0? Wir suchen eine Zahl x, die der Wert des Quotienten 5 : 0 ist: $5 : 0 = x$. Die zugehörige Multiplikation lautet: $0 \cdot x = 5$.
Multiplizieren wir eine beliebige Zahl mit null, so erhalten wir als Ergebnis immer null. Es gibt also keine Zahl x so, dass wir das Ergebnis 5 bekommen. Also dürfen wir auch nicht durch 0 dividieren.
Was ist 0 : 5? Wir verteilen „nichts" an 5 Personen. Jede Person erhält „nichts". Die zugehörige Rechnung lautet: $0 : 5 = 0$.

Die Division durch null ist nicht definiert.

Schriftliches Dividieren

Die Division mit größeren Zahlen führen wir schriftlich aus. Mit einer **Überschlagsrechnung** können wir vorher klären, welches Ergebnis ungefähr zu erwarten ist. Dabei runden wir Dividend und Divisor jeweils auf den höchsten Stellenwert. Auch bei der folgenden Division interessieren wir uns nur für den höchsten Stellenwert.

Beispiel $35\,262 : 27$

Überschlag: $35\,262 : 27 \approx 40\,000 : 30 = 4\,000 : 3 \approx 1\,000$

```
 35262 : 27 = 1306
-27   <----------- 1 · 27
  82
 -81  <----------- 3 · 27
   16
  - 0 <----------- 0 · 27
   162
  -162 <---------- 6 · 27
     0
```

Die einfache Überschlagsrechung hat den gerundeten Wert des Quotienten vorhergesagt.

Rechengesetze der Division

Bei der Multiplikation gelten das Vertauschungs-, das Verbindungs- und das Verteilungsgesetz. Gelten diese auch bei der Division? (Aufgabe 5)
Zunächst zum Vertauschungsgesetz (Kommutativgesetz)!

Beispiel Verteilt man 12 € gleichmäßig an 3 Personen, erhält jeder 4 €:

$12 : 3 = 4$

Nun vertauschen wir Dividend und Divisor: Verteilt man 3 € an 12 Personen, erhält jeder nicht 4 €, sondern weniger als einen ganzen Euro. 3 : 12 hat keine natürliche Zahl als Ergebnis.

Bei der Division darf man also Dividend und Divisor nicht vertauschen. Das Kommutativgesetz gilt nicht.

Nun zum Verbindungsgesetz (Assoziativgesetz)!

Beispiel $(36 : 6) : 2 = 6 : 2 = 3$ *aber* $36 : (6 : 2) = 36 : 3 = 12$

Mit einem Text zu dieser Rechnung verstehen wir die verschiedenen Ergebnisse besser:
36 € werden gleichmäßig an 6 Personen verteilt. Nun gibt jede Person die Hälfte davon ab. Dann hat jede Person 3 €.
Aber: 36 € sollen an 6 Personen gleichmäßig verteilt werden. Die Hälfte der Personen verzichtet. Dann erhält jeder 12 €.

Wir stellen fest:

Bei der Division gilt

- das **Vertauschungsgesetz nicht** und
- das **Verbindungsgesetz nicht**.

Bei der Multiplikation dürfen wir die Reihenfolge der Faktoren vertauschen und die Reihenfolge, in der wir multiplizieren, selbst wählen. Bei der Division ist das nicht erlaubt. Wir vereinbaren deshalb:

Tritt in einer reinen Punktrechnung nicht nur die Multiplikation, sondern auch die Division auf, berechnen wir den Wert des Terms von links nach rechts.

Schließlich zum Verteilungsgesetz (Distributivgesetz)!

Beispiel

42 € sollen an 3 Personen verteilt werden.
Wir nehmen zunächst 30 € und geben davon jeder Person 10 €.
Dann teilen wir die verbleibenden 12 € auf: 12 € : 3 = 4 €.
Die zugehörige Rechnung lautet: $(30+12):3 = 30:3+12:3$.

Wenn wir eine Summe durch eine Zahl teilen, dürfen wir also die Summanden einzeln teilen – falls die Divisionen aufgehen.

Verteilungsgesetz (Distributivgesetz)
Den Quotienten aus der Summe $a+b$ bzw der Differenz $a-b$ und der Zahl c können wir berechnen, indem wir den Divisor c jedem Summanden bzw. Minuend und Subtrahend als Divisor zuteilen:

$(a+b):c = a:c+b:c$ $(a-b):c = a:c-b:c$

Mit dem Verteilungsgesetz lässt sich das schriftliche Divisionsverfahren begründen (Aufgabe 19).

Aufgaben

1 Dividiere im Kopf!

a) 36 : 4	b) 36 : 9	c) 56 : 8	d) 56 : 7	e) 88 : 11	f) 144 : 12
g) 169 : 13	h) 60 : 15	i) 120 : 15	k) 36 : 18	l) 72 : 18	m) 108 : 18
n) 49 : 7	o) 490 : 7	p) 490 : 10	q) 250 : 5	r) 250 : 50	s) 400 : 10
t) 121 : 11	u) 7007 : 1	v) 1000 : 50	w) 981 : 9	x) 144 : 24	y) 276 : 23

2 Rechnen mit Nullen

Berechne: 6 : 3, 60 : 30, 600 : 300, 6000 : 3000, 69 : 3, 690 : 30, 6900 : 300, 90 : 15, 900 : 150, 9000 : 1500, 360 000 : 12 000

a) Was fällt dir auf? Formuliere deine Erkenntnis in Worten.

b) Gib selbst drei ähnlich aufgebaute Aufgaben an, die das gleiche Ergebnis liefern.

3 Wie alt ist das Sonnenlicht?

Licht breitet sich mit einer unvorstellbar hohen Geschwindigkeit aus. In einer Sekunde legt es 300 000 km zurück. Die Sonne ist von der Erde etwa 150 Millionen Kilometer entfernt. Wie viele Sekunden braucht das Sonnenlicht, um von der Sonne zur Erde zu gelangen?

4 Schriftliches Dividieren

Sage durch eine Überschlagsrechnung das ungefähre Ergebnis voraus und berechne dann den genauen Wert.

a) 387 768 : 12	b) 1 358 016 : 11	c) 7 506 140 : 76
d) 1 110 600 : 45	e) 114 663 : 37	f) 4 932 928 : 56
g) 249 804 : 243	h) 1 314 000 : 365	i) 2 430 090 : 806

5 Verbinden und Verteilen – erlaubt oder nicht?

Berechne jeweils und vergleiche das Ergebnis:

a) (500 : 25) : 5, 500 : (25 : 5)	b) (363 : 11) : 11, 363 : (11 : 11)
c) (1024 : 32) : 8, 1024 : (32 : 8)	d) (490 : 14) : 7, 490 : (14 : 7)
e) (72 : 12) · 3, 72 : (12 · 3)	f) (728 : 8) · 13, 728 : (8 · 13)
g) (56 + 14) : 7, 56 : 7 + 14 : 7	h) (700 + 21) : 7, 700 : 7 + 21 : 7
i) (121 + 99) : 11, 121 : 11 + 99 : 11	k) (230 + 69) : 23, 230 : 23 + 69 : 23

6 Berechne im Kopf!

a) 15 · 3 : 9	b) 125 · 3 : 25	c) 169 : 13 · 9
d) 96 : 12 · 25	e) 25 · 18 : 90	f) 144 : 12 : 6
g) 15 · 7 · 11	h) 70 · 25 : 175	i) 484 : 11 · 3

7 „Schwertransport“

Herr Stenzel legt seinen Garten neu an. Dazu muss er einen Erdhaufen abtransportieren. Wenn er seine Schubkarre jedes Mal mit 54 kg Erde belädt, muss er insgesamt 64 mal fahren. Wie viele kg Erde müsste Herr Stenzel jedes Mal laden, damit er nur 48-mal fahren muss?

8 Klassenstärke

Die vier 5. Klassen des Adam-Riese-Gymnasiums werden von 32, 29, 27 und 28 Schülern besucht. Wie viele Schüler wären in den Klassen, wenn man die Schüler gleichmäßig verteilt? Aus welchen Gründen kann sich das Direktorat für diese ungleichmäßige Verteilung entschlossen haben?

9 Aufgepasst!

Berechne, falls möglich:

a) 0 : 9999	b) 1000 : 0	c) 123 : 1	d) 1 : 123
e) 0 : 17 : 3	f) 75 : 0 : 5	g) 144 : 12 : 0	h) 625 : 25 : 1
i) 35 : 1 : 7	k) 77 : 7 · 0	l) 8 · 7 : 0	m) 23 · 0 : 23

10 Divisionen mit Rest

a) 6556 : 28 b) 11 911 : 45 c) 20 202 : 101 d) 40 304 : 87

Berechne und entscheide, welcher Quotient größer ist:

e) 141 : 5 oder 113 : 4 f) 789 : 9 oder 615 : 7 g) 1117 : 18 oder 993 : 16

11 Rotes Gold

Der Schrotthändler Karl Kupfer handelt mit Altmetall. Für 189 kg Kupfer hat er das letzte Mal von der Recyclingfirma 567 € bekommen. Dieses Mal hat er 172 kg Kupfer gesammelt. Wie viel wird er nun für das Metall bekommen?

12 Ein Rechentrick

a) Berechne: 75 : 5, (2 · 75) : 10, 125 : 5, (2 · 125) : 10, 95 : 5, (2 · 95) : 10
Was fällt dir auf? Formuliere deine Erkenntnis in Worten.

Berechne möglichst geschickt:

b) 3 210 : 5 c) 5 430 : 5 d) 1 470 : 5 e) 9 990 : 5 f) 7 975 : 5

13 Vorsicht!

a) 500 : 25 : 5 b) 400 : 25 · 4 c) 7070 : 5 · 2 d) 1000 · 20 : 4

14 Milchkühe

Landwirt Georg hat 65 Milchkühe. Letzte Woche gaben die Kühe zusammen 12 740 Liter Milch.

a) Wie viel Liter Milch gab eine Kuh pro Tag?

Zur Herstellung von 1 kg Bergkäse werden 13 Liter, von 1 kg Butter 20 Liter Milch benötigt.

b) Wie viel Bergkäse kann aus der Milch produziert werden, wenn 325 kg Butter hergestellt werden sollen?

15 Kleine Änderungen, große Wirkung!

Wie ändert sich der Wert eines Quotienten, wenn man

a) den Dividenden halbiert,
b) den Divisor verdreifacht,
c) den Dividenden verfünffacht,
d) den Dividenden durch 3 teilt,
e) Dividend und Divisor verdoppelt,
f) Dividend und Divisor durch zehn teilt,
g) den Dividenden verdoppelt und den Divisor halbiert?

16 „5 ist Trumpf"

Adrian beginnt mit den Fingern seiner rechten Hand zu zählen: 1 ist der Daumen, 2 der Zeigefinger, 3 der Mittelfinger, 4 der Ringfinger und 5 der kleine Finger, 6 wieder der Daumen, usw. Bei welchem Finger erreicht er die Zahl 2013?

Zum Intensivieren

17 Überschlagen und Dividieren

Schätze durch eine Überschlagsrechnung das Ergebnis ab und berechne den genauen Wert schriftlich.

a) 3 570 642 : 93
b) 1 198 644 : 12
c) 5 746 290 : 66
d) 4 145 265 : 753
e) 1 406 958 : 278
f) 1 524 646 : 542
g) 305 040 : 120
h) 151 782 : 123
i) 4 697 682 : 654

18 Terme aufstellen

a) Dividiere den Quotienten der Zahlen 1024 und 64 durch den Quotienten der Zahlen 144 und 9.
b) Dividiere das Produkt der Zahlen 126 und 220 durch das Produkt der Zahlen 28 und 110.
c) Multipliziere den Quotienten der Zahlen 4005 und 89 mit dem Produkt der Zahlen 11 und 91.
d) Dividiere das Produkt der Zahlen 26 und 49 durch den Quotienten aus den Zahlen 2730 und 30.
e) Dividiere den Quotienten aus den Zahlen 57 792 und 43 durch das Produkt der Zahlen 12 und 56.
f) Multipliziere das Produkt der Zahlen 91 und 143 mit dem Quotienten der Zahlen 435 und 15.

19 Begründung für das schriftliche Dividieren

Wir wollen 852 : 4 mithilfe des Distributivgesetzes berechnen. Deshalb spalten wir zunächst durch 4 teilbare Hunderter ab, dann durch 4 teilbare Zehner:
$852 : 4 = (800 + 52) : 4 = (800 + 40 + 12) : 4$

a) Führe diese Division aus.
b) Berechne 852 : 4 mit dem schriftlichen Verfahren.
c) Vergleiche beide Verfahren.

7.2 Primzahlen

Primzahlen

Wenn eine Division aufgeht, sagt man, dass der Divisor den Dividenden **teilt**. Z.B.: 1 teilt 6, 2 teilt 6, 3 teilt 6, 4 teilt nicht 6, 5 teilt nicht 6, 6 teilt 6. Die Zahlen 1, 2, 3 und 6 sind die **Teiler** der Zahl 6. Jede Zahl hat mindestens zwei Teiler, nämlich die 1 und sich selbst.

> Eine natürliche Zahl, die nur durch sich selbst und durch 1 teilbar ist, heißt **Primzahl**.

Welche Zahlen sind Primzahlen? 2 und 3 sind nur durch sich selbst und durch 1 teilbar. Die 4 ist außerdem noch durch 2 teilbar. Die 4 ist damit keine Primzahl. Primzahlen sind 2, 3, 5, 7, 11, 13, 17, 19 usw.

Was ist mit der 1? Die 1 ist eine besondere Zahl: Multipliziert man eine Zahl mit 1, ergibt das wieder die Zahl. 1 teilt sich selbst und 1 teilt 1. Andere Teiler gibt es nicht. Selbst Mathematiker waren sich nicht einig, ob die 1 eine Primzahl sein soll oder nicht. Anfang des 20. Jahrhunderts hat man schließlich festgelegt: 1 ist keine Primzahl.

Vor fast 2 200 Jahren hat der griechische Mathematiker und Philosoph ERATOSTHENES ein Verfahren entwickelt, mit dem man aus natürlichen Zahlen die Primzahlen „heraussieben“ kann (Aufgabe 1).

> Eine natürliche Zahl heißt **gerade**, wenn sie durch 2 teilbar ist. Sie heißt **ungerade**, wenn sie nicht durch 2 teilbar ist.

Mit einfachen Regeln können wir erkennen, ob eine Zahl durch die kleinsten Primzahlen 2, 3 bzw. 5 teilbar ist (Aufgaben 2 und 3).

Primfaktorzerlegung

Eine Primzahl hat nur zwei Teiler: 1 und sich selbst. Die anderen natürlichen Zahlen kann man in ein Produkt mit **echten** Teilern zerlegen.

Beispiel $140 = 14 \cdot 10$

Die Faktoren 14 und 10 sind weiter zerlegbar:

$140 = 14 \cdot 10 = 2 \cdot 7 \cdot 2 \cdot 5 = 2^2 \cdot 5 \cdot 7$

> Eine natürliche Zahl lässt sich so lange in Faktoren zerlegen, bis alle Faktoren Primzahlen sind. Diese Zerlegung heißt **Primfaktorzerlegung**. Sie ist übersichtlich, wenn wir die Potenzschreibweise verwenden.

Z. B. enthält die Primfaktorzerlegung der Zahl 140 zweimal die Primzahl 2, einmal 5 und einmal 7.

Beim Zerlegen einer Zahl in Primfaktoren können wir auch systematisch vorgehen: Wir beginnen mit der kleinsten Primzahl, mit 2, und überprüfen, ob sie die Zahl teilt. Nun untersuchen wir, ob sie die Zahl noch einmal teilt ... Dann gehen wir zur nächstgrößeren Primzahl über usw.

Beispiel $140 = 2 \cdot 70 = 2 \cdot 2 \cdot 35 = 2 \cdot 2 \cdot 5 \cdot 7 = 2^2 \cdot 5 \cdot 7$

Aufgaben

1 Das Sieb des ERATOSTHENES

Wir wollen mit dem Sieb des **ERATOSTHENES** aus den natürlichen Zahlen von 1 bis 100 die Primzahlen „heraussieben". Schreibe dazu, wie rechts dargestellt, die Zahlen von 1 bis 100 in eine Tabelle mit 10 Zeilen und 10 Spalten.

1	2	3	4	5	6	7	8	9	10
11	12	13	14	15	16	17	18	19	20
21	22	23	24	25	26	27	28	29	30
31	32	33	34	35	36	37	38	39	40
41	42	43	44	45	46	47	48	49	50
51	52	53	54	55	56	57	58	59	60
61	62	63	64	65	66	67	68	69	70
71	72	73	74	75	76	77	78	79	80
81	82	83	84	85	86	87	88	89	90
91	92	93	94	95	96	97	98	99	100

a) 1 ist keine Primzahl. Streiche 1 durch.

b) 2 ist eine Primzahl. Rahme 2 farbig ein. Streiche alle Vielfachen von 2 mit derselben Farbe durch.

c) Die nächste noch nicht gestrichene Zahl ist 3. Rahme 3 mit einer anderen Farbe ein. Streiche nun alle Vielfachen von 3 mit derselben Farbe durch.

d) Rahme die nächste nicht gestrichene Zahl mit einer anderen Farbe ein. Streiche alle Vielfachen dieser Zahl mit der gleichen Farbe durch.

e) Führe dieses Verfahren so lange fort, bis alle Zahlen eingerahmt oder durchgestrichen sind.

f) Welche Zahlen hast du auf diese Weise „ausgesiebt"?

g) Lerne die Primzahlen zwischen 1 und 30 auswendig.

2 Teilbarkeit durch 10, 5 und 2

a) Welche der folgenden Zahlen sind durch 10 teilbar?
130, 131, 132, 133, 134, 135, 136, 137, 138, 139, 140, 1300
Formuliere eine Regel, wie du an der Einerstelle einer Zahl erkennen kannst, ob sie durch 10 teilbar ist.

b) Welche der folgenden Zahlen sind durch 5 teilbar?
130, 131, 132, 133, 134, 135, 136, 137, 138, 139, 140, 1300
Formuliere eine Regel, wie du an der Einerstelle einer Zahl erkennen kannst, ob sie durch 5 teilbar ist.

c) Welche der folgenden Zahlen sind gerade, welche sind ungerade?
130, 131, 132, 133, 134, 135, 136, 137, 138, 139, 140, 1300.
Formuliere eine Regel, wie du an der Einerstelle einer Zahl erkennen kannst, ob sie durch 2 teilbar ist.

3 Teilbarkeit durch 3

Oma Dora sammelt 1-€-Münzen. Sie hat insgesamt 2 Säckchen mit je 100 Münzen, 3 Säckchen mit je 10 Münzen und 4 einzelne Münzen. Dora möchte die Münzen ihren Enkeln Marc, Lukas und Fabian schenken.

a) Wie viele Münzen hat Oma Dora insgesamt gesammelt?

Oma Dora ist nicht gut im Kopfrechnen. Sie möchte aber trotzdem wissen, ob sie jedem ihrer Enkel gleich viele Münzen schenken kann. Sie geht dabei wie folgt vor:

b) 100 ist nicht durch 3 teilbar. Wie viele Münzen muss Dora aus einem Hundertersäckchen herausnehmen, damit die restlichen Münzen im Säckchen durch 3 teilbar sind? Wie viele Münzen muss sie insgesamt aus den Hundertersäckchen entnehmen?

c) Wie viele Münzen muss sie aus einem Zehnersäckchen nehmen? Wie viele muss sie insgesamt den Zehnersäckchen entnehmen?

d) Wie viele einzelne Münzen hat Oma Dora, nachdem sie die nötige Anzahl Münzen aus den Hunderter- und den Zehnersäckchen entnommen hat?
Wie erhält man aus den Ziffern der Zahl 234 sofort die Anzahl der übrig bleibenden Münzen?

e) Kann Oma Dora die gesammelten Münzen gerecht aufteilen?

f) Wenn du die einzelnen Ziffern einer Zahl addierst, erhältst du ihre Quersumme. Z.B. hat die Zahl 4132 die Quersumme $4 + 1 + 3 + 2 = 10$. Wie kann man mithilfe der Quersumme einer Zahl schnell entscheiden, ob sie durch 3 teilbar ist? Formuliere dein Ergebnis als Regel.

4 Teilbarkeit durch 2, 3 und 5

Welche der Zahlen
505, 7530, 50505, 12321, 123 456, 214 365, 777 777, 10 203 040
sind durch

a) 2 teilbar, b) 5 teilbar, c) 3 teilbar, d) 2 und 3 teilbar,
e) 6 teilbar, f) 3 und 5 teilbar, g) 15 teilbar, h) 2, 3 und 5 teilbar?

Gib vier fünfstellige Zahlen an, die durch

i) 2 und 3 teilbar sind, k) 2 und nicht durch 3 teilbar sind,
l) 3 und nicht durch 2 teilbar sind, m) 6 nicht teilbar sind.

5 **Teilermengen**

Um alle Teiler der Zahl 24 zu finden, schreiben wir 24 auf alle mögliche Arten als Produkt von zwei Faktoren: $24 = 1 \cdot 24 = 2 \cdot 12 = 3 \cdot 8 = 4 \cdot 6$. Jeder dieser Faktoren ist ein Teiler von 24. Die Menge aller Teiler der Zahl 24 ist also $T_{24} = \{1; 2; 3; 4; 6; 8; 12; 24\}$, die sogenannte Teilermenge von 24.
Bestimme die Teilermengen von

a) 12 b) 18 c) 20 d) 28 e) 29 f) 36 g) 72 h) 96 i) 100.

6 **Primzahlen?**

Welche der folgenden Zahlen sind Primzahlen?

a) 37 b) 87 c) 91 d) 97 e) 101
f) 111 g) 169 h) 171 i) 361 k) 343

7 **Überlebenschance einer Zikadenart**

Zikaden sind an Pflanzen saugende Insekten. Sie entwickeln sich vom Ei über die Larve zum Vollinsekt. Manche Arten benötigen dazu eine Woche, andere bis zu 17 Jahre.
In den USA leben Singzikaden, die sich nur alle 17 Jahre paaren. Nach genau 17 Jahren verlassen diese Zikaden ihr unterirdisches Versteck, um sich in einem Zeitraum von etwa drei Wochen zu vermehren.
Ein chilenisch-deutsches Forscherteam hat herausgefunden, warum gerade diese Zikadenart überlebt. Sie stellten fest, dass die Zikadenfresser in einem 2-, 4- oder 6-Jahres-Rhythmus in großer Anzahl vorkommen. Stell dir vor, in einem bestimmten Jahr treten die Zikaden und ihre Feinde in großer Zahl auf. Es werden viele Zikaden gefressen.

a) Liegt in 17, 34, 51 Jahren ein „geburtenstarkes“ oder „geburtenschwaches“ Jahr der jeweiligen Art der Feinde vor?
b) Wie wird sich jeweils die Anzahl der Siebzehnjahr-Zikaden entwickeln?

8 **Unbekannte Zahlen gesucht!**

Welche Zahl musst du in das Kästchen einsetzen, damit die Rechnung stimmt?

a) $17 \cdot ■ = 51$ b) $■ \cdot 11 = 132$ c) $7 \cdot ■ = 84$
d) $■ : 13 = 7$ e) $■ : 14 = 9$ f) $198 : ■ = 22$
g) $14 \cdot ■ = 42$ h) $■ : 5 = 30$ i) $19 \cdot ■ = 152$
k) $117 : ■ = 9$ l) $■ \cdot 9 = 117$ m) $■ : 6 = 12$
n) $17 \cdot ■ = 119$ o) $■ : 11 = 19$ p) $■ \cdot 8 = 168$

9 Primfaktorzerlegung

Stelle die Zahlen als Produkt von Primzahlen dar. Verwende beim Ergebnis die Potenzschreibweise.

a) 34	b) 8	c) 9	d) 45	e) 75
f) 315	g) 102	h) 105	i) 625	k) 1024
l) 208	m) 416	n) 1125	o) 924	p) 1089
q) 474	r) 864	s) 1352	t) 867	u) 2166

10 Stufenzahlen und ein bisschen mehr

Zerlege die Zahlen in Primfaktoren und schreibe das Ergebnis in Potenzschreibweise. Was fällt dir auf, wenn du die Primfaktorzerlegungen betrachtest?

a) 10, 100, 1 000, 10 000, 100 000

b) 70, 330, 1300, 200, 75 000

Gib ohne weitere Rechnung an, auf wie viele Nullen die folgenden Zahlen jeweils enden, wenn du die Produkte berechnen würdest:

c) $3 \cdot 2 \cdot 5$

d) $2^3 \cdot 7 \cdot 5^3$

e) $3 \cdot 5^3 \cdot 7 \cdot 2^2$

f) $2^5 \cdot 17 \cdot 5^3$

g) $6 \cdot 25 \cdot 5^2 \cdot 2^3$

Zum Intensivieren

11 Vollkommene, arme und reiche Zahlen

Eine natürliche Zahl ist vollkommen, wenn die Summe ihrer Teiler ohne die Zahl selbst gleich der Zahl ist. Sie ist arm, wenn diese Summe der Teiler kleiner als die Zahl ist. Sie ist reich, wenn diese Summe der Teiler größer als die Zahl ist.

a) Gib alle Teiler von 10 an. Berechne die Summe der Teiler ohne den Teiler 10. Zu welcher Art gehört die Zahl 10?

b) Warum sind die Primzahlen die ärmsten Zahlen?

c) Eine einzige einstellige natürliche Zahl ist vollkommen, alle anderen sind arm. Bestimme die vollkommene Zahl.

d) Die nächsten vollkommenen Zahlen sind 28 und 496. Überprüfe das.

e) Welche Zahlen zwischen 10 und 20 sind reich?

f) Von welcher Art sind die meisten Zahlen?

12 Primfaktorzerlegung

Zerlege in Primfaktoren und gib das Ergebnis in Potenzschreibweise an:

a) 312	b) 245	c) 175	d) 324	e) 147
f) 210	g) 675	h) 1452	i) 1083	k) 392

13 Wie viele Primzahlen gibt es?

Wenn wir mit der kleinsten natürlichen Zahl, mit 1, zu zählen beginnen, kommen wir zu immer größeren Zahlen. Wir könnten ohne Ende weiterzählen. Es gibt unendlich viele natürliche Zahlen.
Wie viele Primzahlen gibt es?

a) Multipliziere die beiden kleinsten Primzahlen miteinander und zähle 1 dazu. Welche Zahl ergibt sich? Welchen Rest erhältst du, wenn du das Ergebnis durch 2 bzw. 3 teilst?

b) Multipliziere die drei kleinsten Primzahlen miteinander und zähle 1 dazu. Teile das Ergebnis wieder durch jede der am Produkt beteiligten Primzahlen. Welcher Rest ergibt sich jeweils?

c) Stell dir vor, es gäbe nur endlich viele Primzahlen. Was kannst du dann über die Zahl sagen, die du erhältst, wenn du das Produkt aller dieser Primzahlen bildest und 1 addierst? Gibt es endlich oder unendlich viele Primzahlen?

14 Die Binäruhr

Michael hat von seiner Tante eine Binäruhr geschenkt bekommen und präsentiert sie stolz seinen Freunden: „Oben werden die Stunden und unten die Minuten angezeigt."

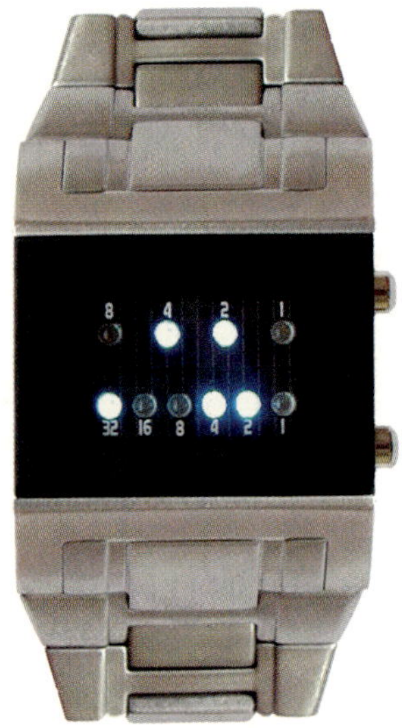

a) Welche Zeit zeigt die Uhr an?

b) Wie zeigt die Uhr 6.45 Uhr an?

c) Wie zeigt die Uhr 17.35 Uhr an?

d) Kann es vorkommen, dass in einer Reihe alle Punkte gleichzeitig leuchten?

e) Wie viele Punkte können höchstens auf einmal leuchten?

15 Grundwissen: Zählprinzip

Eva, Tino und Adrian gehen zusammen in ein Café. Alle drei bestellen sich Getränke und ein Stück Kuchen. Auf wie viele Möglichkeiten kann sich

a) Eva ein Getränk und einen Kuchen bestellen,

b) Tino ein warmes und ein kaltes Getränk und einen Kuchen bestellen,

c) Adrian ein Wasser, ein warmes Getränk und einen Kuchen bestellen, wenn er keine Nusstorte und keine Käsesahnetorte mag?

Getränke

Cola	*3,20 €*
Apfelschorle	*3,00 €*
Stilles Wasser	*2,90 €*
Mineralwasser	*2,90 €*
Heiße Schokolade	*2,50 €*
Tee	*2,20 €*
Cappuccino	*2,30 €*

Kuchen

Nusstorte	*2,60 €*
Käsesahnetorte	*2,60 €*
Apfelkuchen	*2,30 €*
Kirschkuchen	*2,30 €*
Marmorkuchen	*2,00 €*

7.3 Verbindung der Grundrechenarten

Rechenregeln

Und denk immer dran:

Beispiele

a) $100 - 50 : 2 + 3^2$
$= 100 - 50 : 2 + 9$
$= 100 - 25 + 9 = 84$

b) $100 - (50 : 2 + 3^2)$
$= 100 - (50 : 2 + 9)$
$= 100 - (25 + 9) = 100 - 34 = 66$

c) $100 - 50 : (2 + 3)^2$
$= 100 - 50 : 5^2$
$= 100 - 50 : 25$
$= 100 - 2 = 98$

d) $(100 - 50) : (2 + 3)^2$
$= 50 : 5^2$
$= 50 : 25 = 2$

Gliedern von Termen

Wir gliedern den Term d) des Beispiels in gewohnter Weise.

$$(100 - 50) : (2 + 3)^2$$

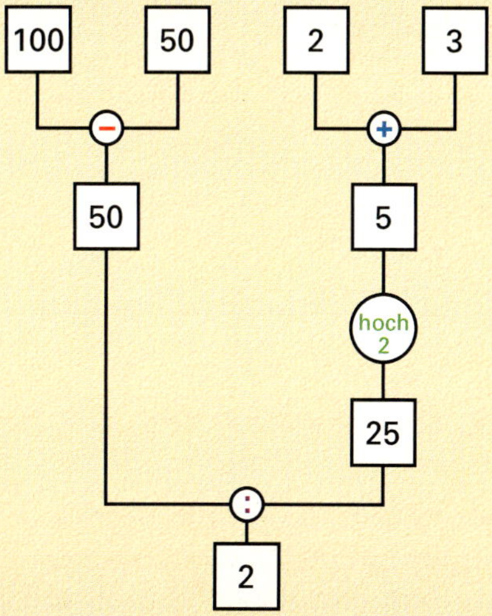

Der letzte Rechenschritt gibt die Art des Terms an:

Der Term ist ein Quotient.
- Der Dividend ist eine Differenz.
  - Der Minuend ist 100.
  - Der Subtrahend ist 50.
- Der Divisor ist eine Potenz.
  - Der Exponent ist 2.
  - Die Basis ist eine Summe.
    - Der erste Summand ist 2.
    - Der zweite Summand ist 3.

Lösen von Sachaufgaben mit einem Gesamtansatz

Sind mehrere Rechnungen durchzuführen, ist ein Gesamtansatz übersichtlicher als viele kleine Schritte.

Beispiel

Größe der Männer in der Steinzeit
Bei Ausgrabungen fanden Archäologen 7 000 Jahre alte Knochen. Die meisten Oberschenkelknochen waren 47 cm lang. Mit der Länge eines Oberschenkelknochens lässt sich die ungefähre Größe eines Mannes berechnen: *Multipliziert man die Länge des Oberschenkels mit 23, addiert 570 und dividiert dann durch 10, erhält man seine Körpergröße.*

$$(47 \cdot 23 + 570) : 10 = (1081 + 570) : 10 = 1651 : 10 \approx 1650 : 10 = 165$$

In der Steinzeit war ein Mann ungefähr 165 cm groß.

Aufgaben

1 Terme gliedern und berechnen

a) $49 - 35 \cdot 7$
b) $49 - 35 : 7$
c) $7 \cdot (49 - 35)$
d) $(49 - 35) : 7$
e) $(324 : 18) \cdot 6$
f) $324 : (18 \cdot 6)$
g) $144 : 18 - 4^2$
h) $144 : (18 - 4^2)$
i) $144 : (18 - 12)^2$
k) $(8 + 17) : (21 - 16)$
l) $(7 + 3 \cdot 2^3) \cdot 2^4$
m) $(12 \cdot 23 - 3^4) : 13$

2 Gleich oder nicht gleich – das ist hier die Frage

a) $46 - 3 \cdot 64 + 336 : 7 - 3^2$
b) $46 - 3 \cdot 64 + 336 : (7 - 3)^2$
c) $46 - (3 \cdot 64 + 336 : 7 - 3^2)$
d) $46 - 3 \cdot [64 + 336 : (7 - 3)^2]$
e) $46 - 3 \cdot (64 + 336) : (7 - 3)^2$
f) $46 - 3 \cdot [(64 + 336) : (7 - 3)]^2$

3 Größe der Frauen in der Steinzeit

Multipliziert man die Länge des Oberschenkels einer Frau mit 11, addiert 1030 und dividiert dann durch 10, erhält man ihre Körpergröße.

a) Die Oberschenkelknochen der meisten Frauen der Steinzeit waren 47 cm lang. Wie groß waren die Frauen?
b) Ist bei gleicher Oberschenkellänge der Mann oder die Frau größer?

4 Sternsinger

Julia hat bei der diesjährigen Sternsingeraktion mit ihrer Gruppe 367 € für ein Kinderheim in Afrika gesammelt. In der Sammeldose sind sieben 10-€-Scheine, sechzehn 5-€-Scheine und 39 Münzen zu 1 € und keine Cent-Münzen. Wie viele 2-€-Münzen befinden sich in der Dose?

5 Autokauf

Herr Hartmann hat sich für 23 700 € ein neues Auto gekauft. Für sein altes Auto rechnet ihm der Verkäufer 2 900 € an. Wie hoch sind die 24 Monatsraten, wenn Herr Hartmann eine Anzahlung von 12 520 € leistet?

6 Schullandheim

Die 29 Schüler der Klasse 5e planen ihren Schullandheimaufenthalt. Das Schullandheim verlangt für die Unterkunft mit Verpflegung 3132 €. Die Busfahrt kostet 783 €. Wie viel Geld muss die Klassenleiterin von den Schülern einsammeln, wenn zwei Schüler krank wurden und deshalb nicht mitkommen können?

7 Verbindung der Grundrechenarten – light

a) $7 \cdot 13 - 3 \cdot 36 + 4 \cdot 12$
b) $3 \cdot 147 - 147 : 3 - 23 \cdot 4$
c) $136 : 8 + 182 : 13$
d) $18 \cdot 17 - 12 \cdot 49 - 39 : 3$
e) $(78 + 2 \cdot 13 - 29) : 25 - 10 \cdot 3$
f) $(61 \cdot 12 - 11 \cdot 43 - 3) : 64$
g) $(15 \cdot 16 - 6 \cdot 14) : 26 - 6 \cdot 7$
h) $19 \cdot (495 : 9 - 4 \cdot 9) - 17 \cdot 27$

8 Für Fortgeschrittene

a) $(2^4 - 3) \cdot (69 - 57)$
b) $(3^4 \cdot 7 + 3 \cdot 45) : (43 - 17)$
c) $(16^2 \cdot 3 - 2 \cdot 197) : 17$
d) $(57 \cdot 15 - 5 \cdot 124 - 4) : (3 \cdot 7)$
e) $17 \cdot 18 - 3 \cdot (27 + 873 : 9)$
f) $(8 \cdot 9 + 11 \cdot 3) : 5 - (18 \cdot 4 + 6)$
g) $(780 : 6 + 14) : (7 \cdot 8 - 2^2 \cdot 11)$
h) $(726 - 426 : 6) : (12 \cdot 11 - 1)$

9 Term gesucht!

Unten sind Rechenbäume abgebildet. Gliedere den Term und berechne seinen Wert.

a)

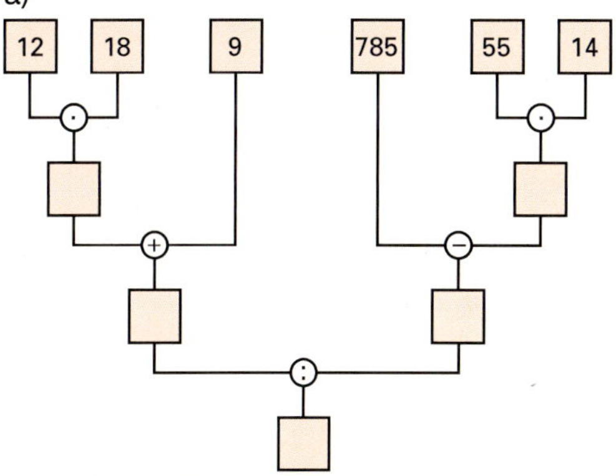

b)

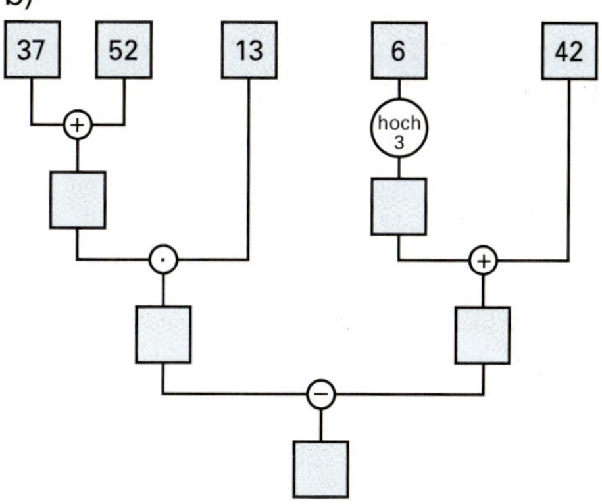

10 Aufwendigere Aufgaben

a) $[411 \cdot 12 + 18 \cdot (7 \cdot 3^2 - 2 \cdot 5)] : 9$
b) $(8675 - 11011 : 11) : 6 - 5 \cdot 9$
c) $(601 \cdot 11 - 5987) : 24 - 4 \cdot 15 - 6^2$
d) $12 \cdot 11 + 9 \cdot (366 : 6 - 132 : 11) : 7$
e) $25 + 5^2 \cdot 9 \cdot 2^2 - 4 \cdot (8 \cdot 12 - 2 \cdot 35) \cdot 13 + 7 \cdot 11$
f) $(41 - 28) \cdot (5^2 - 3 \cdot 4) - 15 \cdot 14 + 4 \cdot 7^2$

11 **Terme aufstellen**

Stelle den Term auf und berechne seinen Wert.

a) Dividiere die Differenz der Zahlen 1596 und 226 durch die Differenz der Zahlen 641 und 367.

b) Subtrahiere das Produkt der Zahlen 95 und 76 von dem Produkt der Zahlen 727 und 11.

c) Multipliziere die Summe der Zahlen 1328 und 1964 mit der Differenz der Zahlen 3542 und 3539.

d) Dividiere die Differenz von 1 111 und 1 048 durch die Differenz von 95 und 88.

e) Subtrahiere vom Produkt der Zahlen 175 und 617 den Quotient aus 143 568 und 18.

f) Addiere zu −100 das fünffache Quadrat der Zahl 2.

g) Berechne das dreifache Quadrat der Summe der Zahlen 10 und 2.

12 **Anweisungen selbst gemacht!**

Formuliere für die angegebenen Terme einen Text. Berechne dann den Wert des Terms.

a) $17 \cdot 5 + 195 : 13$

b) $(156 + 89) : (18 + 17)$

c) $644 : 28 - 228 : 19$

d) $(47 - 29) \cdot (11 + 8)$

e) $3750 : (30 - 5)^2$

f) $3750 : 30 - 5^2$

g) $13 \cdot 7^2 - 25^2$

h) $(3 \cdot 6)^2 - 13^2$

13 **Kängurus unterwegs**

Die Kängurumutter und ihr Kind sind durstig. Beide springen gleichzeitig los, um den 220 m entfernten Fluss zu erreichen. Die Kängurumutter springt bei einem Sprung 5 m weit und benötigt dafür 2 Sekunden. Das Kängurukind benötigt für einen Sprung 1 Sekunde und springt 2 m weit. Wie lange muss die Kängurumutter am Fluss auf ihr Kind warten?

14 **Urlaubserinnerungen**

Melissa und Sven betrachten zusammen ihre Urlaubsfotos. Auf dem Tisch haben sie zusammen 124 Fotos verteilt. Melissa hat 28 Fotos mehr geknipst als Sven. Welcher Ansatz gibt die Anzahl von Svens Fotos an?

(A) $124 : 2 - 28$ (B) $124 - 28 : 2$ (C) $(124 - 28) : 2$ (D) $(124 + 28) : 2$

15 **Sammelleidenschaft**

Sandra sammelt Fossilien. Sie hat insgesamt 76 versteinerte Tiere gesammelt. Versteinerte Fische sind am seltensten. Sie hat jeweils 12 Ammoniten (versteinerte Schnecken) und 7 Trilobiten (versteinerten Kellerasseln ähnlich) mehr als versteinerte Fische. Wie viele Fossilien hat sie von jeder Sorte?

16 Wer ist rechensicher und knackt den Term?

Finde das Lösungswort.

a) $14 \cdot 15 - 5 \cdot (9-5)^3 - 361 : 19$

b) $(421-419) \cdot 3520 - 2520 : (626-563)$

c) $(675645 + 110050) : 137 - 37 \cdot (762-607)$

d) $131 - (288 : 18)^2 - 5^2 \cdot (13^2 - 12^2)$

e) $-114 - [(191-47) : 12 - 2 \cdot (8^2 + 81 - 11^2)]$

f) $123 - [(306 - 6 \cdot 48) \cdot (2^3 + 10) - (2^4 \cdot 11 - 152 : 8)]$

g) $-288 : 12 : 3 - [(140 - 5^3) \cdot (2^4 \cdot 13 - 3 \cdot 4^3) - 6 \cdot (6 + 4^2)]$

h) $-640 - [(19 \cdot 19 - 9 \cdot 17) : 4 - 3 \cdot 11^2] + (2 \cdot 26 : 4)^2 \cdot (22 - 14 \cdot 9 : 6)$

17 Pauls Lösung der Stegreifaufgabe

Paul hat die sechs Aufgaben der Stegreifaufgabe wie folgt gelöst:

a) $17 - 7 \cdot 15 = 10 \cdot 15 = 150$

b) $-46 - 2 \cdot 3^2 = -46 - 6^2 = -46 - 36 = -10$

c) $-21 - (-17 - 32) = -21 + (17 - 32) = -21 + 15 = -6$

d) $5 + 15 \cdot (36 - 22) = 20 \cdot 14 = 280$

e) $72 : 4 \cdot 3 - 15 \cdot 4 : 12 = 72 : 12 - 60 : 12 = 6 - 5 = 1$

f) $17 - (2 \cdot 4)^2 = 17 - 2 \cdot 16 = 15 \cdot 16 = 240$

Korrigiere die Arbeit: Suche die Fehler. Gib an, gegen welche Regeln Paul dabei verstoßen hat. Stelle die Rechnung richtig. Mit welcher Note würdest du Pauls Arbeit bewerten?

18 Jägerlatein

Wildschütz Jennerwein beobachtet Fasane, Hasen und Rehe. Er berichtet:

a) Die Fasane haben 9 Köpfe. Zusammen mit den Hasen haben sie 86 Füße. Wie viele Hasen sind es?

b) Die Hasen und Rehe haben zusammen 21 Köpfe. Zusammen mit den Fasanen haben sie 100 Füße. Wie viele Fasane sind es?

c) Die Fasane haben 7 Köpfe. Zusammen mit den Hasen und Rehen haben sie 66 Füße. Wie viele Hasen und wie viele Rehe sind es?

d) Die Fasane und Hasen haben zusammen 8 Köpfe und 26 Füße. Wie viele Fasane und wie viele Hasen sind es?

Zum Intensivieren

19 Berechne:

a) $15 \cdot 125 - 25 \cdot 17$
b) $7 + 203 : 7 - 96 : 8$
c) $3 \cdot 14 - 4 \cdot 17 - 7 \cdot 7$
d) $8 \cdot 17 + 3 \cdot 19 - 9 \cdot 22$
e) $216 : 9 : 3 - 2 \cdot 14$
f) $3 \cdot (3 \cdot 23 - 2 \cdot 21)$
g) $2^4 \cdot 26 - 16 \cdot 3^3$
h) $48 : 2^3 + 4$
i) $2^5 \cdot 3 - 6$
k) $4 \cdot 18 - 3 \cdot (11 \cdot 23 - 13 \cdot 17)$
l) $(3245 - 1136) : (43 - 3 \cdot 2^3)$

20 **Die Wirkung von Klammern**

a) $192 - 4^3 : 2 + 2 \cdot 3^2$
b) $192 - (4^3 : 2 + 2 \cdot 3^2)$
c) $(192 - 4^3) : (2 + 2 \cdot 3)^2$
d) $192 - (4^3 : 2 + 2 \cdot 3)^2$
e) $192 - 4^3 : (2 + 2 \cdot 3)^2$
f) $(192 - 4^3) : (2 + 2) \cdot 3^2$
g) $11 \cdot 2 + 3^2 : (4 - 1)$
h) $[(4^2 \cdot 2 + 13 \cdot 4) : (107 - 65)]^4$

21 **Potenzen, Potenzen, ...**

a) $2^5 : 2^3$
b) $(3^4 - 3^2) : 2^3$
c) $(3^5 - 3 \cdot 7) : 2$
d) $6^3 : 3^3 : 2^3$
e) $(3^2 + 4^2) : 5$
f) $(11^2 - 5^2) : 3$
g) $(3^2 + 2^4) : (3 + 2)^2$
h) $(2 \cdot 3)^3 : (3^2 - 5)$
i) $5^3 : (3^4 - 2^3 \cdot 7)$
k) $(2^5 \cdot 5 + 3^2) : 13$
l) $(13^2 - 12^2) : 5^2$
m) $2 + 6^3 - 13^2 + 3 \cdot 3^3$
n) $11^2 : (17^2 - 13^2 + 1^2)$
o) $(10^3 + 3 \cdot 2^3) : 2^5$
p) $[(7^2 + 5^2 \cdot 2) : 3 - 3] : 6$
q) $[4 \cdot (5^3 - 10^2) + 8^2 + 5] : 13$
r) $[(3^2 + 2^3)^2 - 2^8] : 3$

22 **Kiesgrube**

Der Kies aus Geröllheimers Kiesgrube wird von mehreren LKWs abtransportiert.

a) Wie viele Tonnen Kies werden an einem Tag abtransportiert, wenn alle LKWs 7-mal fahren?

b) An manchen Tagen schaffen es die LKWs mit 7 t bzw. 12 t Ladevermögen 8-mal zu fahren, die größeren aber nur 6-mal. Wie viele Tonnen Kies werden an diesen Tagen abtransportiert?

c) Die drei 35-t-Laster sind bei der jährlichen Inspektion. An diesem Tag haben die restlichen LKWs zusammen 2 480 t Kies abtransportiert. Es wurden insgesamt 36-mal 7 t und 62-mal 12 t abtransportiert. Wie oft mussten die 28-t-LKWs fahren?

23 Zahltag

Herr Schmidt erhält Lohn nach der jeweils erbrachten Arbeitszeit. In einer 36-Stunden-Woche verdient er 432 €. In der vergangenen Woche hat er nur 31 Stunden gearbeitet. Wie viel Geld verdiente er weniger?

24 Zucker in Maßen

Eine Person soll pro Tag nicht mehr als 80 g Zucker zu sich nehmen.

Rechts sind Lebensmittel mit ihrem Zuckergehalt aufgelistet.

a) Wie viele Stück Würfelzucker würden die gesamte Tagesmenge an Zucker decken?

b) Wie viel Stück Würfelzucker entspricht der Zuckergehalt der einzelnen Lebensmittel?

c) Stelle mehrere Kombinationen von Lebensmitteln so zusammen, dass 80 g Zucker nicht überschritten werden.

Menge	Lebensmittel	Zucker
1	Würfelzucker	3 g
1 Dose	Cola	36 g
1 Dose	Orangenlimo	40 g
1 Tafel	Schokolade	56 g
100 g	Gummibärchen	50 g
1	Schokoriegel	36 g
1 Kugel	Milcheis	9 g
150 g	Fruchtjoghurt	24 g

25 „Die Wanne ist voll!"

a) Carolin füllt im Frühjahr ihren Swimmingpool mit zwei Schläuchen. In einer Stunde fließen durch den einen Schlauch 880 Liter, durch den anderen nur 550 Liter. Um das Becken zu füllen, müssen 35 750 Liter Wasser hineinfließen. Wie viele Stunden dauert es, bis das Becken voll ist?

b) In Claudias Swimmingpool passen 8 620 Liter weniger als in Carolins Pool (siehe Aufgabe a). Claudia füllt das Becken zunächst mit einem Schlauch, der 640 Liter in der Stunde liefert. Da ihr das Füllen zu langsam geht, schließt sie nach 4 Stunden einen zusätzlichen Schlauch an, der 270 Liter in einer Stunde liefert. Wann ist der Pool voll?

Vervielfachen negativer Zahlen

Robert und sein Freund Hannes wollen in das Erlebnisfreibad mit der Jumborutsche. Robert hat aber schon sein gesamtes Taschengeld für diesen Monat ausgeben. Er muss sich deshalb jeden Tag von Hannes das Eintrittsgeld in Höhe von 3 € leihen. Beide gehen Montag, Dienstag, Mittwoch und Donnerstag in das Freibad.

1. Am Montag macht Robert bei Hannes 3 € Schulden. Diese beschreiben wir wieder durch eine negative Zahl: Robert hat also –3 €. Am Dienstag, am Mittwoch und am Donnerstag kommen jeweils –3 € dazu.

a) Berechne, wie viel Euro Robert am Donnerstagabend hat, indem du die aufgenommenen Schulden zusammenzählst.

b) Schreibe deine Rechnung als Produkt. Wie kannst du den Wert des Produkts ohne umständliches Addieren berechnen?

c) Berechne auf dieses Weise: $7 \cdot (-3)$, $3 \cdot (-8)$, $5 \cdot (-12)$

2. Welches Rechengesetz soll gelten, damit du nun die Werte der Produkte $(-3) \cdot 4$, $(-3) \cdot 7$, $(-8) \cdot 3$, $(-12) \cdot 5$ sofort angeben kannst?

3. Eine positive und eine negative Zahl werden multipliziert. Welchen Betrag hat der Produktwert, welches Vorzeichen hat er?

Ergänze die Regel: Wir multiplizieren eine negative Zahl mit einer natürlichen Zahl, indem wir ihren Betrag …

4. Berechne mit deiner Regel:

a) $8 \cdot (-7)$ b) $(-12) \cdot 12$

c) $(-1) \cdot 123$ d) $33 \cdot (-11)$

8.1 Multiplikation ganzer Zahlen

Vordringen in unbekannte Gefilde

Rechts ist eine Multiplikationstabelle abgebildet. In der linken weißen Spalte steht der 1. Faktor und in der obersten weißen Zeile der 2. Faktor. Die Tabelle wird ausgefüllt, indem man den Wert des Produkts in das zugehörige farbige Ergebniskästchen schreibt. Z.B. $2 \cdot 3 = 6$.
Für die natürlichen Zahlen können wir die grünen Ergebniskästchen sofort ausfüllen. Auch die grauen Kästchen sind leicht ausgefüllt, weil bei diesen Produkten mindestens ein Faktor null ist.

·	−3	−2	−1	0	1	2	3
3				0	3	6	9
2				0	2	4	6
1				0	1	2	3
0	0	0	0	0	0	0	0
−1				0			
−2				0			
−3				0			

Nun zum roten Feld links oben:
Was ist $(+3) \cdot (-2)$? Wir können die Multiplikation $(+3) \cdot (-2)$ auf die Addition negativer Zahlen zurückführen (Seite 126):

$$(+3) \cdot (-2) = 3 \cdot (-2) = (-2) + (-2) + (-2) = -6$$

Die restlichen Ergebniskästchen des Feldes füllen wir entsprechend aus.
Was ist mit dem roten Feld rechts unten? Wir fordern, dass auch beim Multiplizieren mit negativen Zahlen das Kommutativgesetz gelten soll und führen diesen Fall auf den vorhergehenden zurück: $(-2) \cdot (+3) = 3 \cdot (-2) = -6$

·	−3	−2	−1	0	1	2	3
3	−9	−6	−3	0	3	6	9
2	−6	−4	−2	0	2	4	6
1	−3	−2	−1	0	1	2	3
0	0	0	0	0	0	0	0
−1				0	−1	−2	−3
−2				0	−2	−4	−6
−3				0	−3	−6	−9

Wie gehen wir beim blauen Feld vor?
Betrachten wir die Tabelle genauer, stellen wir eine Regelmäßigkeit fest: Da wir die Multiplikation einer natürlichen mit einer ganzen Zahl auf die Addition ganzer Zahlen zurückführen können, unterscheiden sich aufeinander folgende Einträge einer Zeile oder Spalte immer um den gleichen Wert. Z.B. in der 1. bunten Zeile nimmt der Wert von links nach rechts immer um 3 zu und in der vorletzten bunten Spalte nimmt der Wert von oben nach unten immer um 2 ab. Wir füllen die blauen Felder aus, indem wir diese Gesetzmäßigkeiten im blauen Feld fortsetzen.
Wir stellen z. B. fest:
$(-3) \cdot (-2) = +6$ und $(-2) \cdot (-1) = +2$

·	−3	−2	−1	0	1	2	3
3	−9	−6	−3	0	3	6	9
2	−6	−4	−2	0	2	4	6
1	−3	−2	−1	0	1	2	3
0	0	0	0	0	0	0	0
−1	3	2	1	0	−1	−2	−3
−2	6	4	2	0	−2	−4	−6
−3	9	6	3	0	−3	−6	−9

Wir fassen zusammen:

Zwei ganze Zahlen werden multipliziert, indem wir ihre Beträge multiplizieren und dem Ergebnis als Vorzeichen ein

- **Plus** geben, wenn die beiden Faktoren **gleiche Vorzeichen** haben, $\begin{cases}(+3)\cdot(+2)=+6\\(-3)\cdot(-2)=+6\end{cases}$
- **Minus** geben, wenn die beiden Faktoren **verschiedene Vorzeichen** haben. $\begin{cases}(+3)\cdot(-2)=-6\\(-3)\cdot(+2)=-6\end{cases}$

Multiplizieren wir eine positive Zahl mit einer negativen Zahl, erhalten wir eine negative Zahl; kurz: *„plus mal minus ergibt minus“*. Dieses Ergebnis ist anschaulich. Macht z. B. Rebecca 3-mal 2 Euro Schulden, dann hat sie 6 Euro Schulden: $(+3) \cdot (-2) = -6$. Auch die Forderung, dass die Vertauschung der Faktoren den Wert des Produkts nicht ändern soll, liegt nahe: *„minus mal plus ergibt minus“.* Überraschend ist aber, dass das Produkt zweier negativer Zahlen positiv ist; kurz: *„minus mal minus ergibt plus“* (Aufgabe 2). Beim Subtrahieren einer negativen Zahl haben wir bereits erkannt, dass zwei Minuszeichen, die unmittelbar aufeinander stoßen, ein Pluszeichen ergeben. Zu $(-3) \cdot (-2) = -3 \cdot (-2) = +6$ z. B. können wir uns entsprechend vorstellen, dass $-3 \cdot (-2)$ dreimal das Wegnehmen von 2 Euro Schulden bedeutet. Das heißt +6 Euro einzahlen. Rechts sind alle Fälle in einer Tabelle zusammengefasst.

·	+	−
+	+	−
−	−	+

Aufgaben

1 Multiplizieren ganzer Zahlen

Berechne im Kopf:

a) $3 \cdot (-9)$　b) $8 \cdot (-4)$　c) $(-5) \cdot 3$　d) $(-4) \cdot 7$
e) $(-8) \cdot (-6)$　f) $11 \cdot (-11)$　g) $(-11) \cdot (-11)$　h) $(-13) \cdot (-11)$
i) $(-14) \cdot 14$　k) $15 \cdot (-40)$　l) $(-25) \cdot (-30)$　m) $125 \cdot (-8)$

2 Produkte mit mehreren Faktoren

Berechne die Produkte:

a) $(-1) \cdot (-1)$　b) $(-1) \cdot (-1) \cdot (-1)$　c) $(-1) \cdot (-1) \cdot (-1) \cdot (-1)$
d) $(-1) \cdot (-1) \cdot (-1) \cdot (-1) \cdot (-1)$　e) $(-1) \cdot (-1) \cdot (-1) \cdot (-1) \cdot (-1) \cdot (-1)$
f) Wann ist der Wert dieser Produkte +1, wann −1? Formuliere eine Regel für das Vorzeichen des Wertes eines Produkts mit mehreren Faktoren.

Berechne mithilfe deiner Regel den Wert des Produkts:

g) $2 \cdot (-3) \cdot 4$　h) $(-2) \cdot (-3) \cdot 4$　i) $2 \cdot (-3) \cdot (-4)$
k) $(-2) \cdot (-3) \cdot (-4)$　l) $(-2) \cdot (-3) \cdot 4 \cdot (-5)$　m) $(-2) \cdot (-3) \cdot (-4) \cdot (-5)$
n) $(-2) \cdot (-1) \cdot 2 \cdot (-1) \cdot 5$　o) $5 \cdot (-2) \cdot (-1) \cdot (-3) \cdot (-2)$
p) $(-4) \cdot (-5) \cdot (-1) \cdot (-5) \cdot (-7)$　q) $(-6) \cdot 4 \cdot (-2) \cdot 0 \cdot 2 \cdot (-4) \cdot 6$

3 Ganze Faktoren gesucht!

a) Gib drei verschiedene Produkte aus zwei Faktoren an, die den folgenden Wert haben:

A) 12 B) −30 C) −24 D) 42 E) −43 F) −100 G) 111

b) Gib drei verschiedene Produkte aus drei Faktoren an, die den folgenden Wert haben:

A) 12 B) −30 C) −24 D) 42 E) −43 F) −100 G) 111

c) Bilde alle Produkte ohne die Faktoren −1 und +1, die folgenden Wert ergeben:

A) 10 B) −14 C) 15 D) −8 E) 12 F) −18 G) −24

4 Gefährliche Mischung

Löse die Aufgaben im Kopf.

a) $(-3) \cdot (-7)$	b) $(-3) + (-7)$	c) $(-3) - (-7)$	d) $(-7) - (-3)$
e) $15 + (-3)$	f) $15 \cdot (-3)$	g) $15 - (-3)$	h) $3 - (-15)$
i) $(-1234) \cdot (-1)$	k) $-1234 - 1$	l) $-1234 - (-1)$	m) $-1234 + (-1)$
n) $0 \cdot (-777)$	o) $0 + (-777)$	p) $0 - (-777)$	q) $(-37) \cdot (-3)$
r) $37 \cdot (-3)$	s) $(-37) - (-3)$	t) $(-37) + (-3)$	u) $(-125) - (-8)$
v) $(-432) \cdot (-2)$	w) $-432 + 2$	x) $-432 - (-2)$	y) $-432 + (-2)$

5 Potenzen

Berechne die Produkte. Überlege dir vorher das Vorzeichen des Wertes.

a) $(-2)^2$	b) $(-2)^3$	c) $(-3)^2$	d) $(-3)^3$	e) $(-2)^5$	f) $(-5)^3$
g) $(-1)^2$	h) $(-1)^3$	i) $(-1)^{12}$	k) $(-1)^{27}$	l) $(-1)^{1001}$	m) $(-1)^{2013}$

n) $(-3) \cdot 4^2$ o) $(-2) \cdot (-3)^2$ p) $(-2)^4 \cdot (-3)$

q) $(-2)^5 \cdot (-3)^2$ r) $[(-3) \cdot 4]^2$ s) $(-2)^5 \cdot (-5)^3$

6 Föhn in den Alpen

Strömt über eine Gebirgskette Luft, kühlt sich diese beim Aufsteigen ab. Dabei regnet es häufig. Hat die Luft den Gipfel überschritten, sinkt sie auf der andern Seite der Gebirgskette wieder herab und erwärmt sich. Diese Wetterlage nennt man „Föhn“.

In Oberhofen misst man 12°C. Die Abbildung zeigt, wie sich die Temperatur mit der Höhe ändert.

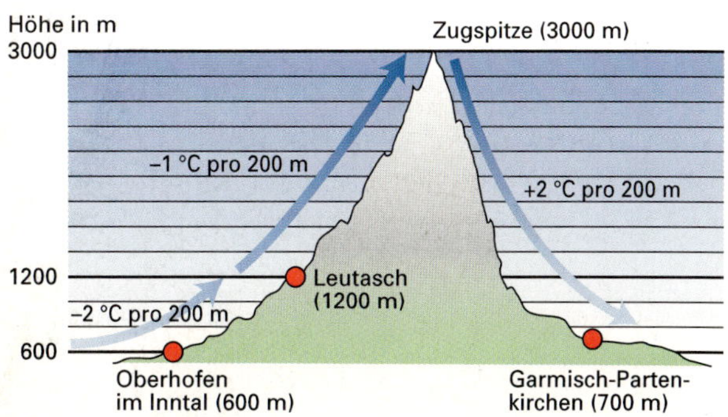

a) Welche Temperatur herrscht auf der Zugspitze?

b) Wie warm ist es in Garmisch-Partenkirchen?

c) Wie viel Grad ist es in Garmisch-Partenkirchen wärmer als in Oberhofen?

7 **Aufgepasst!**
Welche Zahlen musst du in das Kästchen einsetzen, damit die Rechnung stimmt?

a) $■ \cdot (-5) = 0$ b) $■ \cdot 0 = 0$ c) $■^2 = 0$
d) $5 \cdot (■ - ■) = 0$ e) $26 \cdot ■ \cdot 1257 = 0$ f) $(14 + ■) \cdot 3 = 0$
g) $0 \cdot (21 + ■) = 0$ h) $(■ - 5) \cdot 2 = 0$ i) $(54 - 9 \cdot ■) \cdot 7 = 0$

8 **Und schon wieder gekleckst!**
Übertrage die Rechnungen in dein Heft. Schreibe an die Stellen der Tintenkleckse ✸ Zahlen, sodass die Rechnung stimmt.

a) $✸ \cdot (-8) = -72$ b) $(-9) \cdot ✸ = 63$ c) $2 \cdot ✸ \cdot (-5) = 70$
d) $(-11) \cdot ✸ \cdot 11 = 121$ e) $8 \cdot ✸ \cdot (-3) = -120$ f) $3 \cdot ✸ \cdot (-3) = -27$

9 **Schriftliches Multiplizieren ganzer Zahlen**
Überlege dir zunächst das Vorzeichen des Wertes. Multipliziere dann die Beträge der Faktoren schriftlich. Überprüfe die Größenordnung durch eine Überschlagsrechnung. Gib dann das Ergebnis an.

a) $(-12) \cdot (-83)$ b) $999 \cdot (-888)$ c) $(-343) \cdot 225$ d) $(-54) \cdot (-321)$

10 **Qual der Wahl**
Welche der folgenden Zahlen ist der richtige Wert des Produkts $654 \cdot (-321)$? Überlege dir die Lösung, ohne schriftlich zu multiplizieren. Fasse deine Überlegungen in Worte.

A) $-20\,934$ B) $209\,934$ C) $-209\,943$ D) $-209\,934$

Zum Intensivieren

11 **Bunte Mischung**

a) $5 \cdot (-6) \cdot (-7)$ b) $5 \cdot (-6) + (-7)$ c) $5 \cdot (-6) - (-7)$
d) $5 - (-6) \cdot (-7)$ e) $5 - 6 \cdot (-7)$ f) $5 - (-6) - (-7)$
g) $(-3) \cdot (-10) \cdot (-5)$ h) $(-3) - (-10) - (-5)$ i) $(-3) + (-10) \cdot (-5)$
k) $(-3) \cdot (-10) + (-5)$ l) $(-2) \cdot (-5) \cdot (-12)$ m) $-2 \cdot (-5) - (-12)$
n) $(-2) - 5 \cdot (-12)$ o) $(-2) \cdot (5 - 12)$ p) $2 - 5 \cdot (-12)$
q) $-2 \cdot 5 \cdot (-12)$ r) $-7 \cdot (-7) - (-7)$ s) $-7 - 7 \cdot (-7)$

12 **Vorsicht – Potenzen**

a) $(-1) \cdot 5^2$ b) $3 \cdot (-1)^5$ c) $(-1)^2 \cdot 5$ d) $(-1)^{22}$
e) $(-2) \cdot 2^2$ f) $2 \cdot (-9)^2$ g) $(-5)^3 \cdot (-2)$ h) $(-2) \cdot (-2)^5$
i) $(-11)^2 \cdot 3$ k) $(-4) \cdot (-2)^3 \cdot (-3)$ l) $(-3)^2 \cdot (-2)$ m) $2^4 \cdot (-3)^3$
n) $3 \cdot (-3)^2$ o) $(-4)^2 \cdot 5$ p) $(-4)^3 \cdot (-1) \cdot 5$ q) $(-2)^3 \cdot (-1)^5 \cdot 3^2$
r) $(-1)^2 \cdot (-1)^3$ s) $(-1)^7 \cdot 8$ t) $11 \cdot 1^2$ u) $(-1)^{1979} \cdot 42$

13 Rechenpyramiden

Übertrage die Pyramiden in dein Heft. Ergänze die Kästchen so, dass in jedem Stein der Produktwert der beiden Zahlen steht, die auf den direkt darunter liegenden Steinen stehen.

a)

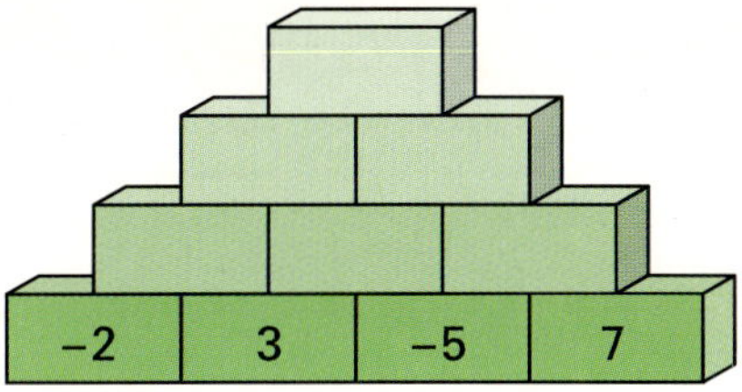

b)

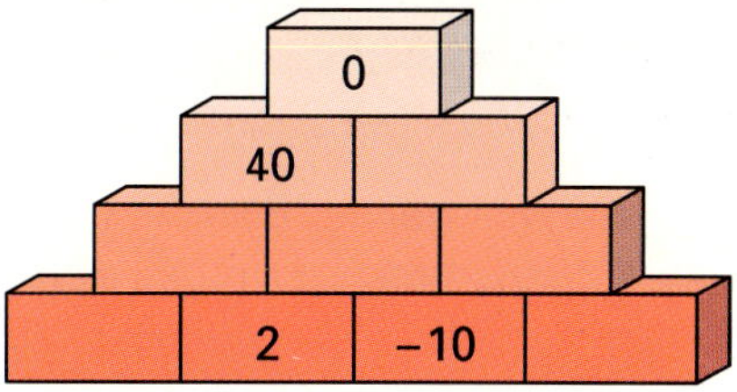

14 Begriffsmemory

In jeder der folgenden Aufgaben gehören zwei Begriffe zusammen. Schreibe die beiden Begriffe heraus und suche selbst einen dazupassenden dritten Begriff.

a) Subtrahend – Exponent – Summand – Potenz

b) gerade Zahl – Quersumme – Kubikzahl – Zweierpotenz

c) Diagonale – Dreieck – Rechteck – Gerade

d) natürliche Zahl – römische Zahl – arabische Ziffer – ganze Zahl

e) parallel – rechter Winkel – Raute – Quadrat

f) Dezimalsystem – Überschlagsrechnung – Distributivgesetz – Runden

g) Koordinate – Achse – Quadrant – Bildpunkt

15 Spielend multiplizieren

Spielregeln: Wirf einen Spielwürfel zusammen mit einer Münze viermal. Schreibe bei jedem Wurf die Augenzahl des Würfels auf. Die gewürfelte Zahl erhält als Vorzeichen ein Plus, wenn die Münze „Wappen" zeigt, und ein Minus, wenn die Münze „Zahl" zeigt. Multipliziere die vier „gewürfelten" Zahlen.

a) Welchen Wert des Produkts erhältst du, wenn die vier Würfe wie folgt ausfallen:

b) Würfele selbst 3-mal vier Zahlen und berechne die drei Produkte.

c) Welches ist das größtmögliche, welches das kleinstmögliche Produkt, das du auf diese Weise erhalten kannst? Welches Produkt weicht am wenigsten von null ab?

d) Mit welchen Würfen erhältst du als Produktwert –120?

e) Warum kannst du nie den Produktwert 210 würfeln?

8.2 Division ganzer Zahlen

Die Vorzeichen beim Dividieren ganzer Zahlen

Das Vorzeichen des Quotientenwerts hängt vom Vorzeichen des Dividenden und vom Vorzeichen des Divisors ab. Wie? Dazu ein Beispiel!

Herr Karl hat bei der Bank einen Kredit für seinen Hausbau aufgenommen. Er muss den geliehenen Betrag mit Zinsen zurückzahlen. Wenn er 10 Jahre lang monatlich gleich hohe Raten zahlt, sind es insgesamt 60 000 €. Wie hoch ist eine Rate?

Er tilgt $12 \cdot 10 = 120$ Monate lang seine Schulden. Pro Monat sind es $60\,000 : 120 = 500$ Euro. Beschreiben wir Schulden durch negative Zahlen, lautet die Rechnung

$$-60\,000 : 120 = -500$$

Da die Division die Umkehrung der Multiplikation ist, können wir die Rechnung überprüfen: $120 \cdot (-500) = -60\,000$.

Also: *Dividieren wir eine negative Zahl durch eine positive, erhalten wir eine negative Zahl; kurz: „minus durch plus ergibt minus“.*

Wie lange müsste Herr Karl monatlich 500 Euro zahlen, wenn insgesamt 80 000 € zu tilgen wären? Er müsste $80\,000 : 500 = 160$ Monate lang seine Raten zahlen.

Mit negativen Zahlen geschrieben lautet die Rechnung:

$$-80\,000 : (-500) = 160.$$

Wir überprüfen wieder durch eine Multiplikation: $-500 \cdot 160 = -80\,000$.

Also: *Dividieren wir eine negative Zahl durch eine negative, erhalten wir eine positive Zahl; kurz: „minus durch minus ergibt plus“.*

Es bleibt noch ein Fall: Der Dividend ist positiv, der Divisor negativ. Da die Division die Umkehrung der Multiplikation ist, entnehmen wir einem Zahlenbeispiel: Aus $-3 \cdot (-4) = 12$ folgt $12 : (-3) = -4$.

Also: *Dividieren wir eine positive Zahl durch eine negative, erhalten wir eine negative Zahl; kurz: „plus durch minus ergibt minus“.*

Für die Division ergeben sich die entsprechenden Vorzeichenregeln wie für die Multiplikation (siehe rechts). Das überrascht nicht, da die Division die Umkehrung der Multiplikation ist.

· / :	+	−
+	+	−
−	−	+

Zwei ganze Zahlen werden dividiert, indem wir ihre Beträge dividieren und dem Ergebnis als Vorzeichen ein

- **Plus** geben, wenn Dividend und Divisor **gleiche Vorzeichen** haben, $\begin{cases}(+6) : (+2) = +3 \\ (-6) : (-2) = +3\end{cases}$
- **Minus** geben, wenn Dividend und Divisor **verschiedene Vorzeichen** haben. $\begin{cases}(+6) : (-2) = -3 \\ (-6) : (+2) = -3\end{cases}$

Rechnen mit ganzen Zahlen

Das Multiplizieren und Dividieren mit ganzen Zahlen unterscheidet sich vom Rechnen mit natürlichen Zahlen nur im Setzen von Vorzeichen. Deshalb gelten in beiden Fällen dieselben Rechenregeln. Bedenke aber den kleinen Unterschied und mache dir schon vorher über das Vorzeichen Gedanken.

Beispiele

a) $(-3+20) : (-8-9) = 17 : (-17) = -1$

b) $(-2)^3 + 2 \cdot [12 : (-3) - (16 - 6 \cdot 3)^2]$

$= (-2)^3 + 2 \cdot [12 : (-3) - (16 - 18)^2]$ Klammer vor allem

$= (-2)^3 + 2 \cdot [12 : (-3) - (-2)^2]$

$= -8 + 2 \cdot [12 : (-3) - 4]$ Hoch vor Punkt

$= -8 + 2 \cdot [-4 - 4]$ Punkt vor Strich

$= -8 + 2 \cdot (-8) = -8 - 16 = -24$

Aufgaben

1 Dividieren mit ganzen Zahlen

Berechne im Kopf:

a) $(-36) : (-9)$	b) $(-15) : 5$	c) $16 : (-8)$
d) $11 : (-11)$	e) $(-56) : (-7)$	f) $(-42) : 6$
g) $(-42) : (-1)$	h) $0 : (-7)$	i) $(-121) : 11$
k) $(-196) : (-14)$	l) $225 : (-15)$	m) $(-4000) : 100$
n) $(-10\,000) : (-200)$	o) $1000 : (-250)$	p) $(-2500) : 50$
q) $1000 : 8$	r) $(-10\,000) : 80$	s) $(-5000) : (-125)$

2 Null – oder unberechenbar?

Berechne, falls möglich:

a) $(0 \cdot 32) : (-8)$	b) $(32 : 0) : 8$	c) $[0 \cdot (-32)] \cdot 8$	d) $[(-8) : 0] \cdot 32$
e) $(0 : 32) \cdot 8$	f) $[0 \cdot (-32)] : 8$	g) $0 : (-8 : 32)$	h) $(0 : 32) : (-8)$

3 Bunte Mischung

Berechne im Kopf:

a) $(-18) : (-3)$ b) $-18 + (-3)$ c) $-18 - (-3)$ d) $(-18) \cdot (-3)$

e) $(-13)^2$ f) $(-6-3)^2$ g) $(-6)^2 - (-3)^2$ h) $(-6)^2 : (-3)^2$

i) $123 \cdot (-3)$ k) $-123 - 3$ l) $-123 + 3$ m) $(-123) \cdot 3$

n) $(-12+2)^3$ o) $(-12-2)^2$ p) $(-12 : 6)^4$ q) $(-27) : (-3)^3$

r) $(-24) : 2^3$ s) $-24 - 2^3$ t) $-24 - (-2)^3$ u) $(-24+4)^3$

4 Werte von Termen berechnen

a) $7 \cdot (-5) + 10$ b) $-23 - (-4) \cdot (-5)$ c) $-37 - 7 \cdot (-13)$

d) $(-102) : (-3) - 4 \cdot 11$ e) $-52 - 70 : 14 - 4 \cdot (-8)$ f) $(-48) : (-2) : (-3) - 2$

g) $(65-40) \cdot (-15)$ h) $(35-113) : (-3)$ i) $156 : (99-111)$

k) $(25+75) : (25-75)$ l) $(-5+22) \cdot (-8-9)$ m) $(-45-15) : (-45+15)$

5 Zahlenpyramiden

Übertrage die Zahlenpyramide in dein Heft. Die Zahl über zwei Steinen erhältst du, indem du die Zahlen auf diesen beiden Steinen miteinander multiplizierst.

a)

b)

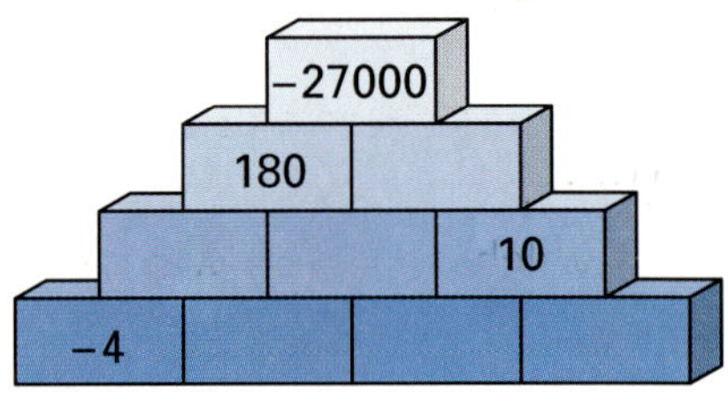

6 Unbekannte Zahlen gesucht!

Welche Zahlen musst du in die Kästchen einsetzen, damit die Rechung stimmt?

a) $18 : \blacksquare = -6$ b) $\blacksquare : (-15) = 5$ c) $0 : (-12) = \blacksquare$

d) $\blacksquare : (-9) = 9$ e) $(-210) : (-7) = \blacksquare$ f) $17 : \blacksquare = -17$

g) $0 : (-25) = \blacksquare$ h) $\blacksquare : (-37) = 0$ i) $(-74) : \blacksquare = -37$

k) $456 \cdot (-2) = \blacksquare$ l) $(-246) : \blacksquare = 123$ m) $11 \cdot \blacksquare = -77$

n) $600 : \blacksquare = -20$ o) $\blacksquare : 0 = 7007$ p) $(-111) : \blacksquare = 3$

q) $\blacksquare : (-19) = 19$ r) $0 : \blacksquare = 0$ s) $(-4) \cdot \blacksquare = -1024$

7 Wetterkunde

In den Sommer- und in den Weihnachtsferien hat Leo an jedem Tag einer Woche zur Mittagszeit die Temperatur gemessen.

Tag	Mo	Di	Mi	Do	Fr	Sa	So
Temperatur (S)	25 °C	27 °C	30 °C	29 °C	28 °C	24 °C	26 °C
Temperatur (W)	2 °C	0 °C	−2 °C	−4 °C	−5 °C	−3 °C	−2 °C

Berechne die Summe der Temperaturwerte für den

a) Sommer,

b) Winter.

c) Wie kannst du mit dem Wert einer Summe die mittlere Mittagstemperatur einer Woche berechnen? Berechne die beiden mittleren Temperaturen.

d) Um wie viel °C war die mittlere Mittagstemperatur der Sommerwoche höher als die der Winterwoche?

8 Auf und unterhalb der Zugspitze

Benedikt wohnt in Grainau am Fuß der Zugspitze. Ein ganzes Jahr lang notiert er jeden Mittag die Temperatur auf der Zugspitze und die Temperatur in Grainau. Für jeden Monat hat er dann die mittlere Mittagstemperatur berechnet und in eine Tabelle eingetragen:

	Jan	Feb	März	April	Mai	Juni	Juli	Aug	Sep	Okt	Nov	Dez
Zugspitze	−9	−7	−8	1	2	5	6	5	0	−1	−8	−10
Grainau	4	8	9	17	18	23	24	21	16	10	4	2

a) Berechne für beide Orte die mittlere Temperatur des Jahres.

b) Um wie viel Grad ist es auf der Zugspitze im Durchschnitt kälter?

c) In welchem Monat war der Temperaturunterschied zwischen den beiden Orten am größten?

d) In welchem Monat war der Unterschied am kleinsten?

9 Rechenpyramiden mit verschiedenen Rechenarten

Das Rechenzeichen zwischen zwei nebeneinander liegenden Steinen gibt an, wie du mit den Werten auf den beiden Steinen rechnen musst, um den Wert für den darüberliegenden Stein zu bekommen.

a)

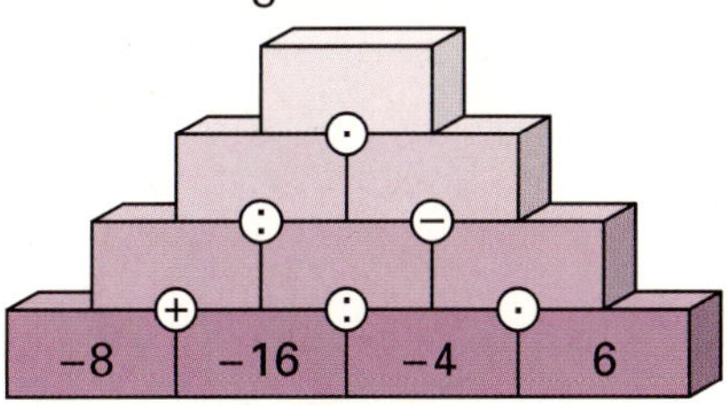

b)

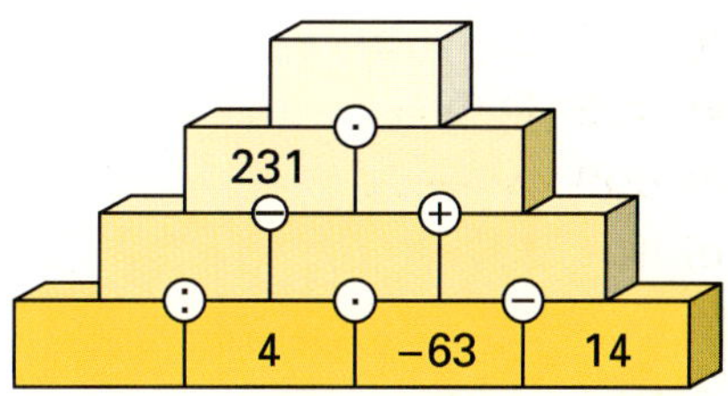

c)

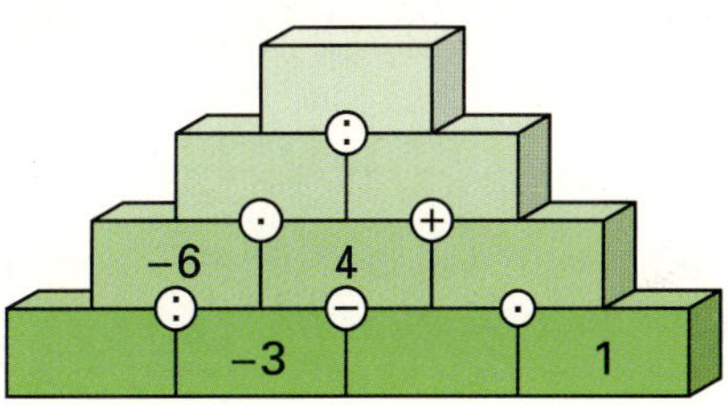

d)

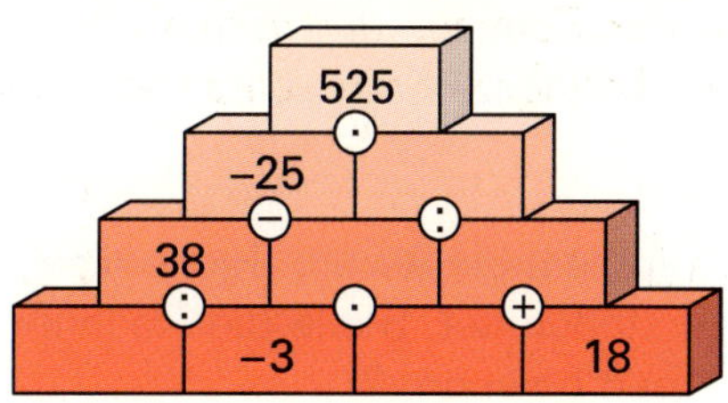

10 Terme gliedern und Wert berechnen

a) $13 \cdot (-4) + (-14) \cdot 7$ b) $(-18) \cdot 17 - 16 \cdot (-6)$ c) $-10 - 5^2 \cdot 8$

d) $-10 + (-5)^2 \cdot 8$ e) $(-10 - 5)^2 \cdot 8$ f) $(-10 - 5^2) \cdot 8$

g) $(-504) : 12 - 18^2$ h) $(-504) : [12 + (-18)]^2$ i) $(-504 : 12 - 18)^2$

11 Potenzrechnungen – light

Berechne:

a) $(3+5)^2 : (3-5)^2$ b) $2^7 + 204 : (-7-5)$ c) $3 \cdot (-16) : [20 + (-2)^3]$

d) $[(1^7 - 2)^{10} - 2]^{11} - 2$ e) $[(8-11) \cdot (-2) - (-5)]^4$ f) $[(2^2 - 6)^2 - 6]^3 - 6$

g) $[(3^3 - 30)^3 + 30]^3 - 30$

12 Rechenchampion

Berechne:

a) $78 \cdot (-2) - 3 \cdot (156 - 37) + 13$

b) $15^2 + 10 \cdot (87 - 76) \cdot (-2)$

c) $41 - 87 \cdot (137 + 263) \cdot 0 + (-18) \cdot 17$

d) $-26 - [-6 \cdot 13 + 7 \cdot (-14)] : (-11)$

e) $-37 - 324 : (104 - 14 \cdot 7)^2$

f) $2 + 3 \cdot (-2)^5 + (12 - 19)^2 \cdot (-1)^{32}$

g) $[(-6) \cdot (-5)^2 + 3 \cdot 2^3] : (-9) + 74$

h) $\{100 - [73 + 9 \cdot (-2)^3]\} : (-3)$

i) $(-5) \cdot [(-1)^{15} \cdot 15 + 5 \cdot (-2)^4 + 8 \cdot (-13)]$

k) $3 \cdot [(-11 + 7)^2 \cdot 5 - 5 \cdot (-3)^3 \cdot (-1)] - 72 : 9 : (-2)^3$

13 Pauls Lösung der Stegreifaufgabe

Paul hat die fünf Aufgaben einer Stegreifaufgabe wie folgt gelöst:

a) $-14 - 4 \cdot (-3) = -14 - 12 = 26$

b) $2 - 3 \cdot (-4)^2 = 2 - 3 \cdot 8 = -1 \cdot 8 = -8$

c) $2 \cdot 2^3 + 4 \cdot (-5)^2 = 2 \cdot 16 + 4 \cdot (-25) = 32 - 100 = -68$

d) $-12 - 8 \cdot (-9 + 8)^7 = -20 \cdot (-1)^7 = -20 \cdot (-7) = 140$

e) $(-1)^{18} \cdot (-13) + (-3)^2 \cdot (-1)^{27} = (-1) \cdot (-13) + 9 \cdot (-1) = 13 - 9 = -4$

Korrigiere die Arbeit: Suche die Fehler. Gib an, gegen welche Regeln Paul dabei verstoßen hat. Stelle die Rechnung richtig. Mit welcher Note würdest du Pauls Arbeit bewerten?

14 Schau genau hin: Richtig oder doch falsch?

Entscheide, ohne zu rechnen, ob das Ungleichheitszeichen richtig oder falsch ist. Begründe deine Antwort.

a) $(-36) : (-6) < 36 : (-6)$
b) $(-56) : (-7) > 56 : 8$
c) $(-57) : (-3) > 57 : (-3)$
d) $28 : 14 < (-28) : 7$
e) $96 : (-6) < (-96) : 4$
f) $96 \cdot (-6) < (-96) \cdot 4$
g) $(-111) : (-3) > 1110 : 30$
h) $(-1110) \cdot (-3) > 111 \cdot (-30)$
i) $444 : (-12) < (-888) : 24$
k) $(-26)^2 < 26^2$
l) $(-17)^2 < (-18)^2$
m) $(-17)^2 < -18^2$

Zum Intensivieren

15 Leichte Mischung

a) $(26-42) \cdot 14$
b) $156 : (-83+57)$
c) $(-3) \cdot [-87-(-33)]$
d) $[-84+(-8) \cdot 7] : (-7)$
e) $[(-3) \cdot 2^2 \cdot 7-133] : 7$
f) $[3^2+(-4)^2-5^2] : 6$
g) $[323 : (2-19)] : (-19)$
h) $[(-8)^2+(-6)^2] : (-10)$
i) $[6^2-4 \cdot (-5)^2] : (-2)^3$

16 Aufwendigere Rechenaufgaben

a) $-23-[(-1)^7 \cdot (-167-77) : (-4)+49]$
b) $(-4) \cdot [24+3 \cdot (-7)]^3+(359-435) : (-4)$
c) $-27-\{3^3 \cdot (-6)-[37+13 \cdot (24-6^2)]\}$
d) $7 \cdot (-2)^3+4 \cdot [(-3)^2 \cdot 9+4 \cdot (2 \cdot 3^2-42)]$
e) $(-13) \cdot 13-[-17-4 \cdot (-8)] \cdot [(-3) \cdot (-16)-7 \cdot 9]$
f) $504 : (-2) : (-3)^2+[(-14) \cdot (-4)-9 \cdot 2^3] \cdot [-13-6 \cdot (-5)]$
g) $(-1)^{20} \cdot 9-[2^4 \cdot (-7)+(-8) \cdot (-13)-11] \cdot [-238 : (-14)+4 \cdot (-9)]$
h) $5^3 \cdot (-1)^{27}-[(-9-(-3)^3)^2 : (-12)+2 \cdot (-4)^3 \cdot (-1)]$

17 Knifflig: Zahlensalat in der Truhe

Bei der turbulenten Reise sind die Zahlen in den drei Truhen durcheinandergekommen. Suche die Dividenden, Divisoren und Werte der Quotienten so aus den einzelnen Truhen zusammen, dass sieben Divisionen ohne Rest entstehen.

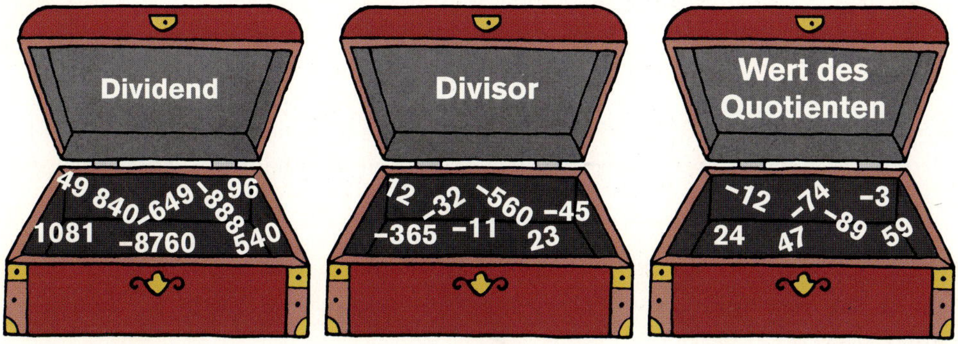

18 **Aufgepasst**

a) Dividiere die größte negative ganze Zahl durch die kleinste positive ganze Zahl.

b) Gibt es eine ganze Zahl, die durch sich selbst dividiert −1 ergibt? Begründe deine Antwort.

19 **Mensch verrechne dich nicht!**

Die Schüler der rechten Seite des Klassenzimmers spielen gegen die Schüler der linken Seite. Zunächst diktieren die Schüler der Lehrkraft willkürlich ganze Zahlen von −9 bis 9. Die Lehrkraft schreibt diese, wie rechts abgebildet, in 10 Reihen und 10 Spalten auf.

7	−2	−9	−5	2	−4	−7	−1	−4	5
−4	−7	8	8	−7	−6	−7	0	−9	−8
−1	7	0	0	−5	0	−9	−3	7	7
2	−2	1	−9	6	−6	−8	−5	−3	4
−7	6	−2	6	8	1	−1	0	8	−4
−5	3	−8	1	−2	8	−6	0	−6	6
−3	4	−5	−1	−2	4	2	−3	5	7
7	6	4	−2	3	−7	−6	1	−6	−5
−3	−8	2	−4	5	3	−5	−3	8	−7
−9	−3	−6	1	−1	7	6	−8	−1	−4

Spielregeln

- Die Lehrkraft nennt eine Zahl zwischen 0 und 70, z. B. 25.
- Suche 3 Zahlen in einer Reihe (waagrecht, senkrecht, diagonal) so, dass du durch Addieren, Subtrahieren, Multiplizieren, Dividieren oder Potenzieren der drei Zahlen die „angesagte" Zahl oder deren Gegenzahl erhältst.

  Für die Zahl 25 bzw. −25 gibt es z. B. folgende Lösungen:
  $(-4) \cdot (-7) + (-3) = 28 - 3 = 25$ oder $3 \cdot (-8) - 1 = -24 - 1 = -25$ oder
  $(-8) \cdot 4 + 7 = -32 + 7 = -25$ oder $(-2 - 3) \cdot 5 = -25$ oder
  $5^3 : (-5) = 125 : (-5) = -25$ …
- Es ist zuerst die Mannschaft an der Reihe, die meint, eine richtige Lösung gefunden zu haben.
- Eine Lösung wird mit einem Kringel umgeben und nachgerechnet.
  Ist sie richtig, bringt sie der Mannschaft einen Punkt.
  Ist sie falsch, bringt sie der Gegenmannschaft einen Punkt.
- Danach wechseln sich die Mannschaften ab.
- Werden zu einer bestimmten Zahl keine weiteren Rechnungen mehr gefunden, so schreibt die Lehrkraft eine neue Zahl an die Tafel, nach der „geforscht" wird.

Rechnen mit Größen im Alltag

Alte Längenmaße (Für Partnerarbeit vor Kapitel 9.2 geeignet)

Zu allen Zeiten haben die Menschen Längen gemessen und dabei Einheitslängen abgetragen. 3000 v. Chr. benutzten die Ägypter als Einheitslängen Längen ihres Körpers:

- Eine Elle war die Länge des Arms vom Ellenbogen bis zur Spitze des Zeigefingers.
- Ein Fuß war – wie der Name schon sagt – die Länge eines Fußes.

1. Miss die Länge deiner Elle mit einem Maßband auf cm genau. Miss ein Stück Schnur mit deiner Ellenlänge ab. Dein Partner soll durch mehrfaches Anlegen dieser Schnur herausfinden, wie viele Ellen du ungefähr groß bist.
Welches Ergebnis erhältst du für die Körpergröße deines Partners, wenn du mit seiner Ellenlänge misst? Vergleicht die Ergebnisse.

2. Welchen Nachteil hat es, eine Länge in Ellen anzugeben?

Früher bemühten sich viele Könige, das Messen in ihrem Land zu vereinheitlichen. Im Jahr 807 versuchte Karl der Große die Länge seines Fußes als Einheitslänge „Fuß“ durchzusetzen. Mit einer Fußlänge von 34 cm lebte Karl der Große auf großem Fuß. Aufgrund der vielen Herzogtümer war die Vereinheitlichung erfolglos und es gab von Ort zu Ort verschiedene Maße.

3. Bestimme die Länge deines Tisches in Fuß, indem du Fuß vor Fuß setzt. Runde auf ganze Fuß.
Miss die Länge deines Fußes und berechne die Länge des Tisches in cm.
Miss die Länge des Tisches in cm und vergleiche.

4.

Heute ist ein Yard etwa 90 cm lang und ein Fuß etwa 30 cm.
Wie viele Fuß sind ein Yard?
Ein Yard sind 36 Inch.
Wie viele Inch sind ein Fuß?

9.1 Das Geld

Andere Länder – andere Preise

Onkel Willi zeigt seinem Neffen Tim Bilder von seinem Russlandurlaub. Tim ist über die Gemüsepreise sehr erstaunt. Das Kilogramm Äpfel kostet ja nur 80 Ct, das Kilogramm Tomaten nur 1 € und die Birnen gar nur 75 Ct! Onkel Willi erklärt Tim, dass in Russland mit Rubel bezahlt wird und es sich bei den Preisen nicht um Cent-, sondern um Rubelbeträge handelt. In Euro umgerechnet würden die Äpfel etwa 2,20 €, die Tomaten 2,70 € und die Birnen 2 € kosten. Bei den angegebenen Preisen hat die zugehörige **Einheit** „Rubel" gefehlt.

Mit Einheiten versehene Zahlenangaben nennt man auch **Größen**.

Die Angabe einer **Größe** besteht aus einer **Einheit** und einer Zahl, die angibt, wie viel mal die Einheit in der Größe enthalten ist. Die Zahl heißt **Maßzahl**.

2,20 €
↗ ↖
Maßzahl Einheit

Umrechnen von Ct in € und umgekehrt

Tim ist davon ausgegangen, dass die Gemüsepreise in Cent angegeben sind. Er hat den Tomatenpreis von 100 Ct zu 1 € umgerechnet, weil diese Angabe kürzer und übersichtlicher ist.

1 € = 100 Ct

Aus dem täglichen Leben kennst du Preise in Kommaschreibweise:

198 Ct = 1 € 98 Ct = 1,98 €
↗ ↖
90 Ct 8 Ct
9 Zehntel € 8 Hundertstel €

Beispiele

a) 4,00 € = 400 Ct
b) 3,20 € = 3 € 20 Ct = 320 Ct
c) 0,13 € = 13 Ct
d) 0,05 € = 5 Ct
e) 208 Ct = 2 € 8 Ct = 2,08 €
f) 98 Ct = 0,98 €

Treten in der Angabe Euro und Cent auf, so spricht man von **gemischten Einheiten**.

Beispiele a) 4 € 12 Ct b) 20 € 98 Ct

Addieren und Subtrahieren zweier Größen

Adrian geht mit einem 10-€-Schein zum Einkaufen. Er kauft Eier für 0,98 €, Feldsalat für 69 Ct, Apfelessig für 1,29 €, Olivenöl für 3,49 € und Erdbeeren für 2 €. Wie viel muss Adrian an der Kasse bezahlen?
Adrian rechnet alle Geldbeträge in Cent um:

0,98 € + 69 Ct + 1,29 € + 3,49 € + 2 € =
98 Ct + 69 Ct + 129 Ct + 349 Ct + 200 Ct = 845 Ct = 8,45 €

Nur Größen der gleichen Einheit können zusammengefasst werden.

Schneller kommst du auf das Ergebnis, indem du alle Geldbeträge in Euro umrechnest und die Zahlen stellenweise wie an der Kasse addierst:

--- IDLA ---

Eier	0,98 €	
Feldsalat	0,69 €	Komma unter Komma
Essig	1,29 €	
Öl	3,49 €	
Erdbeeren	2,00 €	Nachkomma-Nullen ergänzen
Summe	8,45 €	
Gegeben	10,00 €	
Rückgeld	1,55 €	

Wie viel Geld bekommt Adrian zurück?
10 € − 8,45 € = 1000 Ct − 845 Ct = 155 Ct = 1,55 €

Auch beim Subtrahieren kannst du die Zahlen so untereinander schreiben, dass die Kommas untereinander stehen, und dann wie gewohnt rechnen:

10,00 €	Nachkommanullen ergänzen
−8,45 €	Komma unter Komma
1,55 €	

Wir addieren oder subtrahieren Größen, indem wir sie in die **gleiche Einheit** umwandeln und beim Rechnen darauf achten, dass die **Kommas untereinander** stehen.

Vervielfachen einer Größe

Pia kauft im Blumenladen sechs Übertöpfe zu je 4 € ein. An der Kasse muss sie 4 € · 6 = 24 € bezahlen.

> Wir vervielfachen eine Größe, indem wir die Maßzahl mit der Zahl multiplizieren und die Einheit übernehmen:
>
> 4 € · 6 = 24 €
>
> ↑ ↑ ↑
>
> „Größe" · „Zahl" = „Größe"

Beispiel Johanna kauft sich drei Kugelschreiber für 2,40 €. Wie viel muss sie dafür bezahlen?

Diese Aufgabe kannst du auf zwei Arten lösen:

a) Du schreibst die Größe in eine kleinere Einheit ohne Komma um und multiplizierst dann mit der Zahl:
2,40 € · 3 = 240 Ct · 3 = 720 Ct = 7,20 €

b) Du wandelst die Größe in gemischte Einheiten um und multiplizierst die Maßzahlen einzeln mit der Zahl:
2,40 € · 3 = 2 € 40 Ct · 3 = 6 € + 120 Ct = 7 € 20 Ct

Division einer Größe durch eine Zahl

Lena bezahlt für eine Packung mit vier Bleistiften 2 €. Wie viel kostet ein Bleistift? Sie rechnet 200 Ct : 4 = 50 Ct. Ein Bleistift kostet also 50 Ct.

> Eine Größe wird durch eine Zahl dividiert, indem wir die Maßzahl durch die Zahl dividieren und die Einheit der Größe übernehmen:
>
> 200 Ct : 4 = 50 Ct
>
> ↑ ↑ ↑
>
> „Größe" : „Zahl" = „Größe"

Geht die Division nicht auf, so wandeln wir die Größe in eine kleinere Einheit um.

Beispiele

a) 12 € : 4 = 3 €

b) 1,50 € : 5 = 150 Ct : 5 = 30 Ct   kleinere Einheit

c) 3 € : 60 = 300 Ct : 60 = 5 Ct   kleinere Einheit

Division einer Größe durch eine Größe

Tim kauft eine Großpackung Kaugummis für 5 €. Auf der Verpackung liest er, dass ein Kaugummi 20 Ct kostet. Wie viele Kaugummis sind in der Packung? Dazu rechnet Tim die 5 € in Cent um: 5 € : 20 Ct = 500 Ct : 20 Ct = 25

Als Ergebnis erhält er nicht 25 Cent, sondern die Zahl 25. Er berechnet dabei, wie oft 20 Ct in 5 € enthalten sind, nämlich 25-mal. Es sind also 25 Kaugummis.

Wir können eine Größe nur durch eine Größe der **gleichen Einheit** dividieren. Wir dividieren durch eine Größe gleicher Einheit, indem wir die Maßzahlen dividieren und dem Wert des Quotienten **keine Einheit** geben:

500 Ct : 20 Ct = 25
↑ ↑ ↑
„Größe" : „Größe" = „Zahl"

Beispiele a) 12 € : 4 € = 3
b) 1,50 € : 5 Ct = 150 Ct : 5 Ct = 30

Aufgaben

1 Gib den Preis in Cent an:
a) 3 € b) 150 € c) 1,50 € d) 4,79 € e) 0,89 € f) 6,03 €

2 Gib in Euro an:
a) 200 Ct b) 760 Ct c) 765 Ct d) 7000 Ct e) 1001 Ct f) 11 Ct

3 Gib in gemischten Einheiten an:
a) 3,98 € b) 18,71 € c) 10,05 € d) 12,01 €
e) 12,1 € f) 0,50 € g) 0,5 € h) 0,06 €
i) 378 Ct k) 1970 Ct l) 3100 Ct m) 3003 Ct

4 Wandle in die in Klammern angegebene Einheit um:
a) 12 € (Ct) b) 4 Ct (€) c) 4 € 4 Ct (Ct)
d) 4 € 4 Ct (€) e) 13 Ct (€) f) 4 Ct (€)
g) 13 € 17 Ct (€) h) 13 € 9 Ct (€) i) 17 € 39 Ct (Ct)
k) 10 € 15 Ct (€) l) 10 € 1 Ct (€) m) 21 € 50 Ct (€)

5 Berechne:
a) 12 € + 14 € b) 1,30 € + 1,20 € c) 4 € 25 Ct + 7 € 49 Ct
d) 2,85 € + 68 Ct e) 3 € 99 Ct + 1,70 € f) 6 € − 39 Ct
g) 3,45 € − 2,29 € h) 4,25 € − 2 € 78 Ct i) 3 € 17 Ct − 1 € 55 Ct

6 **Vervielfachen von Größen**
Erfinde zur Aufgabe einen Text und berechne:
a) 3 € · 7 b) 1,20 € · 4 c) 2 € 17 Ct · 2 d) 4 € 30 Ct · 5
e) 2,45 € · 3 f) 70 Ct · 4 g) 9,99 € · 3 h) 9 € 9 Ct · 13

7 Division einer Größe durch eine natürliche Zahl

Erfinde zur Aufgabe einen Text und berechne:

a) 15 Ct : 3 b) 6,60 € : 6 c) 8,40 € : 7 d) 4,26 € : 6
e) 3 € 36 Ct : 8 f) 8 € 40 Ct : 12 g) 10 € 5 Ct : 15 h) 2 € 4 Ct : 4

8 Division einer Größe durch eine Größe

Erfinde zur Aufgabe einen Text und berechne:

a) 18 Ct : 3 Ct b) 7 € : 20 Ct c) 5,40 € : 60 Ct d) 12 € : 3 Ct
e) 1200 Ct : 2 € f) 1 € 2 Ct : 6 Ct g) 4 € 5 Ct : 9 Ct h) 2 € 16 Ct : 27 Ct

9

Berechne:

a) (76 € − 27 €) : 7 b) (241 € + 89 €) : 3 € c) (3,03 € − 86 Ct) · 5
d) (2,30 € + 1 € 12 Ct) : 18 Ct e) 12 € · 4 − 3 € · 18 + 56 € : 7
f) (1,40 € · 4 − 4,80 € : 3) : 0,50 € g) 175 Ct : 0,25 € + 0,75 € : 0,25 €

10 Endlich Ferien!

Familie Scharrer plant ihren 14-tägigen Sommerurlaub. Das Hotel mit Halbpension kostet Vater und Mutter pro Nacht jeweils 27 € und für jedes der drei Kinder 18 €. Frau Scharrer schätzt, dass zusätzlich pro Person 20 € Verpflegung am Tag anfallen. Für Benzinkosten rechnet Herr Scharrer noch 300 € ein.

a) Was bedeutet Halbpension?
b) Wie viel wird der Urlaub Familie Scharrer voraussichtlich mindestens kosten?

11 Italien – das Land der ehemaligen Millionäre

Bis zum Jahr 2002 hatte jedes europäische Land seine eigene Währung. In Deutschland bezahlte man mit Deutscher Mark (DM), in Frankreich mit Franc und in Italien mit Lire. Bei der Umstellung auf Euro erhielt man ungefähr für 2 DM 1 Euro, für 13 Franc 2 Euro und für 2000 Lire 1 Euro.

a) Neben 1 DM gab es in Deutschland die kleinere Einheit Pfennig (Pf). Unten sind Münzen abgebildet. Wie viele Euro bzw. Cent war jede Münze wert?
b) Wie viele Euro erhielt man in Italien für 1 Million Lire? Wie viele DM waren 1 Millionen Lire wert?
c) Wie viele Franc erhielt man ungefähr für 1 DM?

Zum Intensivieren

12 Preismemory

Ordne die Gegenstände den gegebenen Preisen zu. Beginne mit dem billigsten Gegenstand.

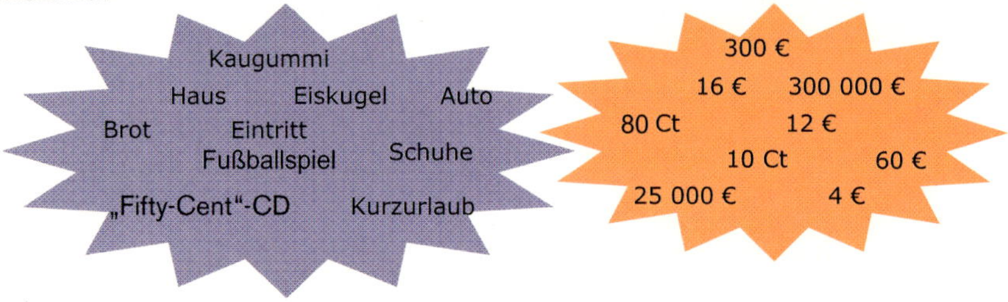

13 Schullandheim

Frau Dietz plant einen fünftägigen Schullandheimaufenthalt ihrer Klasse. Sie fährt mit ihren 27 Schülern am Anfang der 6. Klasse in das 81 km entfernte Pottenstein. Eine Übernachtung kostet 4 € und die Tagesverpflegung 6,50 €. Für den Anreise- und den Abreisetag ist zusammen nur eine Tagesverpflegung zu bezahlen. Das Busunternehmen verlangt einen Grundpreis von 1350 €. Jeder weitere in Pottenstein gefahrenen Kilometer kostet zusätzlich 2 €. Frau Dietz überschlägt, dass sie den Bus in Pottenstein für zusätzliche 135 km benötigt. Wie viel Geld muss Frau Dietz von jedem Schüler einsammeln?

14 Sparsam?

Marcel kauft im Schreibwarenhandel sieben Glitzerstifte und einen Radiergummi für 1,40 €. Er bezahlt mit einem 10-€-Schein und bekommt 3 € zurück. Wie viele Glitzerstifte könnte er noch kaufen?

15 Der Preis ist heiß

Herr Klein fährt mit seiner Tochter Sophia zum Tanken. Beim Einfahren in die Tankstelle klagt er über den hohen Benzinpreis von 1 Euro und 53 Cent. Sophia wundert sich über die Angabe ihres Vaters.

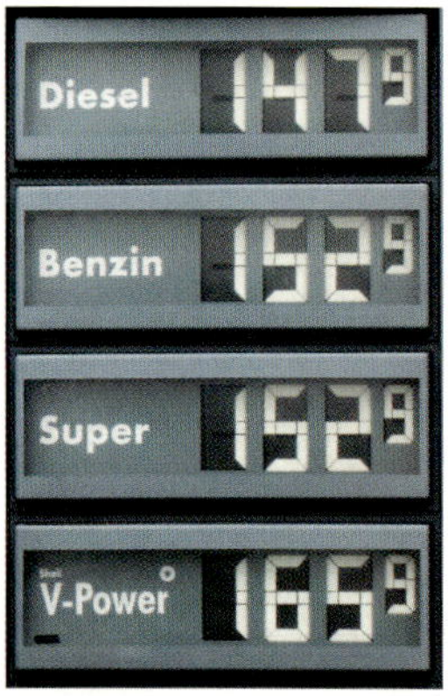

a) In welcher Einheit sind die Preise auf der Tafel angegeben?

b) Was bedeutet die hochgestellte 9 hinter der 152? Warum hat Herr Klein den Benzinpreis zu 1,53 € angegeben?

c) Wie groß ist der Preisunterschied bei 10 l Benzin, wenn Herr Klein anstatt 152^9 einen Preis von 153 bezahlt?

16 Verzwickt

Ein Magic-Booster (Sammelkarten-Packung) und ein Schokoriegel kosten zusammen 3,90 €. Zwei Schokoriegel und drei Magic-Booster kosten zusammen 10,90 €. Wie viel kostet ein Magic-Booster?

9.2 Die Länge

Die Längeneinheit 1 Meter

Zum Messen von Längen benützen wir die Skala auf einem Lineal oder einem Maßband. Da die Elle als Längeneinheit von Mensch zu Mensch verschieden ist, konnte es früher für ein und dieselbe Länge von Ort zu Ort verschiedene Werte geben (Seite 140).

Um die Längenmessung für alle Menschen zu vereinheitlichen, wurde 1792 ein einheitliches Längenmaß festgelegt: 1 Meter (1 m) ist der vierzigmillionste Teil der Länge des durch Paris führenden Längenkreises. 1889 wurde ein Urmeter aus Platin angefertigt, das noch heute in Paris aufbewahrt wird. Auf diesem Stab brachte man an beiden Enden jeweils drei Striche an. Die Entfernung 1 Meter ist der Abstand der beiden Mittelstriche bei einer Temperatur von 0 °C. Im Lauf der Zeit übernahmen viele europäische Staaten den Meter als Längenmaß. Jeder dieser Staaten erhielt eine Kopie des Urmeters. In Deutschland wird die Kopie in Braunschweig aufbewahrt. Heute legt man fest: Ein Meter ist der Weg, den das Licht im luftleeren Raum im 299 792 458-ten Teil einer Sekunde zurücklegt.

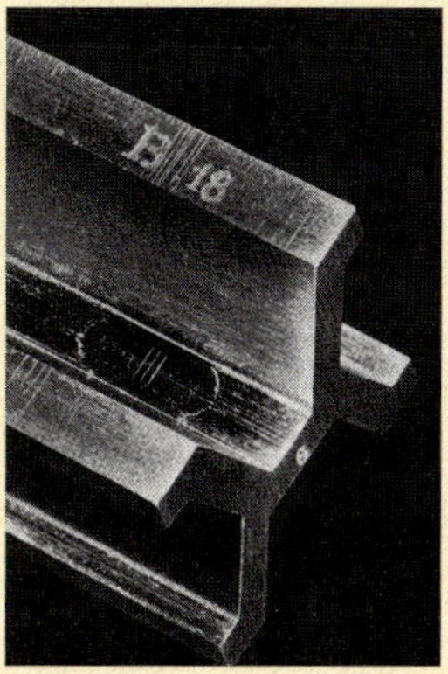

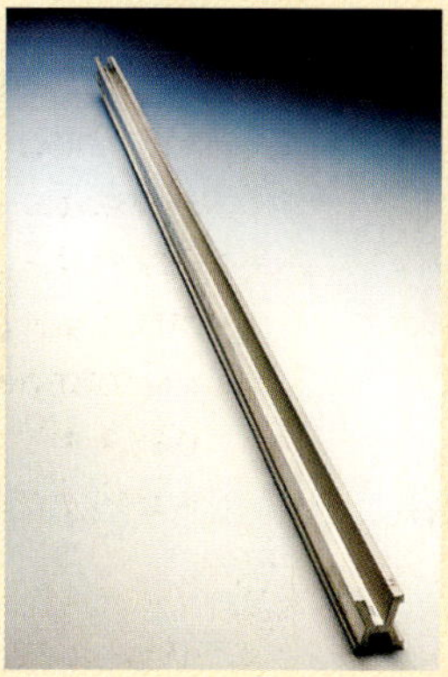

Längeneinheiten

Name der Einheit	Abkürzung und Umrechnung	Veranschaulichung	Vorsilbe	Bedeutung
Millimeter	1 mm		milli	Tausendstel
Zentimeter	1 cm = 10 mm	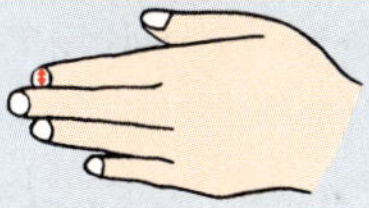	zenti	Hundertstel
Dezimeter	1 dm = 10 cm	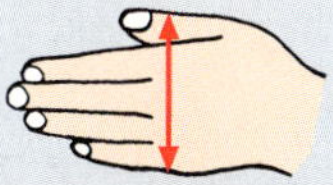	dezi	Zehntel
Meter	1 m = 10 dm			
Kilometer	1 km = 1000 m	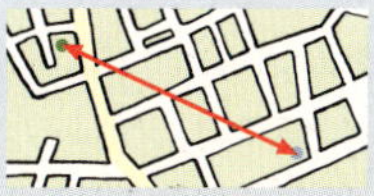	kilo	Tausend

Umwandeln in kleinere Einheiten

Die Größe 17 m 2 dm ist in gemischten Einheiten angegeben. Wir wandeln in die kleinste vorkommende Einheit um: 17 m 2 dm = 170 dm + 2 dm = 172 dm
Wandeln wir in mm um, müssen wir Nullen anhängen:
172 dm = 1720 cm = 17 200 mm

Wandeln wir ein Längenmaß in die **nächstkleinere** Einheit um, müssen wir die Maßzahl mit 10 multiplizieren: Die **Umrechnungszahl** für Längeneinheiten ist 10.
Nur die Umrechnung von km auf m ist eine Ausnahme.

Eine Stellenwerttafel erleichtert die Übersicht:

Beispiel

	10 km	km	100 m	10 m	m	dm	cm	mm
a)				2	3	4	5	0
b)			1	2	3	0	4	0
c)	1	2	0	3	0	0	0	0

a) 23 m 4 dm 5 cm = 2300 cm + 40 cm + 5 cm = 2 345 cm
= 23 450 mm

b) 123 m 4 cm = 12 300 cm + 4 cm = 12 304 cm = 123 040 mm

c) 12 km 30 m = 12 000 m + 30 m = 12 030 m = 120 300 dm
= 1 203 000 cm = 12 030 000 mm

Umwandeln in größere Einheiten

Wandeln wir den Wert einer Länge in die **nächstgrößere** Einheit um, müssen wir die Maßzahl durch 10 dividieren.

Beispiel

a) 23 400 mm = 2340 cm = 234 dm

b) 123 040 mm = 12 304 cm

c) 12 030 000 mm = 1 203 000 cm = 120 300 dm = 12 030 m

Darstellen von Längen mithilfe der Kommaschreibweise

Wie können wir z. B. 23,45 m in der nächstkleineren Einheit dm angeben?
Wir multiplizieren die Maßzahl mit 10. Beim Übergang zu einer kleineren Einheit wird die Maßzahl größer.

Wir **vergrößern** die Maßzahl auf das Zehnfache, indem wir das **Komma** um eine Stelle nach **rechts** verschieben.

Beispiel a) 23,45 m = 234,5 dm = 2 345 cm = 23 450 mm
b) 123,04 m = 1 230,4 dm = 12 304 cm
c) 12,03 km = 12 030 m

Wie können wir z. B. 2 345 cm in der nächstgrößeren Einheit dm angeben? Wir teilen die Maßzahl durch 10. Beim Übergang zu einer größeren Einheit wird die Maßzahl kleiner.

> Wir **verkleinern** die Maßzahl auf den zehnten Teil, indem wir das **Komma** um eine Stelle nach **links** verschieben.

Aufgaben

1 Gib die Länge in der in Klammern angegebenen Einheit an:

a) 2 cm	(mm)	b) 12 m	(dm)	c) 3 m	(mm)
d) 18 km	(dm)	e) 170 dm	(mm)	f) 1700 dm	(m)
g) 7000 mm	(m)	h) 150 000 dm	(km)	i) 120 000 m	(km)
k) 2000 cm	(dm)	l) 300 m	(cm)	m) 135 000 mm	(dm)
n) 405 000 cm	(m)	o) 6200 mm	(dm)	p) 17 000 000 dm	(km)

2 Gib die Länge in der kleinsten vorkommenden Einheit an:

a) 6 m 3 dm	b) 7 m 5 cm	c) 2 m 8 mm	d) 4 dm 8 cm
e) 1 dm 2 mm	f) 8 dm 45 mm	g) 9 dm 72 mm	h) 16 m 83 dm
i) 14 km 250 m	k) 3 km 53 m	l) 15 cm 127 mm	m) 6 dm 3 mm
n) 4 dm 256 mm	o) 6 m 87 mm	p) 23 m 57 cm	q) 21 m 69 dm

3 **Längeneinheiten**
Welche Einheit ist jeweils geeignet, um die Länge anzugeben?

Länge eines Kreuzfahrtschiffes
Dicke eines Blattes
Größe eines Marienkäfers
Länge eines Wanderweges
Körpergröße
Höhe einer Treppenstufe
Strichbreite eines Filzstiftes
Länge eines Maiskolbens
Durchmesser einer Torte
Zimmerlänge

4 Gib in gemischten Einheiten an:

a) 12 mm	b) 123 mm	c) 1234 cm	d) 1234 m
e) 770 mm	f) 707 mm	g) 1010 cm	h) 456 dm
i) 102003 dm	k) 1,3 cm	l) 1,23 m	m) 14,56 dm
n) 1,1 m	o) 1,01 m	p) 10,2 cm	q) 2002,02 m
r) 3,004 m	s) 10001 mm	t) 0,12 m	u) 0,012 m

5 ## Vermessung

Schätze folgende Längen von deinem Fahrrad und trage sie in eine Tabelle ein:
Länge des Fahrrades, Durchmesser der Reifen, Breite des Lenkers, Breite des Sattels, Sitzhöhe und Breite der Kette.
Miss die Längen anschließend auf 1 cm genau nach.

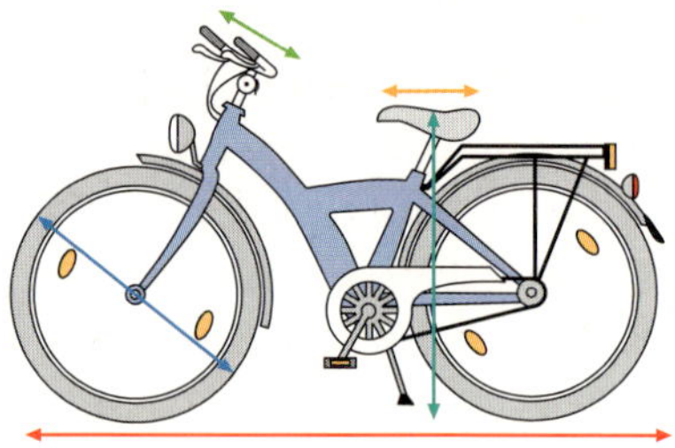

6 Gib die Länge in der größten vorkommenden Einheit an:

a) 3 m 68 cm	b) 16 m 53 cm	c) 2 m 5 cm	d) 8 m 2 dm
e) 12 m 2 cm	f) 7 dm 6 cm	g) 3 dm 97 mm	h) 5 dm 6 mm
i) 2 km 84 m	k) 18 km 500 m	l) 29 cm 7 mm	m) 73 cm 5 mm
n) 4 dm 12 cm	o) 6 cm 15 mm	p) 17 m 23 cm	q) 32 m 13 dm

7 Gib die Länge in Meter an:

a) 3 km	b) 50 dm	c) 2,750 km	d) 6,8 km
e) 9 dm	f) 69 dm	g) 82,3 dm	h) 5,3 dm
i) 136 cm	k) 62 cm	l) 27,5 cm	m) 189,5 cm
n) 1200 mm	o) 520 mm	p) 21 mm	q) 1 mm

8 ## Geheimnisvolle Längen

Runde die angegebenen Längen sinnvoll und wandle sie in sinnvolle Einheiten um. Entscheide, ob die Behauptungen stimmen können.

9 Gib die Länge in Zentimeter an:

a) 84 dm	b) 62,3 dm	c) 750 mm	d) 78,9 mm
e) 1,54 m	f) 4,2 m	g) 2,5 km	h) 12,75 km
i) 8,42 dm	k) 28 mm	l) 1,65 km	m) 3,275 dm

10 Gib die Länge ohne Komma an:

a) 62,5 cm	b) 4,270 km	c) 8,75 km	d) 9,25 dm
e) 46,3 m	f) 23,4 km	g) 0,85 dm	h) 7,5 m
i) 2,47 dm	k) 8,95 m	l) 125,2 cm	m) 0,6 km

11 Radtour

In den Ferien macht Felix einen mehrtägigen Ausflug: Er fährt mit seinem Vater an der Donau entlang. Jeden Abend liest er von seinem Fahrradtacho ab, wie weit sie jeweils gefahren sind.

Mo:	17 km
Di:	64 km
Mi:	58 km
Do:	43 km
Fr:	26 km

a) Welche Strecke haben sie insgesamt zurückgelegt?

b) Vor der Abfahrt zeigte der Tacho 912 km an.
Wie viele Kilometer zeigt der Tacho am Ende der Tour an?

c) An welchem Tag war auf dem Tacho die Zahl 1000 zu sehen?

12 Die süßesten Früchte fressen nur die großen Tiere

Nicole ist 1,38 m groß und möchte am Wandertag ein paar Kirschen pflücken. Der unterste Ast hängt 2,18 m über der Erde. Mit ausgestreckten Armen kann sie 33 cm über ihren Kopf greifen. Ihre Freundin hilft ihr mit einer „Räuberleiter" noch einen halben Meter weiter nach oben. Erreicht Nicole die Kirschen?

13 Die Binghöhle

Konny besichtigt mit seiner Grundschulklasse die Binghöhle in Streitberg – eine wunderschöne Tropfsteinhöhle in der Fränkischen Schweiz. Bei der Führung erfährt er, dass es zwei verschiedene Arten von Tropfsteinen gibt: Der vom Boden einer Höhle in die Höhe wachsende Tropfstein heißt Stalagmit. Sein Gegenstück ist der von der Decke hängende Stalaktit. Der Stalagmit, vor dem Konny steht, wird auf ein Alter von 60-tausend Jahren geschätzt.

a) Der zugehörige Stalaktit ist im Mittel in 10 000 Jahren um 16 mm gewachsen. Wie groß ist der Stalaktit?

b) Wie groß schätzt du den Stalagmit vor Konny?
Um wie viele mm ist der Stalagmit in 1 000 Jahren ungefähr gewachsen?
Wie viele mm sind das in 100 Jahren?

c) Bei günstigen klimatischen Verhältnissen wächst ein Stalagmit 10 mm in 100 Jahren. Wie hoch wäre der Stalagmit unter diesen Bedingungen?

14 Wanted: Aufgabentext und Rechnung

a) 7 m · 4	b) 3 · 1,2 m	c) 21 m : 7
d) 84 cm : 7 cm	e) 4,8 m : 2	f) 16 km · 2
g) 1 m 60 cm · 3	h) 28 mm : 4 mm	i) 12 m 60 cm : 4
k) 12 m 30 cm · 2	l) 4 · 2 km 100 m	m) 3 km 480 m : 29 m
n) 12 cm 1 mm : 11	o) 3,6 cm : 6 mm	p) 4,2 km : 120 m

15 Berechne.

a) 270 cm + 370 cm
b) 36,8 km + 17,4 km
c) 3 m − 147 cm
d) 6 m 2 dm : 2 + 75 cm : 15
e) (3 m 9 dm + 5,7 m) : 12 dm
f) 21 m 60 cm : 6 dm − 9,8 m : 28 cm
g) (2,9 km − 0,6 km + 850 m) : 175 dm
h) (30 m : 50 − 2 cm 7 mm · 15) : 13 mm
i) (4 km − 3 km 750 m − 0,07 km) · 18
k) (0,05 dm + 1 m 2 cm : 6 + 2,5 cm) : 4
l) (0,5 km · 3 − 2,82 km : 3) : 80 cm

16 **Nistkasten**

Helmut möchte Nistkästen für den Verkauf auf dem Flohmarkt bauen. Für die beiden Seitenwände und die Rückwand benötigt er 20 cm lange und 15 cm breite Bretter, für Dach und Boden 19 cm lange und 15 cm breite Bretter und für die Frontseite noch ein 11 cm langes und 15 cm breites Brett. Helmut hat zwei 3 Meter lange und 15 cm breite Bretter.

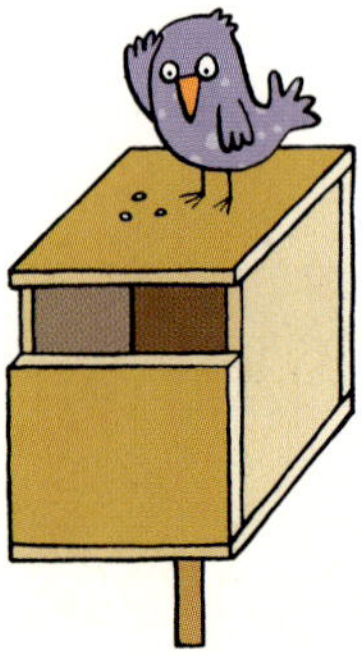

a) Er zersägt eines der beiden Bretter in 20 cm lange Stücke. Für wie viele Nistkästen erhält er so die Seitenwände und die Rückwand?
b) Die für die Häuschen benötigten weiteren Bretter sägt er aus dem zweiten langen Brett. Wie viel bleibt von dem zweiten Brett übrig? Reicht der Rest für einen weiteren Nistkasten?
c) Wie viele Nistkästen könnte Helmut bauen, wenn er nur ein 3 Meter langes Brett hätte?

17 **Schranken „rot-weiß“**

a) Klaus lackiert die 16 gleichbreiten Streifen einer 480 cm langen Schranke. Wie breit muss er die Streifen machen?
b) Eine andere rot-weiß gestreifte Schranke ist 4,5 m lang und hat 4 weiße Streifen. Wie breit ist ein Streifen, wenn die beiden Enden rot sind?
c) Die roten und weißen Streifen einer Schranke sind 26 cm breit. 12 Streifen sind rot. Wie lang ist die Schranke?

18 **Platzwart Franz**

Franz hat das rechts abgebildete Fußballfeld mit seinem Rasentraktor gemäht. Für einen Rasenstreifen gleicher „Farbe“ muss er den Rasen fünfmal in derselben Richtung mähen.

a) Wie lang und wie breit ist ein Fußballfeld?
b) Wie breit ist ein einfarbiger „Rasenstreifen“?

Wie breit ist das Rasenstück, das Franz in einem Zug mähen kann?

c) Welche Strecke legt er beim Mähen insgesamt zurück?

d) In einer halben Minute legt der Rasentraktor 50 m zurück. Wie lange dauert das Mähen eines einfarbigen Streifens? Wie lange dauert das Mähen des ganzen Feldes?

Zum Intensivieren

19 **Längen – überall:**
Ordne die Gegenstände den gegebenen Längen zu. Beginne mit der kleinsten Länge.

Dicke eines Stecknadelkopfes; Länge eines Güterzugs; Länge einer Feldmaus; Länge von Fabians Schulweg; Höhe von Marions Haus; Länge eines Autos; Durchmesser der Erde; Durchmesser des Mondes; Durchmesser eines Basketballs

4,23 m; 3475 km; 12750 km; 1,50 mm; 24 cm; 530 m; 3,6 km; 11,5 cm; 8,25 m

20 Wandle in die in Klammern angegebene Einheit um:

a) 28 m	(cm)	b) 3 km	(m)
c) 4 m 9 dm	(dm)	d) 1 km 736 m	(m)
e) 13 m 9 dm 7 cm	(cm)	f) 2 dm 7 cm 1 mm	(mm)
g) 1 km 37 m 5 dm	(km)	h) 13 m 8 cm	(m)
i) 2 m 2 dm 2 cm	(dm)	k) 2 km 369 m 3 dm	(m)
l) 20 m 2 dm 2 mm	(dm)	m) 1 km 222 m 53 cm	(m)
n) 3 km 4 m 2 mm	(m)	o) 2 cm 3 mm	(cm)

21 **Vermischtes**

a) (68 cm + 77 cm) · 4
b) (6200 mm – 80 cm) : 3
c) (14,30 m – 220 cm) : 11
d) (6 m 80 cm – 5 m 20 cm) · 5
e) (8 m – 1 m 40 cm) : 6
f) (59,4 m + 12 m 60 cm) : 60 cm
g) (4,85 m + 2,55 m) : 5 cm
h) (4 km 300 m – 3,5 km) · 25
i) (9 m 45 cm – 4 m 59 cm) : 18 cm
k) (5,23 m – 3,78 m) · 60
l) 13 · (7,62 m – 7,49 m)
m) (8 m 2 dm 4 cm + 3,76 m) : 40 cm

22 Ente gut – alles gut!

Der Tank von Frau Kübbers „Ente" fasst 45 l Benzin. Vor der Abfahrt in das 400 km entfernte Corvara in Südtirol tankt sie ihre Ente voll.

a) Frau Kübber tankt 20 Liter. Wie viel kosten diese nach der Preistafel von Seite 146?

b) Wie viele Liter sind bei der Ankunft noch im Tank, wenn das Auto auf einer Strecke von 100 km 6 l verbraucht? Kann sie mit dem restlichen Benzin wieder zurückfahren?

c) Wenn Frau Kübber nicht zu schnell fährt, verbraucht ihre Ente auf 100 km nur 5 l. Würdest du ihr empfehlen, vor der Rückfahrt in Italien zu tanken?

23 Achte auf die Einheiten

a) 120 mm : 30	b) 3 km 500 m · 6	c) 56 dm : 8 dm
d) 8 · 2,40 m	e) 168 cm : 12	f) 5 m 90 cm · 5
g) 5,98 m : 26	h) 6,9 m : 3	i) 2 m 8 cm : 16
k) 4 m 5 cm : 9 cm	l) 9 m 30 cm : 6	m) 1 m 92 cm : 12 cm

24 Zweiwöchiger Fahrradurlaub am Main

Melanie und Christian unternehmen eine Radtour auf dem 340 km langen Mainradweg von Bamberg nach Aschaffenburg. Am ersten Tag fahren sie 42 km von Bamberg nach Haßfurt. Am 2. Tag ist ihre Fahrstrecke nach Volkach 15 km weiter als am ersten Tag. Am 3. Tag fahren sie 63 km nach Würzburg und am 4. Tag fahren sie von Würzburg nach Marktheidenfeld doppelt so weit wie am ersten Tag.

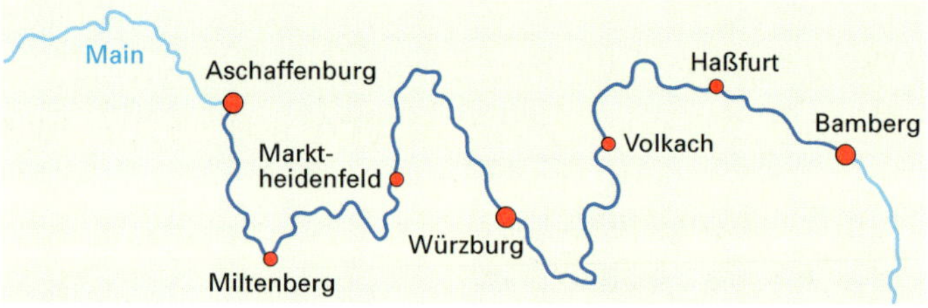

a) Welche Strecke haben sie in den ersten vier Tagen zurückgelegt?

b) Am 7. Tag treten sie die Rückfahrt von Aschaffenburg nach Bamberg an. Wie viele Kilometer haben Melanie und Christian am 5. und 6. Tag zurückgelegt?

25 Grundwissen: Rechnen mit ganzen Zahlen

a) $-25-40$	b) $25\cdot(-40)$	c) $-25+40$
d) $25-40$	e) $(-25)\cdot(-40)$	f) $-112:(-16)$
g) $(-2)^4\cdot(-5)$	h) $-100:25\cdot(-2)$	i) $-23-7\cdot 14$
k) $(-23-7)\cdot(-14)$	l) $(-23-7\cdot 14):11$	m) $(-23-7)^3:(-5)^2$

9.3 Die Masse

Gewicht und Masse

Die Bezeichnung „Gewicht“ wird in mehreren Bedeutungen benutzt. Was in Kilogramm gemessen wird und wir im täglichen Leben als Gewicht bezeichnen, nennt der Physiker **Masse.** Auch wir verwenden in der Mathematik künftig diese korrekte Bezeichnung.
Ursprünglich wurde ein Kilogramm als die Masse eines Würfels von 10 cm Kantenlänge aus reinem Wasser von 4 °C definiert. Zusammen mit der Längeneinheit 1 Meter einigte man sich 1889 auf die Masseneinheit 1 Kilogramm (1 kg) (Aufgaben 1 und 2), die durch die Masse des „Urkilogramms“, einem aus einer Platin-Iridium-Legierung hergestellten Körper, festgelegt wurde. Auch das „Urkilogramm“ wird in Paris aufbewahrt. Zwei Glasglocken schützen es vor Umwelteinflüssen. Eine Kopie des „Urkilogramms“ befindet sich bei der Physikalisch-Technischen-Bundesanstalt in Braunschweig.

Masseneinheiten

Name der Einheit	Abkürzung und Umrechnung	Veranschaulichung
Milligramm	1 mg	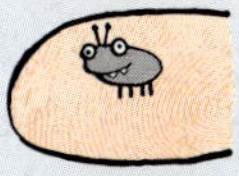
Gramm	1 g = 1000 mg	
Kilogramm	1 kg = 1000 g	
Tonne	1 t = 1000 kg	

Die Umrechnungszahl für Masseneinheiten ist 1000.

Umwandeln in andere Einheiten

Bei der Umwandlung von Masseneinheiten gehen wir wie bei der Länge vor:

Wandeln wir den Wert einer Masse in die

- **nächstkleinere** Einheit um, müssen wir die Maßzahl mit 1000 multiplizieren oder das Komma um 3 Stellen nach rechts verschieben.
- **nächstgrößere** Einheit um, müssen wir die Maßzahl durch 1000 dividieren oder das Komma um 3 Stellen nach links verschieben.

Beispiele **Einheitentabelle**

	t			kg			g			mg		
a)					1	2	0	0	3	0	0	0
b)			1	0	2	3	0	0	0	0	0	0
c)				1	0	2	3	0	0	0	0	0

a) 12 kg 3 g = 12 000 g + 3 g = 12 003 g = 12 003 000 mg
12 003 g = 12,003 kg = 0,012003 t

b) 1 t 23 kg = 1 000 kg + 23 kg = 1 023 kg = 1 023 000 g
1023 kg = 1,023 t

c) 102 kg 300 g = 102 000 g + 300 g = 102 300 g
102 300 g = 102,300 kg = 102,3 kg = 0,1023 t

↑ Die letzten Nachkomma-Nullen dürfen weggelassen werden.

Aufgaben

1 Alte Einheiten
Pfund und Zentner sind auch Masseneinheiten. Wie viele kg sind ein Pfund, wie viele ein Zentner? Wo werden diese Einheiten heute noch benutzt?

2 Zu wörtlich genommen!
Tobias geht zum Gemüsehändler und bestellt:
A) „1 Kilo Erbsen." B) „1 Kilogramm Erbsen."
Was ist der Unterschied zwischen beiden Bestellungen?

3 Schreibe in der kleinsten vorkommenden Einheit:
a) 5 kg 800 g b) 46 kg 78 g c) 50 kg 5 g d) 450 kg 750 g
e) 34 t 630 kg f) 7 g 90 mg g) 1 t 200 kg 3 g h) 9 t 80 kg 60 g

4 Gib in gemischten Einheiten an:
a) 3200 g b) 22 200 kg c) 330 020 kg d) 30 005 g
e) 39 070 g f) 19 702 kg g) 14 041 962 mg h) 7,530 kg
i) 13009 mg k) 9,008 t l) 1,398076 t m) 800,04 kg
n) 1,06 kg o) 2,3 t p) 1,70 kg q) 1 718,03 kg

5 Schreibe in der größten vorkommenden Einheit:
a) 3 kg 225 g b) 950 kg 600 g c) 65 kg 25 g d) 35 kg 5 g
e) 600 t 700 kg f) 3 t 2 kg g) 9 t 28 kg 500 g h) 4 t 57 kg 30 g

6 **Am laufenden Band Weltrekorde**

Peter liest im Biologie-Buch, dass bestimmte Ameisen-Arbeiterinnen das 35-Fache ihres Körpergewichts heben können.

a) Schätze, wie viel du heben kannst.

b) Welches Gewicht könntest du heben, wenn du genauso kräftig wie eine Ameise wärst?

c) Schätze ab, wie lang und wie breit das Blatt ist.

7 **Tierisches**

In der Tabelle sind Körperlängen und Schulterhöhen folgender Tiere angegeben: Elefant, Löwe, Nilpferd, Pottwal, Zebra. Übertrage die Tabelle in dein Heft.

Art	Geburtsgewicht	Länge	Schulterhöhe	„Gewicht“
		2,3 m	1,3 m	
	50 kg	4 m	1,6 m	
		15 m		
		6,8 m	3,2 m	
		1,8 m	95 cm	

a) Schreibe die zugehörige Tierart in die erste Spalte.

b) Ergänze das „Gewicht“, das erwachsene Tiere im Durchschnitt erreichen: 240 kg, 185 kg, 38 t, 5 t, 2800 kg.

c) Trage in der ersten Spalte die mittleren Geburtsgewichte der Tiere ein: 30 kg, 1 t, 1300 g und 100 kg.

8 Gib in Kilogramm an:

a) 8 kg 500 g b) 17 kg 750 g c) 26 kg 43 g d) 975 g
e) 3 t f) 2 t 750 kg g) 4 t 98 kg h) 7,5 t

9 Gib in Gramm an:

a) 26 kg b) 4,25 kg c) 0,32 kg d) 0,5 kg
e) 0,125 kg f) 7 t g) 5,2 t h) 3,0201 t

10 Schreibe die Masse ohne Komma:

a) 85,6 kg b) 43,08 kg c) 0,86 kg d) 0,025 kg
e) 653,8 t f) 40,28 t g) 27,06 t h) 0,023 t

11 Erfinde zur Aufgabe einen Text und berechne:

a) 600 g : 25 g b) 45 kg · 12 c) 2 kg : 40 g d) 1 t 400 kg · 3
e) 7,5 m : 25 cm f) 4,8 kg : 16 g) 0,32 t : 4 h) 4,80 € · 6
i) 8 t 40 kg : 24 kg k) 1,2 g : 5 mg l) 3 kg 800 g · 5 m) 0,032 t : 4 kg

12 Berechne:

a) (2,350 kg + 1 kg 850 g) : 75
b) (2 g 35 mg · 5 + 195 mg) : 17
c) (0,998 t − 7 · 14 kg) : 45
d) 25 · (1 t − 780 kg) + 4,5 t
e) (1 t 250 kg − 3,5 t : 4) : 125 kg
f) (35 kg + 17 · 3 kg) : (300 g + 1,7 kg)
g) (3,2 m + 7 · 12 dm) : 29 cm
h) 14 · (0,023 kg · 50 − 1 kg) : 30 g

13 **Für zu leicht befunden**

Damit Igel ihren Winterschlaf überleben, müssen sie mindestens 400 g wiegen. Sind Igel im Herbst zu klein, sollte man ihnen jeden Tag im Garten ein Schälchen mit Igel- oder Katzenfutter und ein Schälchen mit Wasser bereitstellen. Ein gesunder Igel nimmt am Tag 10 bis 14 g zu. Wie lange muss der Igel auf Seite 139 gefüttert werden, bis er seinen Winterschlaf antreten kann?

14 **Obsthändler Eberhart**

Eberhart war mit seinem Lehrling Josef Obst und Gemüse einkaufen. In ihren Lieferwagen haben sie 400 kg Kartoffeln, 175 kg Äpfel, 65 kg Birnen, 70 kg Möhren, 85 kg Rotkohl und 6 kg Kirschen geladen. Am Heimweg müssen sie einen Fluss überqueren. Vor der Brücke steht das abgebildete Schild. Eberhart hält an und beginnt zu rechnen:
„Der leere LKW wiegt 1,9 Tonnen, ...“

a) Dürfen sie die Brücke überqueren? Wie würdest du das Problem lösen?
b) Wie viel muss Eberhart beim Großhändler bezahlen?
c) Eberhart bezahlt mit zwei 500-€-Scheinen. Wie viel bekommt er zurück?

1 Zentner	Kartoffeln	17 €
10 kg	Rettich	9 €
10 kg	Möhren	7 €
1 kg	Äpfel	2 €
1 kg	Birnen	3 €
1 kg	Kirschen	13 €
10 kg	Rotkohl	8 €

15 **Toast Hawaii**

Claus kauft für seine Geburtstagsparty ein. Er will für sich und seine 11 Gäste Toast Hawaii backen. Dazu braucht er Toastbrot, Schinken, Ananas, Käse und Cocktailkirschen. Pro Person rechnet er mit drei Toasts.

Toast	480 g	15 Scheiben	0,99 €
Ananas	496 g	8 Scheiben	1,59 €
Schinken	198 g	6 Scheiben	1,29 €
Käse	200 g	10 Scheiben	1,79 €
Kirschen	300 g	100 Stück	6,89 €

a) Wie viele Packungen muss Claus von den Zutaten kaufen?
b) An der Kasse bezahlt Claus mit einem 50-€-Schein. Wie viel Geld bekommt er zurück?
c) Wie viel wiegt ein Toast Hawaii?
d) Eine Toastscheibe braucht 16 Minuten im Backofen. Wie lange dauert es, bis alle Toasts fertig sind?

16 Kranich-Airline

Am 27.4.2005 machte das damals größte Passagierflugzeug, der A380, seinen Jungfernflug. Es ist 72,6 m lang und es hat eine Spannweite von 79,8 m. Das Leergewicht beträgt 275 t und es ist für eine Transportlast von 66,4 t ausgelegt.

a) Ein afrikanischer Elefant ist etwa 6 m lang. Wie viele Elefanten müsste man hintereinander stellen, damit die Elefantenschlange genauso lang wie der „Jumbo-Jet" ist?

b) Warum darf die Zuladung nur 66,4 t wiegen, obwohl das erlaubte Startgewicht bei 560 t liegt?

Die 526 Passagiere der „Kranich-Airline" können zwischen der „First-Class", der „Business-Class" und der „Economy-Class" wählen.

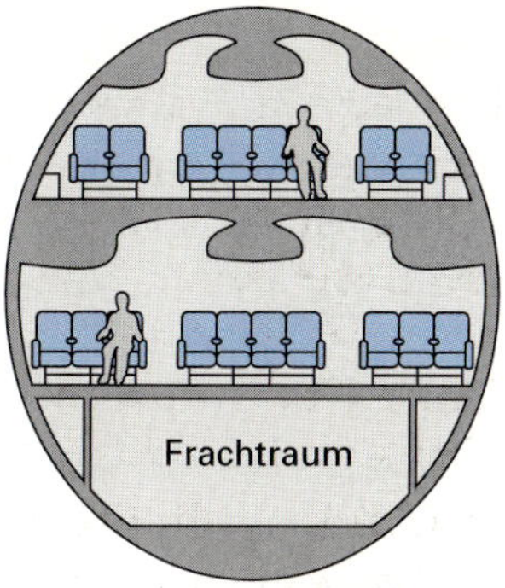

c) In den beiden Abteilen der „Business-Class" haben 34 bzw. 58 Personen Platz. Die Fluggäste der „Economy-Class" sitzen, wie rechts abgebildet, im unteren und im oberen Deck. Im unteren Deck gibt es jeweils 22 Sitzreihen. Im oberen Deck 13 Reihen in der Mitte und am Rand jeweils 11 Reihen. Wie viele Passagiere können in der „Economy-Class" fliegen? Wie viele Plätze gibt es in der „First-Class"?

d) Die Fluggesellschaft geht davon aus, dass ein Fluggast im Mittel 85 kg wiegt. Wie viel darf das Gepäck insgesamt wiegen?

e) Als Fluggepäck ist für jeden Passagier ein Koffer bis zu 20 kg und Handgepäck bis 3 kg erlaubt. Wie viel zusätzliches Frachtgepäck kann der Pilot höchstens einplanen?

17 Mathe ist schwer.

Tom hat den rechts abgebildeten Wägesatz und die Balkenwaage zur Verfügung. Das schwerste Wägestück wiegt 1 kg, das leichteste 1 g. Der Apfel wiegt 188 g.

a) Aus welchen Wägestücken ist der Wägesatz aufgebaut? Welche Masse kann Tom höchstens mit ihm bestimmen?

b) Tom hat einige Gegenstände gewogen. Welche Wägestücke muss er dazu in die Waagschale legen?

Gegenstand	Füller	Handy	Mathebuch
Masse	27 g	96 g	484 g

c) Warum ist der Wägesatz so aufgebaut?

Zum Intensivieren

18 Massig Masse

Ordne die Gegenstände den gegebenen Massen zu. Beginne mit der kleinsten Masse.

1,2 t; 3,5 kg; 90 mg; 450 g; 50 kg; 160 t; 650 kg; 2 kg; 100 g; 250 mg

Arbeitsbiene; große Dampflok; Tafel Schokolade; Wassermelone; Fußball; Auto; 4 Pfund Bauernbrot; 1 Zentner Weizen; Formel-1 Rennwagen; Bienenkönigin

19

Wandle in die in Klammern angegebene Einheit um:

a)	1 kg 750 g	(kg)	b)	2 kg 396 g	(g)	c)	5 kg 96 g	(kg)
d)	40 kg 20 g	(kg)	e)	10 t 250 kg	(t)	f)	2 t 198 kg	(kg)
g)	17 kg 813 g	(kg)	h)	9 kg 5 g	(g)	i)	1 t 2 kg	(t)
k)	2 t 13 kg	(kg)	l)	7 t 39 kg 120 g	(kg)	m)	6 t 25 kg 10 g	(g)

20 Alles Ananas, oder was?

Eine Konservendose enthält 8 Ananasscheiben und wiegt 975 g. Auf dem Etikett steht: „Nettoinhalt: 836 g, Abtropfgewicht: 496 g".

a) Was versteht man unter dem „Nettoinhalt" und dem „Abtropfgewicht"?

b) Wie schwer ist die Dose ohne Inhalt?

c) Tina gießt den Ananassaft ab. Wie viel Gramm Saft erhält sie? Passt der Saft in ein normales Trinkglas?

d) Wie viel wiegt eine Ananasscheibe?

21 Aufzug

Ina, Tim, Chris, Tobias und Olli möchten zusammen mit dem Aufzug ins oberste Stockwerk des Nürnberger Business Towers fahren.

Olli: „Wir sind mehr als 4 Personen. Ich fahre nach euch."

Chris: „Nein, wir fahren zusammen!"

maximale Belastung:
4 Personen
oder
320 kg

a) Wer hat vermutlich recht?

b) Mit welchem durchschnittlichen „Gewicht" rechnet der Aufzughersteller für eine Person?

Herr und Frau Sparsam haben beim Bauern Schorsch vier Zentner Kartoffeln gekauft. Um die Kartoffeln zum Einlagern in den Keller zu bringen, wollen sie den Aufzug benutzen.

c) Wie sollen sie dabei vorgehen?

9.4 Die Zeit

Zeiteinheiten

Die Zeit ist eine besondere Größe – sie läuft uns sprichwörtlich davon. Im Unterschied zu den anderen Größen sind die Umrechnungen bei der Zeit ungewöhnlich:

Name der Einheit	Abkürzung und Umrechnung	Veranschaulichung
Sekunde	1 s	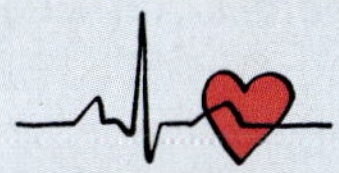
Minute	1 min = 60 s	
Stunde	1 h = 60 min	
Tag	1 d = 24 h	

Beispiel Umwandeln in gemischte Einheiten und umgekehrt

a) 100 s = 60 s + 40 s = 1 min 40 s

b) 1 d 2 h 3 min = 24 h + 2 h + 3 min = 26 · 60 min + 3 min = 1563 min

Aufgaben

1 Wandle in die in Klammern angegebene Einheit um:

a) 2 min (s) b) 28 min (s) c) 2 h (min) d) 2 d (h)
e) 1 h (s) f) 1 d (min) g) 180 s (min) h) 240 min (h)
i) 72 h (d) k) 2 h 3 min (min) l) 1 d 7 h (min) m) 12 h 32 s (s)

2 Schreibe in gemischten Einheiten:

a) 200 s b) 150 min c) 50 h d) 388 s
e) 60 h f) 1000 s g) 1000 h f) 2000 min

3 Berechne und gib das Ergebnis (falls möglich) in gemischten Einheiten an:

a) 15 · 8 s b) 24 min · 5 c) 48 min : 6 min d) 4 min · 25
e) 18 h · 12 f) 56 s : 8 g) 35 · 40 s h) 2 min : 20 s
i) 15 · 16 min k) 25 min · 38 l) 14 h · 6 m) 1 h : 30 min
n) 120 min · 12 o) 1 h : 10 min p) 432 min : 16 q) 84 · 20 min
r) 1 d : 40 min s) 3 d : 8 h t) 1 h 48 min : 9 s u) 1 d 6 h : 5

4 Springbrunnen

Ein Springbrunnen im Fürther Stadtpark ist jeden Tag 14 Stunden in Betrieb. Jonas liest auf einer Informationstafel, dass die Pumpe jede Minute 47 Liter Wasser durch die Rohre pumpt. Wie viele Liter Wasser werden jeden Tag durch den Brunnen gepumpt?

5 Eile mit Weile

Aufgrund von Wartungsarbeiten hat der Regionalexpress „Blaue Donau" Verspätung. Berechne die fehlenden Werte der Tabelle.

	a)	b)	c)	d)	e)	f)
Planmäßige Ankunft	7:07	8:53	?	13:37	?	15:46
Ankunft	?	?	12:55	14:21	16:17	17:05
Verspätung	33 min	45 min	70 min	?	89 min	?

6 Sommersonnenwende

Am 21. Juni ist Sommeranfang und der längste Tag des Jahres. Am 21. Juni 2008 ging die Sonne in Nürnberg um 05:09 Uhr auf und um 21:26 Uhr wieder unter.

a) Wie lang war in Nürnberg der längste Tag des Jahres?

Licht legt in einer Sekunde 300 000 Kilometer zurück. Die Sonne ist von der Erde 150 Millionen Kilometer entfernt.

b) Wie viele Sekunden braucht das Licht von der Sonne bis zur Erde? Rechne die benötigte Zeit in Minuten und Sekunden um.

c) Wann ist der kürzeste Tag im Jahr – die Wintersonnenwende? Wie lang war an deinem Ort der kürzeste Tag?

7 Langschläfer

Manche Tiere sind Lang-, andere „Kurzschläfer".

a) Rechne die Schlafzeiten in Stunden um und vergleiche.
Wie viele Stunden schläfst du täglich?

Rechne mit 30 Tagen pro Monat.

b) Wie viele Stunden schläft eine Giraffe in der Woche?

c) Wie viel Zeit verschläft eine Katze im Monat? Wie lange ist sie wach? Wie viele Tage im Jahr ist die Katze wach?

d) Wie viele Tage hat eine 18 Jahre alte Kuh verschlafen? Wie viele Jahre sind das?

e) Wie viele Stunden schläfst du im Jahr? Wie viele Tage wären das am Stück?

Tier	tägliche Schlafzeit
Taschenmaus	1200 min
Katze	780 min
Kuh	240 min
Giraffe	120 min

8 Blitz und Donner

In einer Sekunde legt der Schall in der Luft etwa 334 m zurück. Bei einem Gewitter beobachtet Julia in großer Entfernung einen Blitzeinschlag. Durch den Blitz entsteht gleichzeitig ein lauter Donnerschlag. Julia hört den Donner ungefähr 4 Sekunden nach dem Blitzschlag.

a) In welcher Entfernung hat der Blitz eingeschlagen?

b) Nach welcher Zeit würde Julia den Donner hören, wenn ein Blitz im 4 km entfernten Nachbarort einschlägt?

c) Wie verhältst du dich, wenn du bei einer Wanderung von einem Gewitter überrascht wirst?

9 Alle Lichter gehen aus.

Marion stellt 7 Kerzen auf einen Tisch. Jede ihrer Kerzen ist 11 cm hoch und brennt gleichmäßig in einer Minute um 1 mm herunter. Marion zündet um 19:00 Uhr die erste Kerze an, eine Minute später die zweite, die dritte Kerze eine weitere Minute später usw. Um wie viel Uhr erlischt die letzte Kerze?

10 Kerzenuhr

König Alfred von England brachte jeden Tag 8 Stunden für seine öffentlichen Pflichten, 8 Stunden für Studieren, Essen und Schlafen sowie 8 Stunden für das Gebet auf. Um seinen strammen Tagesablauf durchhalten zu können, benötigte er 6 Kerzen mit einer Brenndauer von 4 Stunden.

a) Wie funktioniert eine Kerzenuhr? Was muss man dabei beachten?

b) Ist die Zeit an einer dünnen oder an einer dicken Kerze genauer ablesbar?

c) Eine Kerze von König Alfred war 24 cm hoch. Wie viele Zentimeter brannten in einer Stunde ab? Wie viele Millimeter in einer Minute?

d) König Alfred wachte einst nachts auf und blickte auf seine Uhr. Die Kerze war noch 13,5 cm lang. Wie lange konnte er noch schlafen?

11 Kinder, wie die Zeit vergeht!

Andreas, Steffi, Paul und Markus sind zusammen 80 Jahre alt. In wie vielen Jahren sind sie zusammen 100 Jahre alt?

12 Zum Knobeln: Der Zeit voraus

Lara hat zwei Wecker. Einer von ihnen geht pro Stunde um drei Minuten nach, der andere um eine Minute vor. Gestern hat sie beide Wecker richtig gestellt. Heute morgen sind beide Wecker wegen eines Stromausfalls stehen geblieben. Der eine Wecker zeigt 6:00 Uhr, der andere 7:00 Uhr an. Um wie viel Uhr hat Lara die Wecker gestern gestellt?

(A) 15:15 (B) 10:40 (C) 16:00 (D) 15:45 (E) 15:20

Zum Intensivieren

13 „Vom Winde verweht“

Dieser Film zählt zu den erfolgreichsten Filmen. Er dauert 224 Minuten.

a) Wie viele Unterrichtsstunden würde es dauern, wenn du den Film in der Schule ansiehst?

Bei der Ausstrahlung im Fernsehen gibt es jeweils nach 28 Minuten eine Werbeunterbrechung.

b) Wie viele Werbepausen gibt es bei diesem Film?

Der Film beginnt um 20.15 Uhr und endet um 0.41 Uhr.

c) Wie viele Minuten dauert der Film mit Werbung?

d) In jeder Werbepause werden 18 Werbespots gezeigt. Wie viele Sekunden dauert ein Werbespot im Durchschnitt?

14 Trepp' auf, Trepp' ab

Pascal wohnt im dritten Stock – ohne Aufzug. Jeden Tag verlässt er viermal das Haus. Das ist recht anstrengend, denn jedes Stockwerk ist 18 Stufen hoch.

a) Wie viele Treppenstufen steigt Pascal innerhalb eines Jahres hinauf und herunter?

b) Wie viele Stufen sind es in einem Schaltjahr?

c) Wie viele Treppenstufen steigt er in sieben Jahren hinauf und herunter?

15 Das Schaltjahr

Die Erde benötigt genau 365 Tage 5 Stunden 48 Minuten und 46 Sekunden für ihren Umlauf um die Sonne. Da dieses Sonnenjahr unpraktisch ist, hat man dem normalen Jahr die Länge von 365 Tagen gegeben.

a) Um wie viele Stunden, Minuten und Sekunden eilt das normale Kalenderjahr dem Sonnenjahr voraus?

b) Wie viele Stunden, Minuten und Sekunden sind das in vier Jahren? Warum schiebt man im Allgemeinen alle vier Jahre einen Schalttag ein?

c) Fast alle durch 4 teilbaren Kalenderjahre sind Schaltjahre. Warum sind die durch 100 teilbaren Jahre keine Schaltjahre, die durch 400 teilbaren aber doch?

d) Ist 2010, 2012, 2014, 2020, 2100, 2200, 2400 ein Schaltjahr?

In Westdänemark findet man in Varde eine einzigartige Miniaturstadt. Die Kirche und die Häuser wurden nach dem Vorbild Vardes im Jahr 1860 bis ins kleinste Detail im Maßstab 1:10 nachgebaut. Das „kleine" Varde ist heute leider nicht mehr in dieser Form im „großen" Varde zu sehen, da die Bewohner Vardes im 19. Jahrhundert mit offenem Feuer sehr ungeschickt umgegangen sind.

1. Was bedeutet der Maßstab von 1:10.

Das rechts abgebildete Miniaturhaus ist 50 cm hoch und 0,60 m breit. Das Erdgeschoss ist 23 cm hoch.

2. Wie groß waren die Maße des Hauses im Original?
Wie hoch war der Dachstuhl im Original?

Im Original waren die Erdgeschossfenster 110 cm breit und 1,7 m hoch.

3. Wie groß sind die Maße des Fensters im Modell?

4. Wie viele Meter war der Kirchturm in Wirklichkeit hoch?

10.1 Der Maßstab

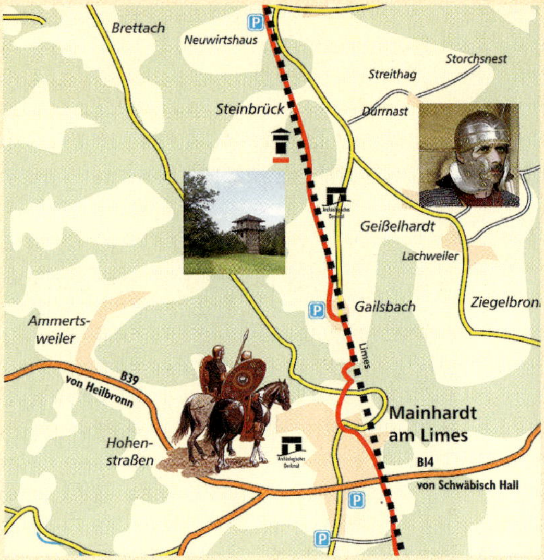

Der Limes wurde Ende des 1. Jahrhunderts n. Chr. von den Römern gebaut. *Limes* bedeutet ins Deutsche übersetzt *Grenze* oder *Grenzwall*. In Deutschland war er 550 km lang und führte durch Rheinland-Pfalz, Hessen, Baden-Württemberg und Bayern. Diese Grenzanlage wurde von Soldaten zum Überwachen des Gebiets der Germanen benutzt und sollte die Römer vor Überfällen schützen. Zwischen 260 und 285 n. Chr. wurde der Limes von den römischen Truppen geräumt.

Noch heute sind in Teilen Deutschlands meterhohe Erdwälle, Mauerreste und Wachtürme des Limes gut erhalten. Im Mainhardter Wald ist ein 80 km langer Limes-Lehrpfad eingerichtet.
Simon will auf den Spuren des Limes wandern. Seine Wanderung beginnt auf dem Parkplatz in Neuwirtshaus und endet auf dem Parkplatz in Mainhardt. Wie lang ist sein Wanderweg? Simon misst auf der Karte ungefähr 11 cm.

Auf der Karte ist ein Maßstab von 1 : 50 000 angegeben (sprich: 1 zu 50 000).
↑ „Karte“ ↑ „Wirklichkeit“

> Der **Maßstab** 1 : 50 000 bedeutet, dass 1 cm auf der Karte in Wirklichkeit 50 000 cm entsprechen. Die Länge in der Wirklichkeit ist das 50 000-Fache der Länge auf der Karte.

Der Weg ist also 11 cm · 50 000 = 550 000 cm = 5500 m = 5,5 km lang.
Die Zahl 50 000 ist sehr groß. Deshalb rechnet man häufig in anschauliche Einheiten um:
1 cm auf der Karte entspricht 50 000 cm = *500 m in der Wirklichkeit*.

Simon hat gelesen, dass der Limes zwischen Gailsbach und Mainhardt 2 km lang ist. Wie lang ist dieser Abschnitt auf seiner Karte? Auf der Karte ist die Länge des Limes ein 50-Tausendstel der Länge in der Wirklichkeit: Er rechnet dazu die Weglänge in cm um: 2 km = 2000 m = 200 000 cm. Also ist der Limesabschnitt auf der Karte 200 000 cm : 50 000 = 20 cm : 5 = 4 cm lang.

Dieses Ergebnis erhalten wir aber auch einfacher: 1 cm auf der Karte entsprechen 500 m in der Wirklichkeit. Also entsprechen 4 cm auf der Karte 2 km in der Wirklichkeit.

Aufgaben

1 Hausbau
Auf einem Bauplan im Maßstab 1 : 50 ist der Grundriss eines Hauses 18 cm breit und 26 cm lang. Welche Maße hat das Haus in Wirklichkeit?

2 Karte und Wirklichkeit
Berechne die fehlenden Streckenlängen:

Maßstab	1 : 200	1 : 50	1 : 50 000	1 : 500 000	1 : 5 000 000
Länge auf der Karte	18 cm	... cm	... cm	... dm	15 cm
Länge in der Wirklichkeit	... m	6 m	8 km	600 km	... km

3 Seenotkreuzer im Einsatz
An der deutschen Nord- und Ostseeküste sind zahlreiche Seenotkreuzer der Deutschen Gesellschaft zur Rettung Schiffbrüchiger stationiert. Um auch die flachen Küstengewässer erreichen zu können, haben sie Tochterboote an Bord, die sie am Einsatzort durch eine Klappe am Heck ins Wasser lassen können.

Das Foto zeigt ein Modell eines Seenotkreuzers mit Tochterboot. Das Modellboot ist im Maßstab 1 : 20 abgebildet.

a) Berechne die Länge des Modellbootes und des Tochterbootes.

b) Das Modell wurde im Maßstab 1 : 22 gebaut. Berechne die Länge des Kreuzers und des Tochterbootes im Original.

c) Wie weit ragt das Original ungefähr aus dem Wasser?

4 Maßstab gesucht
Berechne den Maßstab der Karte.

Länge auf der Karte	1 cm	1 cm	2 cm	4 cm	1 cm	4 cm	3 mm	6 mm
Länge in Wirklichkeit	75 cm	1 m	180 cm	10 m	10 km	200 km	120 m	60 km

5 Karte gesucht
Suche zu jedem Maßstab die passende Karte:

1 : 100, 1 : 10 000, 1 : 50 000, 1 : 500 000, 1 : 5 000 000

Deutschlandkarte, Europakarte, Hausgrundriss, Stadtplan, Wanderkarte.

6 Waldbrandbekämpfung

Das Foto zeigt ein Löschflugzeug, das im Flug Wasser aufgenommen hat. Seine Propeller haben einen Durchmesser von 4 m.

a) Welchen Durchmesser haben die Propeller auf dem Bild? In welchem Maßstab ist das Wasserflugzeug abgebildet?

b) Welche Spannweite hat es?

c) In welcher Höhe fliegt es über dem See? Wie hoch ist der Flugzeugrumpf?

7 An der Nordseeküste!

Anita verbringt ihren Sommerurlaub an der Nordsee. Sie fährt auf die 14 km lange ostfriesische Insel Norderney.

a) Bestimme den Maßstab der Luftaufnahme.

b) Wie breit ist die Insel an der breitesten Stelle?

c) Wie lang ist der herrliche Sandstrand? Wie breit ist er?

d) Norderney ist vom Festland 3 km entfernt. Wie lang ist diese Stecke auf der Karte?

8 Stuhl „XXL"

Ein riesiger Stuhl soll Käufer in ein Einrichtungshaus locken.

a) Wie hoch schätzt du den Stuhl?

b) In welcher Höhe befindet sich die Sitzfläche ungefähr? Wie groß müsste ein Mensch sein, damit er auf diesem Stuhl sitzen kann?

Zum Intensivieren

9 Philips kleines Reich

Philip hat von seinem 4 m langen und 3 m breiten Zimmer die rechts abgebildete Skizze angefertigt.

a) Fertige eine Zeichnung von Philips Zimmer im Maßstab 1 : 20 an.

b) Fertige eine Maßstabszeichnung von deinem Zimmer an. Wähle einen geeigneten Maßstab.

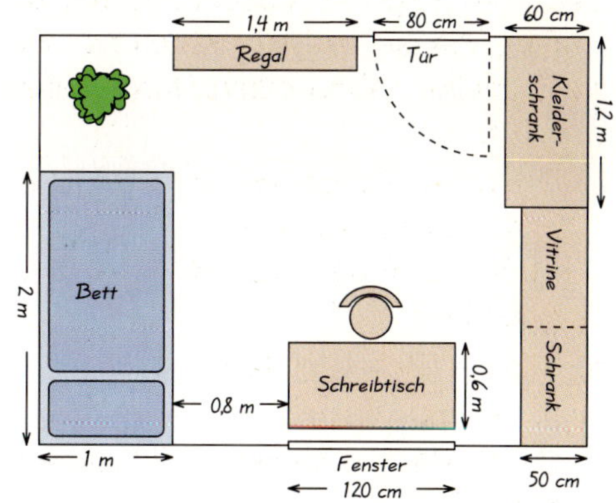

10 Familie Köhlers großes Reich

Rechts ist der Grundriss von Familie Köhlers Wohnzimmer im Maßstab 1 : 100 gezeichnet.

a) Wie lang und wie breit ist das Zimmer?

b) Wie breit sind die Türen und das Fenster?

c) Bestimme die Maße der Möbelstücke.

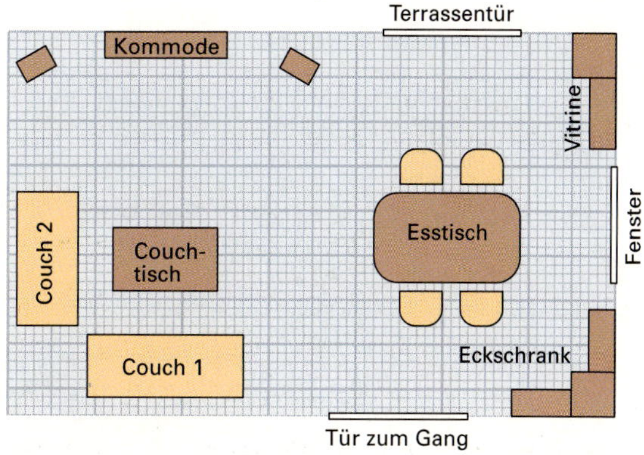

11 Grundwissen: Rechnen mit ganzen Zahlen

a) $-14 \cdot 13 - 3 \cdot (-27 - 17)$

b) $(-8 \cdot 14 + 6 \cdot 8) : (-16)$

c) $4 \cdot (-13) - (-2)^4 \cdot 3$

d) $25 - 5 \cdot [135 : (-3) + (-7) \cdot (-8)]$

e) $17 + 3 \cdot (3 \cdot 19 - 129) : (3 - 9)^2$

f) $[-91 : 13 - 3 \cdot (-11)] \cdot [-14 + 144 : (-9)]$

g) $-468 : (-18) + (-455) : 13 \cdot (-5)$

h) $-83 + 168 : [-13 \cdot 16 + 4 \cdot 38 \cdot (-1)^8]$

12 Grundwissen: Rechnen mit Größen

a) 8 kg : 2 g

b) 8 min : 2 s

c) 8 m : 2 dm

d) 8 € : 2 Ct

e) 30 m + 30 dm + 30 cm + 30 mm

f) 3,43 € − 2 · 3 € 37 Ct + 4,57 €

g) 2 kg 68 g : 44 − 450 mg · 40

h) 1 h 25 s · 12 − 2 d : 8

i) (7,2 € : 12 − 2 · 80 Ct) : 10 Ct

k) (2 m 4 dm · 4 + 0,02 km) : 74 cm

l) 8 kg : (0,02 kg + 5 g)

m) (3 h 26 min − 1 h 47 min) : 9 min

10.2 Der Umfang

Umfang eines Rechtecks

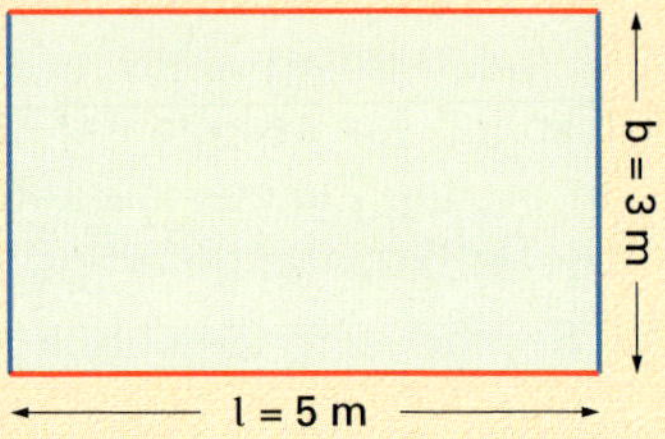

Anja hat zum Geburtstag ein Kaninchen geschenkt bekommen. Sie möchte dafür ein 5 m langes und 3 m breites Gehege im Garten bauen. 1 Meter Zaun kostet im Baumarkt 6 €.
Um die gesamte Länge des Zauns zu bestimmen, „läuft" Anja um das gesamte Gehege herum und addiert die Längen der Wege.

> Der **Umfang** U einer Figur ist die Summe aller Seitenlängen.

Anja erhält: $U = 2 \cdot 5\,m + 2 \cdot 3\,m = 10\,m + 6\,m = 16\,m$
Der Zaun kostet also $16 \cdot 6\,€ = 96\,€$.

Der Umfang eines Rechtecks lässt sich mithilfe des Distributivgesetzes auf verschiedene Arten berechnen (Aufgabe 1).

> Der Umfang U_R eines Rechtecks mit der Länge l und Breite b beträgt
> $U_R = 2 \cdot l + 2 \cdot b$ oder $U_R = 2 \cdot (l + b)$.

Länge eines Rechtecks bei bekannter Breite und bekanntem Umfang

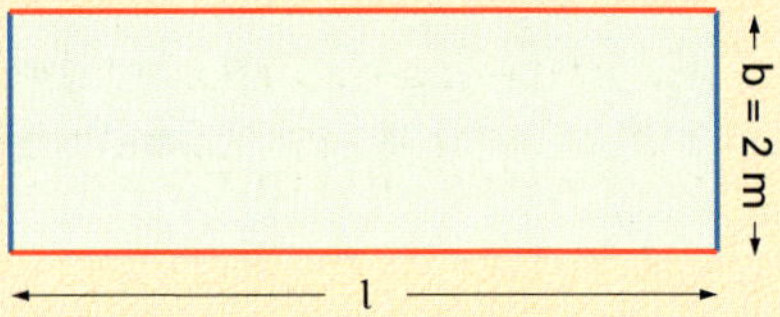

Anja hat 16 m Zaun gekauft und stellt beim Aufbauen fest, dass das Gehege nur 2 m breit sein darf, da sonst kein Weg am Gehege vorbei führt. Wie lang wird das Gehege?

Anja überlegt:
Der Umfang eines Rechtecks ist gleich der doppelten Länge plus der doppelten Breite: $U_R = 2 \cdot l + 2 \cdot b$. Um die Länge l zu berechnen, zieht Anja vom Umfang die Länge der beiden blauen Linien ab, d. h. die doppelte Breite: $16\,m - 2 \cdot 2\,m = 16\,m - 4\,m = 12\,m$. Sie erhält auf diese Weise die Länge der beiden roten Linien, also die doppelte Länge des Rechtecks. Anja muss das Ergebnis noch durch zwei teilen: Die Länge des Rechtecks beträgt somit
$12\,m : 2 = 6\,m$.
Du kannst die Aufgabe auch in einem Ansatz lösen:
$l = (16\,m - 2 \cdot 2\,m) : 2 = (16\,m - 4\,m) : 2 = 12\,m : 2 = 6\,m$

Umfang zusammengesetzter Figuren

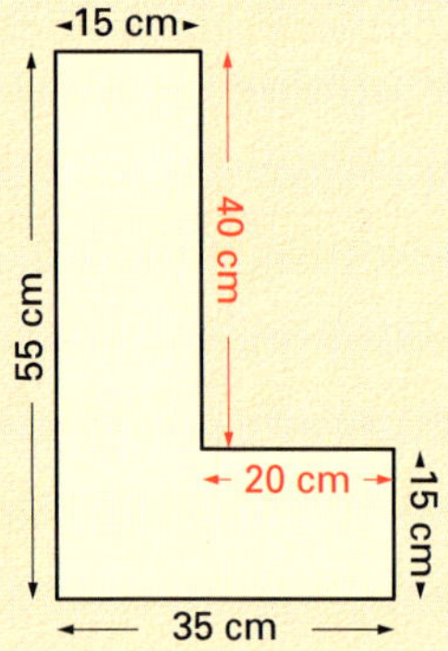

Wie berechnen wir den Umfang des rechts abgebildeten L? „Umfang bestimmen" heißt, wir „laufen" einmal außen herum und addieren alle Längen. Das L ist 35 cm breit und 55 cm hoch. Die Balken des L sind 15 cm breit.

Wir berechnen die fehlenden Seitenlängen des Buchstabens:
55 cm − 15 cm = 40 cm und 35 cm − 15 cm = 20 cm.

Für den Umfang ergibt sich somit:
$U_L = 35\,cm + 15\,cm + 20\,cm + 40\,cm + 15\,cm + 55\,cm = 180\,cm$

Mit einem Trick können wir den Umfang des L geschickter berechnen:
Wir verschieben in Gedanken die blaue und die rote Linie des L – wie rechts abgebildet – nach außen, bis wir ein Rechteck erhalten. Wir schreiten beim Umlaufen des Rechtecks die gleichen Längen wie beim Umlaufen des L ab. Deshalb ist der Umfang des entstandenen Rechtecks genauso groß wie der Umfang des ursprünglichen L.

$U_L = 2 \cdot 35\,cm + 2 \cdot 55\,cm = 70\,cm + 110\,cm = 180\,cm$

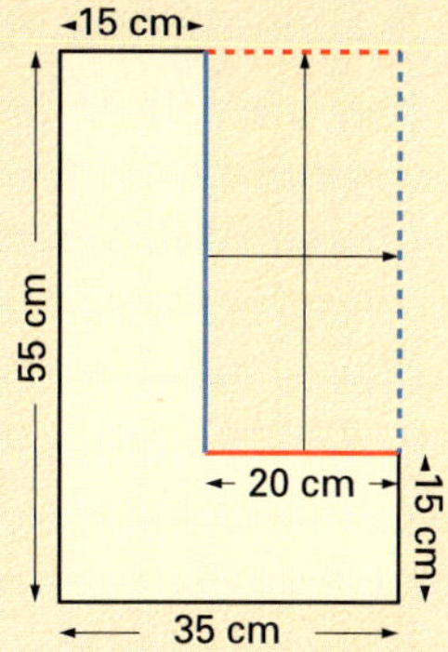

Aufgaben

1 Rechtecksumfang geschickt berechnen

a) Zeichne ein 4 cm langes und 2 cm breites Rechteck in dein Heft. Zeichne die beiden 4 cm langen Seiten rot und die beiden 2 cm langen Seiten blau.

b) Was erhältst du, wenn du die Länge einer blauen und einer roten Seite addierst? Berechne damit den Umfang des Rechtecks.

c) Schreibe mit den Buchstaben l für die Länge und b für die Breite die Formel auf, mit der du in Aufgabe b) den Umfang U_R berechnet hast.

2 Umfang eines Quadrats

Zeichne ein Quadrat mit der Seitenlänge a = 3 cm in dein Heft.

a) Berechne den Umfang U_Q des Quadrats.

b) Stelle eine Formel für den Umfang U_Q des Quadrats in Abhängigkeit von der Seitenlänge a auf.

c) Berechne jeweils den Umfang des Quadrats mit der Seitenlänge 2 cm, 5 dm, 17 mm, 2,5 cm.

d) Welche Seitenlänge hat jeweils das Quadrat mit dem Umfang 64 cm, 100 m, 2 km?

3 Berechne jeweils die fehlende Größe des Rechtecks:

	a)	b)	c)	d)	e)	f)	g)
l	3 cm	25 dm	45 m	1 cm 7 mm		13 m	
b	5 cm	5 m		3 cm	8 dm	13 m	4 cm
U			260 m		5 m 60 cm		1,6 dm

4 Parkettboden

Familie Nachtmann lässt in ihrem 8,50 m langen und 4,30 m breiten Wohnzimmer Parkett verlegen. Als Abschluss zur Wand werden Fußbodenleisten verlegt. Das Wohnzimmer hat zwei 90 cm breite Türen und eine 80 cm breite Balkontür.

a) Zeichne eine Skizze des Wohnzimmers.

b) Wie viele Meter Fußbodenleiste werden verlegt?

5 Maschendrahtzaun

Marions Haus ist 9 m breit und 15 m lang. Rund um das Haus ist ein 3 m breiter Garten angelegt. Marion möchte ihr Grundstück einzäunen.

a) Zeichne eine Skizze des Hauses mit Garten im Maßstab 1 : 300.

b) Berechne die Länge des Zauns.

6 Bilderrahmen

Johannes hat aus einer 6 cm breiten Leiste einen Bilderrahmen gebaut.

a) Wie lang ist der innere Umfang des Rahmens? Wie lang der äußere?

b) Wie kannst du den inneren Umfang des Rahmens mithilfe des äußeren Umfangs berechnen?

c) Wie lang muss eine Rahmenleiste für einen Rahmen mit diesen Maßen sein? Skizziere die zugeschnittenen Rahmenleisten.

7 Schachbrett

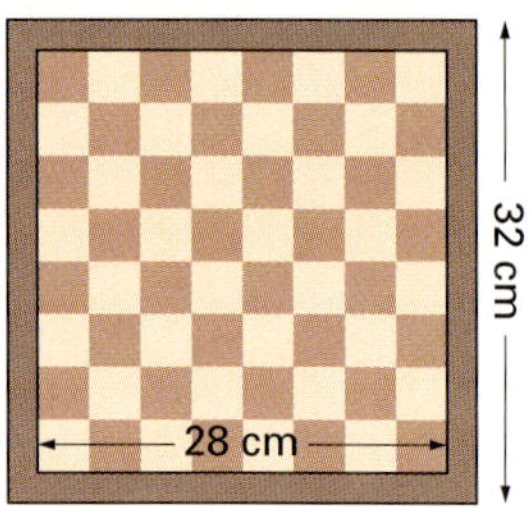

Das Spielfeld eines Schachbretts hat eine Seitenlänge von 28 cm. Das Schachbrett mit Umrandung hat eine Seitenlänge von 32 cm.

a) Welche Seitenlänge hat ein kleines Quadrat?

b) Wie breit ist die Umrandung des Schachbretts?

8 Knifflig!

Berechne den Umfang der Figuren.

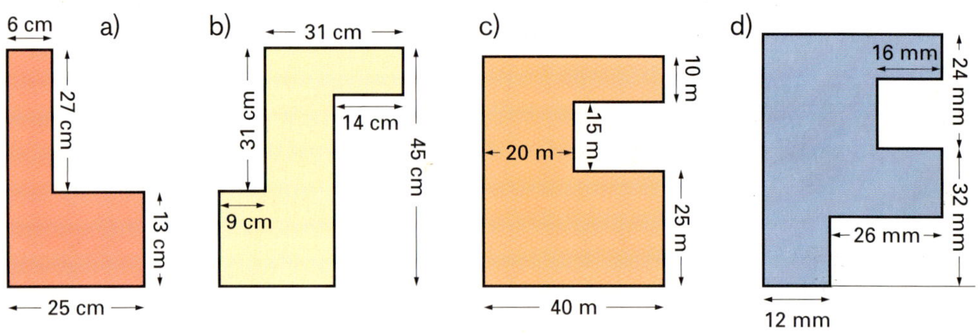

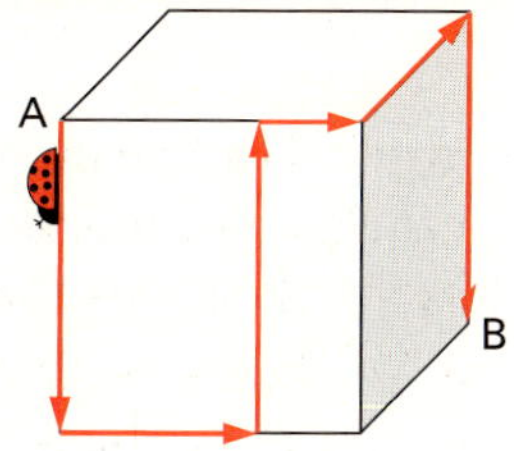

9 Das große Krabbeln

Ein Marienkäfer krabbelt – wie rechts abgebildet – von der Ecke A bis zur Ecke B eines Würfels mit 13 cm Kantenlänge. Wie lang ist der Weg, den er zurücklegt?

Zum Intensivieren

10 Figuren im Koordinatensystem

Zeichne die Punkte N(–2|–2), I(6|–2), C(6|4), O(–2|4) in ein Koordinaten-
10 system.

0 7 a) Berechne den Umfang des Rechtecks NICO.

3 b) E ist der Schnittpunkt von NC und OI. Bestimme die Koordinaten von E. Miss die Länge der Strecke [EI]. Um wie viele Zentimeter unterscheiden sich die Umfänge der Dreiecke ICE und ECO?

c) Wie groß ist der Umfang des Dreiecks LOC mit L(2|9)?

d) Berechne den Umfang der gesamten Figur LONIC.

11 Cool Sheep

Schäfer Schorsch muss den Elektrozaun seiner viereckigen Schafweide erneuern. Diese hat die Seitenlängen 47 m, 128 m, 73 m und 85 m. Das Eingangstor ist 3,70 m breit. Wie viele Meter Draht braucht Schorsch mindestens, wenn er den Draht zweimal um die Weide führen will?

12

Berechne jeweils die fehlende Größe des Rechtecks.

	a)	b)	c)	d)	e)	f)
l	2,8 cm		3,8 m	280 m	0,12 m	
b	28 mm	88 cm	270 cm		12 cm	0,08 km
U		2 m 4 cm		1,4 km		0,8 km

13 Holzzaun aus Gebirgsfichte

Lars zäunt sein 18 m langes und 14 m breites Grundstück mit einem Holzzaun ein. Ein Meter des Zauns kostet 70 €. Das 1 m breite Gartentürchen kostet 250 € und das 3 m breite Garagentor 750 €. Alle 2 Meter wird ein Pfosten benötigt. Ein Pfosten kostet 30 €. Wie viel kostet das Material insgesamt?

14 Baugrube

Um eine 16 m lange und 16 m breite Baugrube befindet sich in einem Abstand von 2 m eine Absperrung. Zeichne eine Skizze. Wie lang ist die Absperrung?

15 Auf Umwegen zum Ziel

Eine Schnecke krabbelt den rechts abgebildeten Weg entlang. Welchen Weg hat sie zurückgelegt?

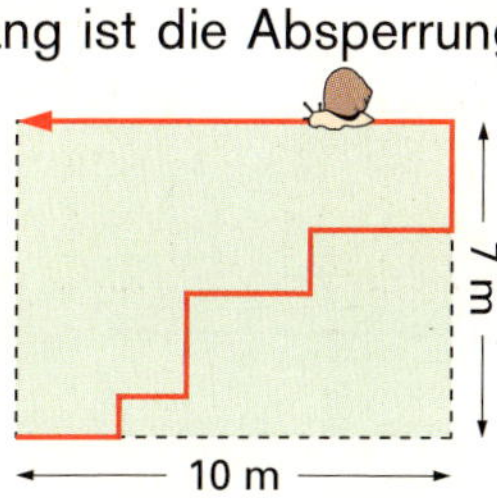

Ein Tagwerk

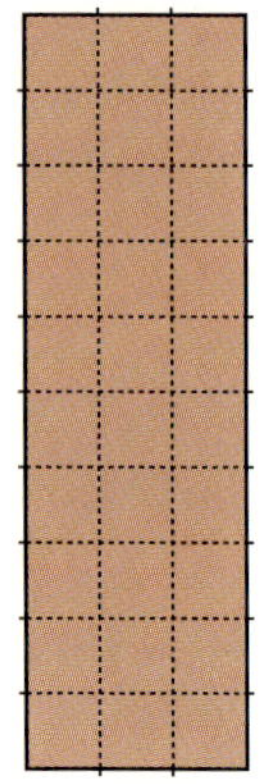

Der Münchner Maler Julius Seyler hat auf seinem Ölbild dargestellt, wie Bauern vor 100 Jahren ihre Felder bearbeitet haben: Zwei Ochsen ziehen mühsam einen Pflug hinter sich her.
Die Ackerfläche, die ein Bauer mit seinem Ochsengespann an einem Tag von Sonnenauf- bis Sonnenuntergang pflügen konnte, nannte man ein Tagwerk. Rechts oben ist die Größe eines Tagwerks im Maßstab 1: 2000 abgebildet.

1. Wie lang und wie breit ist der 1 Tagwerk große Acker in Wirklichkeit? Wie groß ist sein Umfang?

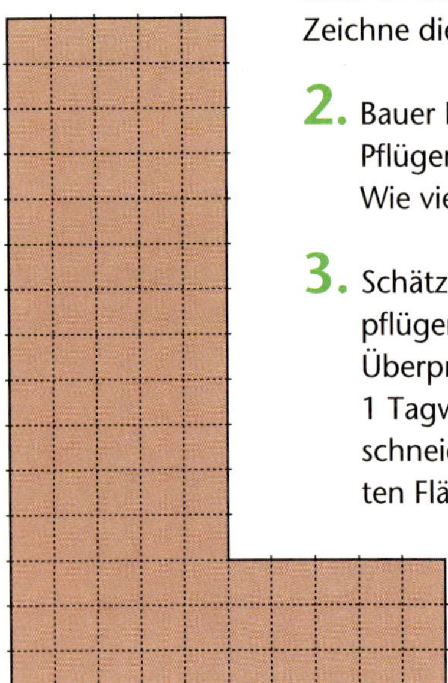

Links ist der Acker von Bauer Mühsam abgebildet.
Zeichne die Ackerfläche in dein Heft.

2. Bauer Mühsam möchte den Zustand seines Ackers vor dem Pflügen überprüfen. Er läuft einmal um seinen Acker herum. Wie viele Meter legt er dabei zurück?

3. Schätze, wie viele Tage Herr Mühsam benötigt, um den Acker zu pflügen.
Überprüfe deine Schätzung, indem du mehrere Flächen von 1 Tagwerk der obigen Form auf ein Blatt Papier zeichnest, sie ausschneidest und damit die Ackerfläche auslegst. Klebe die benötigten Flächen von 1 Tagwerk auf die Ackerfläche deines Hefts.

4. Vergleiche die beiden Flächen, indem du Kästchen zählst.
Wie viele Tagwerk erhältst du auf diese Weise für die Größe des Ackers von Bauer Mühsam?

11.1 Der Flächeninhalt

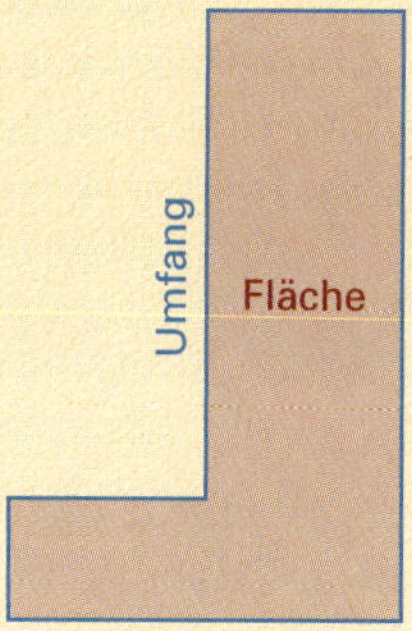

Beim Einzäunen eines Grundstücks musst du den Umfang des Grundstücks wissen. Für den Anbau von Gemüse ist die „Größe" – also die **Fläche** des eingezäunten Grundstücks interessant.
Als es noch keine Traktoren gab, wurden die Äcker mit einem Ochsengespann gepflügt. Ein Tagwerk gibt an, wie groß die Fläche des Ackers ist, die ein Bauer mit einem Ochsengespann von Sonnenauf- bis Sonnenuntergang bearbeiten konnte (Seite 174). Im Zeitalter der Maschinen ist das Tagwerk als Flächeneinheit verschwunden. Heute werden Ackerflächen in Hektar angegeben: 3 Tagwerk sind etwa ein Hektar.

Flächen messen

Du kannst Flächen verschiedener Figuren vergleichen, indem du eine Figur zerschneidest und die andere damit auslegst (Aufgabe 1). Dadurch stellst du aber nur fest, ob eine Fläche größer, kleiner oder genauso groß wie eine andere ist. Wie können wir den Flächeninhalt von Figuren messen? Wir benötigen dazu eine Flächeneinheit, mit der wir die Figur auslegen. Als Flächeneinheit benutzt man ein Quadrat mit der Seitenlänge 1 cm.

Ein Quadrat mit Seitenlänge 1 cm hat den Flächeninhalt $1\ \text{cm}^2$.
Lies: „1 Quadratzentimeter"

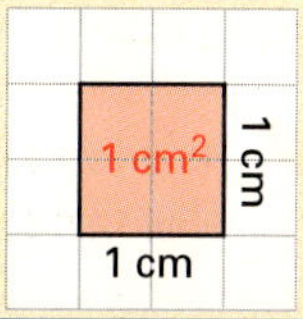

Die Größe einer Fläche geben wir durch ihren **Flächeninhalt** an (Aufgabe 2). Der Flächeninhalt wird mit A abgekürzt. Der Buchstabe A kommt vom englischen Wort *area* für *Fläche*. Der Flächeninhalt des Quadrats mit der Seitenlänge 1 cm ist also $A = 1\ \text{cm}^2$.

Flächeninhalt eines Rechtecks und eines Quadrats

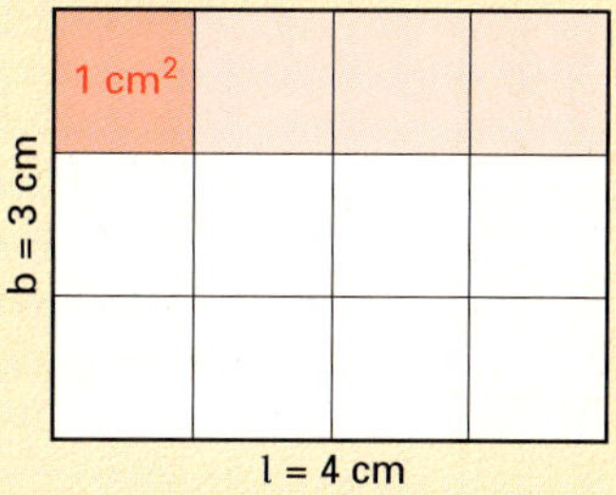

Wir bestimmen den Flächeninhalt eines 4 cm langen und 3 cm breiten Rechtecks, indem wir es mit Quadraten der Fläche $1\ \text{cm}^2$ auslegen. Das Rechteck können wir in drei 1 cm breite Streifen zerlegen. Ein Streifen besteht aus vier Quadraten. Die Fläche eines Streifens ist also $4 \cdot 1\ \text{cm}^2 = 4\ \text{cm}^2$ groß. Die Fläche des Rechtecks beträgt somit $3 \cdot 4\ \text{cm}^2 = 12\ \text{cm}^2$. Die Maßzahl der Fläche ist also gleich der Maßzahl der Länge mal der Maßzahl der Breite. Mit den Einheiten schreiben wir dafür künftig kurz und elegant:

$$4\ \text{cm} \cdot 3\ \text{cm} = 12\ \text{cm}^2.$$

Flächeninhalt eines Rechtecks
Ein Rechteck der Länge l und der Breite b hat den Flächeninhalt

$$A_R = l \cdot b.$$

Kurz: „Rechtecksfläche gleich Länge mal Breite“

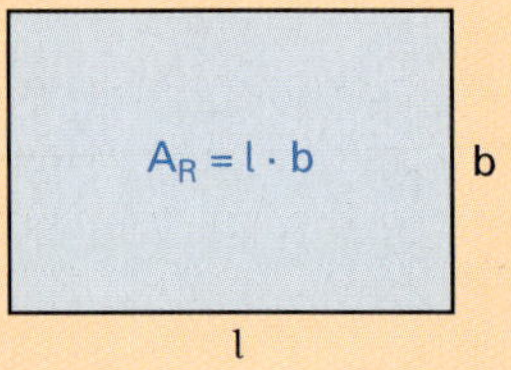

Ein Quadrat hat vier gleich lange Seiten a. Seine Länge ist a und seine Breite ist a. Deshalb ist sein Flächeninhalt $A_Q = a \cdot a = a^2$.

Flächeninhalt des Quadrats
Ein Quadrat mit der Seitenlänge a hat die Fläche

$$A_Q = a \cdot a = a^2$$

(gelesen: „AQuadrat gleich aQuadrat“)

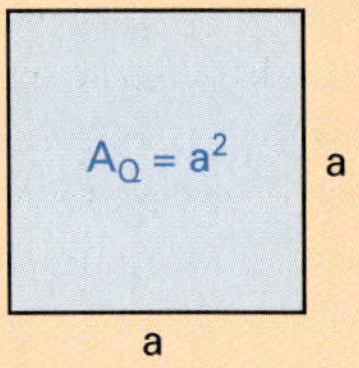

Rechnen mit Flächeninhalten

Mit dem Flächeninhalt kannst du wie gewohnt rechnen:

- Vervielfachen von Flächen: $3 \cdot 12\,cm^2 = 36\,cm^2$ „Zahl · Fläche = Fläche“
- Einteilen in gleich große Flächen: $12\,cm^2 : 3 = 4\,cm^2$ „Fläche : Zahl = Fläche“
- Bestimmen von Anzahlen: $12\,cm^2 : 3\,cm^2 = 4$ „Fläche : Fläche = Zahl“

Länge und Breite eines Rechtecks sind Längenmaße. Wir können also sagen, dass „eine Länge mal einer Länge eine Fläche“ ist: $7\,cm \cdot 5\,cm = 35\,cm^2$.

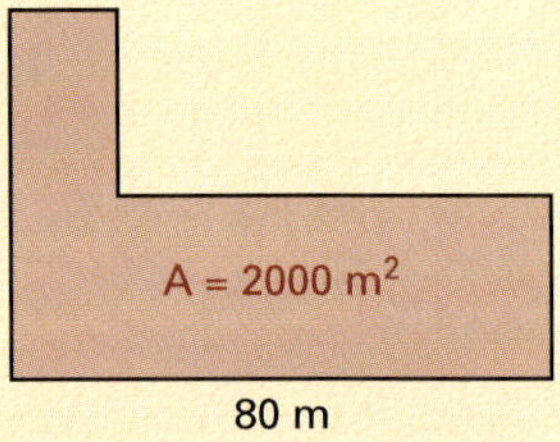

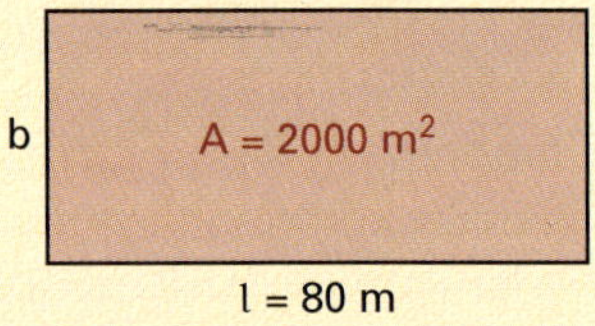

Was ist „Fläche durch Länge“?
Seit 1886 gibt es die Flurbereinigung in Bayern. Die Flurbereinigung bringt den Bauern Vorteile: Äcker, die aufgrund ihrer Form schwierig zu bearbeiten waren, wurden in rechteckige Äcker umgewandelt. Oben siehst du den Acker vor der Flurbereinigung – unten danach. Wie breit muss der 80 m lange Acker sein, wenn er wieder eine Fläche von $2000\,m^2$ haben soll? Die Fläche eines Rechtecks berechnen wir, indem wir die Länge mit der Breite multiplizieren. Nun ist der Wert des Produkts bekannt und ein Faktor gesucht. Diesen liefert die Umkehrung der Multiplikation, nämlich die Division. Also erhalten wir die Breite b, indem wir die Fläche A durch die Länge l des Rechtecks dividieren:

$$b = A : l = 2000\,m^2 : 80\,m = 25\,m.$$

„Fläche : Länge = Länge“

Flächeneinheiten

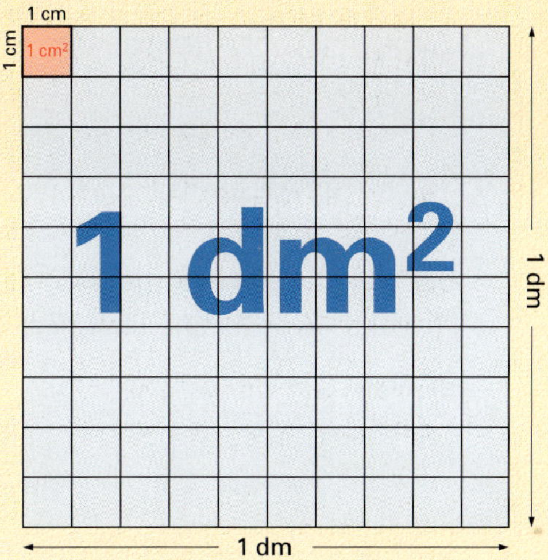

Es gibt sehr große und sehr kleine Flächen. Deshalb benutzt man zum Auslegen der Flächen verschiedene Flächeneinheiten: Quadrate mit der Seitenlänge 1 m, 1 dm, 1 cm und 1 mm. Diese Quadrate nennen wir kurz Meterquadrat, Dezimeterquadrat, Zentimeterquadrat, Millimeterquadrat.
Wie viele Zentimeterquadrate sind in einem Dezimeterquadrat enthalten? Das Dezimeterquadrat können wir in zehn 1 cm breite Streifen zerlegen. Jeder Streifen besteht aus 10 Zentimeterquadraten. In ein Dezimeterquadrat passen damit $10 \cdot 10 = 100$ Zentimeterquadrate: $1\,dm^2 = 100\,cm^2$.
Betrachten wir ein Zentimeterquadrat und legen es mit Millimeterquadraten aus, erhalten wir entsprechend: $1\,cm^2 = 100\,mm^2$.
Zum Auslegen großer Flächen benutzt man auch Quadrate mit der Seitenlänge 10 m. Ihren Flächeninhalt nennt man 1 Ar. Mit **hundert** solchen Quadraten lässt sich ein Quadrat der Seitenlänge 100 m auslegen. Seinen Flächeninhalt nennt man nach dem griechischen Wort *hekto* für *hundert* 1 **Hektar**.

Name der Flächeneinheit	Abkürzung und Umrechnung	Flächeninhalt eines Quadrats mit Seitenlänge	Veranschaulichung
Quadratmillimeter	$1\,mm^2$	1 mm	
Quadratzentimeter	$1\,cm^2 = 100\,mm^2$	1 cm	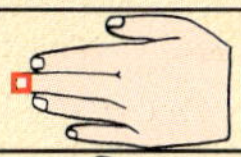
Quadratdezimeter	$1\,dm^2 = 100\,cm^2$	1 dm	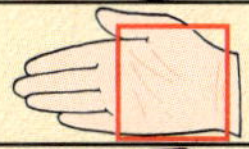
Quadratmeter	$1\,m^2 = 100\,dm^2$	1 m	
Ar	$1\,a = 100\,m^2$	10 m	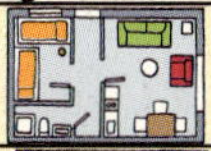
Hektar	$1\,ha = 100\,a$	100 m	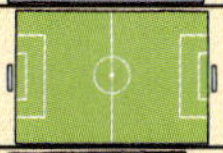
Quadratkilometer	$1\,km^2 = 100\,ha$	1 km	

Die Umrechnungszahl für Flächeneinheiten ist 100.

Umwandeln in andere Einheiten

Wir wandeln Flächeneinheiten entsprechend zu den Längeneinheiten um.

Wandeln wir einen Flächeninhalt in die

- **nächstkleinere** Einheit um, müssen wir die Maßzahl mit 100 multiplizieren oder das Komma um 2 Stellen nach rechts verschieben,
- **nächstgrößere** Einheit um, müssen wir die Maßzahl durch 100 dividieren oder das Komma um 2 Stellen nach links verschieben.

Aufgaben

1 Kaninchengehege

Frau Stölzel hat eine quadratische Gartenfläche in zwei Teile zerlegt. Tanja darf sich für ihr Kaninchen eine der beiden Flächen aussuchen. Auf dem anderen Stück will Frau Stölzel Gemüse anbauen. Damit das Kaninchen den Salat nicht anknabbert, muss die Fläche, für die sich Tanja entscheidet, eingezäunt werden. Rechts ist die Gartenfläche im Maßstab 1:50 gezeichnet.

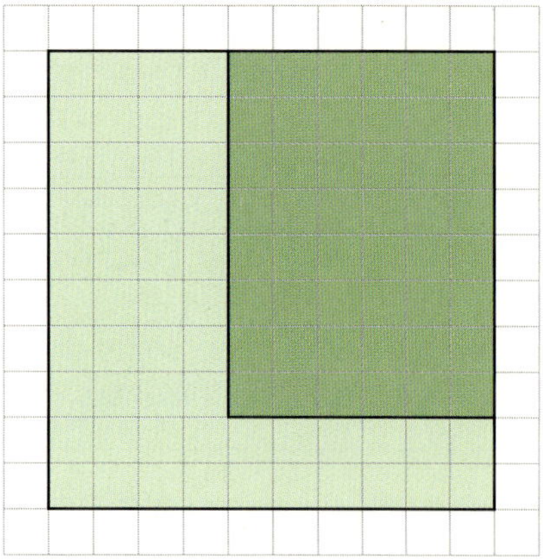

a) Wie groß ist jeweils der Umfang des L und des dunkelgrünen Rechtecks der Zeichnung in cm?
Wie lang ist der Zaun für das L-förmige und wie lang für das dunkelgrüne Grundstück in Wirklichkeit?

b) Zeichne das L in dein Heft. Zeichne das dunkelgrüne Rechteck auf ein Blatt Papier und schneide es aus. Lege das L mithilfe des Rechtecks aus, indem du das Rechteck zerschneidest. Welche Fläche ist größer?

c) Wie kannst du die beiden Flächen vergleichen, ohne eine von ihnen zu zerschneiden?

d) Für welches Grundstück wird sich Tanja entscheiden?

2 Flächen auslegen

Übertrage die rechts abgebildeten Figuren in dein Heft.

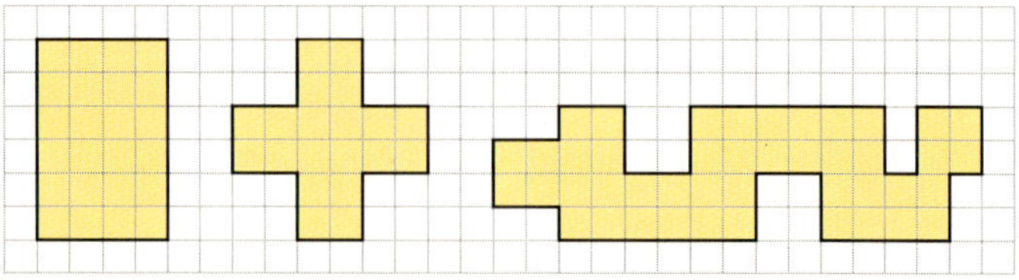

a) Bestimme den Umfang der Figuren in cm.

b) Ein Quadrat der Seitenlänge 1 cm hat den Flächeninhalt 1 cm^2. Bestimme die Fläche der Figuren, indem du sie mit solchen Quadraten auslegst.

3 Mauerdurchbruch

Wie viele Mauersteine wurden aus der rechts abgebildeten Wand herausgebrochen?

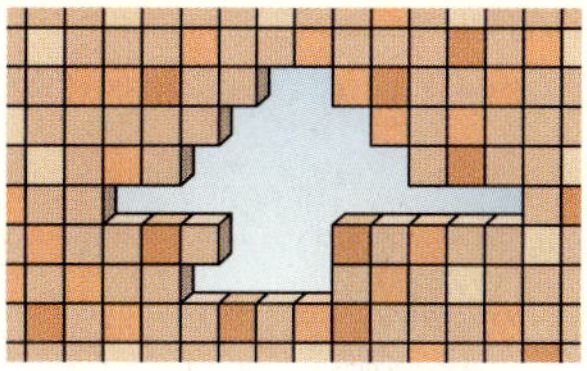

4

Berechne jeweils die fehlenden Größen des Rechtecks:

	a)	b)	c)	d)	e)	f)
l	2 cm	8 cm			13 m	16 cm
b	5 cm	15 cm	9 m	13 dm		
A			81 m²		117 m²	
U				5 m		7,4 dm

5 Flächeninhalt und Umfang

Von einem Rechteck ist der Flächeninhalt bekannt. Außerdem sind seine in cm gemessene Länge und Breite ganze Zahlen. Zeichne jeweils alle möglichen Rechtecke und berechne ihren Umfang.

a) 8 cm² b) 6 cm² c) 9 cm² d) 7 cm² e) 12 cm²

6 Gut geschätzt?

Schätze die Flächen und gib sie in einer geeigneten Einheit an:

a) Fingerabdruck, Handfläche
b) Postkarte, Briefmarke
c) Schulbank, Tafel, Klassenzimmer
d) Tischtennisplatte, Fußballplatz
e) Bayern, Bundesrepublik Deutschland

7 Umrechnen von Einheiten

Rechne in die in Klammern angegebene Einheit um:

a) 8 cm² (mm²)
b) 19 dm² (mm²)
c) 54 m² (cm²)
d) 210 000 mm² (dm²)
e) 3700 m² (a)
f) 500 cm (dm)
g) 370 a (m²)
h) 2500 a (ha)
i) 2,31 ha (a)
k) 98 000 m² (a)
l) 7 m (mm)
m) 15 300 mm² (cm²)
n) 15 300 mm² (dm²)
o) 15 300 mm (dm)
p) 13 a (dm²)
q) 20 cm (m)
r) 20 cm² (m²)
s) 7,2 ha (dm²)
t) 12 000 a (km²)
u) 450 km² (m²)
v) 450 km (m)

8 Ich glaub, ich steh' im Wald!

Waldbauer Waldemar bewirtschaftet ein 350 m langes und 480 m breites Waldstück. Gib die Fläche in m², a und ha an.

9 Gemischte Einheiten

Schreibe in der kleinsten vorkommenden Einheit:

a) $3\,m^2\ 24\,dm^2$ b) $9\,cm^2\ 13\,mm^2$ c) $2\,cm^2\ 4\,mm^2$
d) $50\,m^2\ 50\,cm^2$ e) 2 dm 3 cm f) $20\,m^2\ 1\,dm^2$
g) $2\,m^2\ 50\,cm^2$ h) 8 ha 23 a i) $7\,m^2\ 13\,mm^2$
k) 7 m 13 mm l) 2 ha 145 a m) $1\,km^2$ 2 ha 3 a
n) $24\,km^2$ 48 a $96\,m^2$ o) 2 km 3 dm 5 mm p) 58 ha $9\,m^2$

10 Umrechnen in m^2

Gib die Flächen in m^2 an:

a) $100\,dm^2$ b) $3000\,dm^2$ c) 3 a d) 59 a
e) 7 ha f) 24 ha g) 10 ha h) $4\,km^2$
i) $250\,000\,cm^2$ k) $25\,000\,cm^2$ l) $1{,}23\,km^2$ m) $0{,}5\,km^2$

11 Vorsicht: Einheiten!

a) $4\,mm^2 + 17\,mm^2$ b) $12\,cm^2 + 3\,mm^2$ c) $15\,a - 55\,m^2$
d) $4\,ha - 250\,m^2$ e) $2{,}5\,km^2 - 90\,a$ f) $20\,m^2 \cdot 15$
g) $12{,}5\,ha \cdot 16$ h) $364\,a : 14$ i) $120\,m^2 : 25$
k) $78\,cm^2 : 6\,cm$ l) $96\,a : 80\,m$ m) $144\,ha : 2400\,m$
n) $7{,}5\,a : 15\,m$ o) $143\,dm^2 : 13\,dm^2$ p) $120\,m^2 : 40\,cm^2$
q) $294\,ha : 21\,m^2$ r) $168\,m^2 : 12\,mm^2$ s) $20\,m^2 : 400\,cm^2$

12 Quadrate

Welche Seitenlänge hat ein Quadrat mit der Fläche

a) $81\,m^2$ b) $196\,dm^2$ c) $361\,cm^2$ d) 144 a e) 361 ha?

13 Flurbereinigung

Bauer Georg hat drei Äcker. Sie sind $8\,000\,m^2$, 7 ha und 230 a groß. Im Rahmen der Flurbereinigung bekommt er ein 340 m langes und 290 m breites Grundstück zum Tausch angeboten.

a) Um wie viele m^2 ist das angebotene Grundstück kleiner?
b) Warum wird Georg trotzdem tauschen?

14 Umwandeln in gemischte Einheiten

Schreibe in gemischten Einheiten:

a) $12\,345\,mm^2$ b) $43\,210\,cm^2$ c) $1007\,dm^2$
d) 1007 dm e) $1\,020\,034\,050\,dm^2$ f) $120\,030\,mm^2$
g) 120 030 mm h) $400\,030\,021\,m^2$ i) $1{,}23\,km^2$
k) 2,02 ha l) 2,2 ha m) 1,2345 km
n) $2{,}002\,km^2$ o) $200{,}02\,dm^2$ p) $200{,}2\,cm^2$

15 Rasenpflege

Der Fußballplatz des FC Lenkersheim hat einen Flächeninhalt von 50 a und eine Länge von 100 m. Für 1 m^2 Rasen benötigt man 36 g Dünger.

a) Wie breit ist der Fußballplatz?

b) Wie viel kg Dünger werden für den Platz benötigt? Wie viel kostet dieser?

16 Bodenfliesen

Christines rechteckiges Zimmer ist 4,5 m lang und 3 m breit. Sie möchte das Zimmer mit quadratischen Fliesen der Seitenlänge 25 cm auslegen.

a) Mit wie vielen Fliesen kann sie die Länge des Zimmers auslegen? Mit wie vielen Fliesen kann sie die Breite auslegen?

b) Wie viele Fliesen benötigt Christine insgesamt?

c) Wie groß ist die Fläche des Zimmers? Wie groß ist die Fläche einer Fliese? Berechne damit die Anzahl der benötigten Fliesen. Was kann beim Verlegen passieren, wenn du auf diese Weise die Anzahl der benötigten Fliesen berechnest?

17 Das Geheimnis der Maße eines Fußballfeldes

England gilt als Mutterland des Fußballs, da 1863 in London die „Football Association" gegründet wurde, die die Regeln festlegte. Deshalb gehen die Maße eines Fußballfeldes auf die englischen Längeneinheiten 1 Foot (1 ft) und 1 Yard (1 yd) zurück. Es ist 1 ft = 30,5 cm und 1 yd = 3 ft. Rechne in m und cm um:

a) Das Fußballtor ist 8 yd breit und 8 ft hoch.

b) Der „gebührende Abstand" eines Spielers beträgt 10 yd. Wann muss er diesen einhalten?

c) Rechne 6 yd und 12 yd in m und cm um und runde auf dm. Beschreibe damit den Verlauf des Tor- und des Strafraums.

d) Bei internationalen Wettkämpfen ist ein Fußballfeld mindestens 110 yd und höchstens 120 yd lang. Die Breite beträgt mindestens 70 yd und höchsten 80 yd. Berechne den kleinsten und den größten Flächeninhalt in Ar.

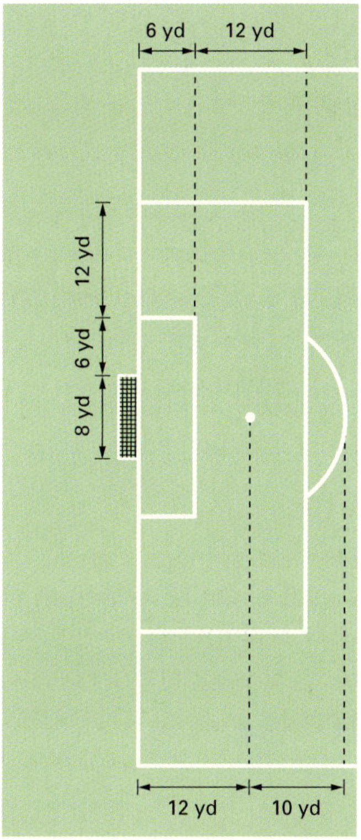

Zum Intensivieren

18 Flächenraten

a) Bestimme den Umfang der beiden Figuren in cm.

b) Welche der beiden Figuren hat nach deiner Meinung einen größeren Flächeninhalt? Überprüfe deine Vermutung und gib die Flächeninhalte in cm^2 an.

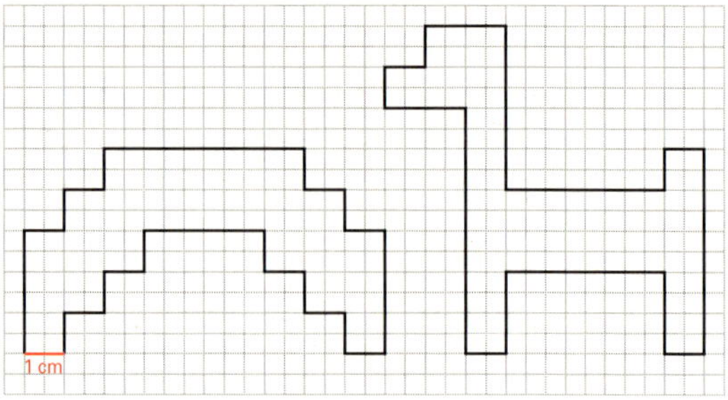

19 Vorsicht Einheiten!

Berechne jeweils die fehlenden Größen der Rechtecke:

	a)	b)	c)	d)	e)	f)
l	120 cm	40 m	65 m			1,4 km
b	8 dm	30 m	72 m	800 m	70 m	
A		… a	… a	… ha	63 a	84 ha
U				3 km		

20 Quadrate verlegen

Zeichne alle Rechtecke, die du mit 18 Zentimeterquadraten vollständig auslegen kannst. Wie groß sind ihre Umfänge?

21 Verlegearbeit

Peter hat sich eine Streichholzschachtel mit 36 Streichhölzern gekauft. Er legt alle Rechtecke, die einen Umfang von 36 Streichhölzern haben.

a) Kommt auch ein Quadrat vor?

b) Welches ist das längste Rechteck?

Wie lang sind die Seiten eines Rechtecks,

c) das doppelt so lang wie breit ist?

d) das fünfmal so lang wie breit ist?

e) Wie viele verschiedene Rechtecke kann Peter legen?

22 Fliesenleger

Fliesenleger Kuno hat zum Belegen des Bodens eines Zimmers 200 Fliesen mit einer Kantenlänge von 15 cm mitgebracht. Um welches Zimmer handelt es sich?

23 Zaunkönig

Der Garten von Familie Klein wird von der Hauswand, einer 15 m langen Hecke, einem 10 m langen Busch und einem 37 m langen Zaun begrenzt.

a) Wie lang ist die Hauswand?

b) Wie groß ist die Fläche des Gartens?

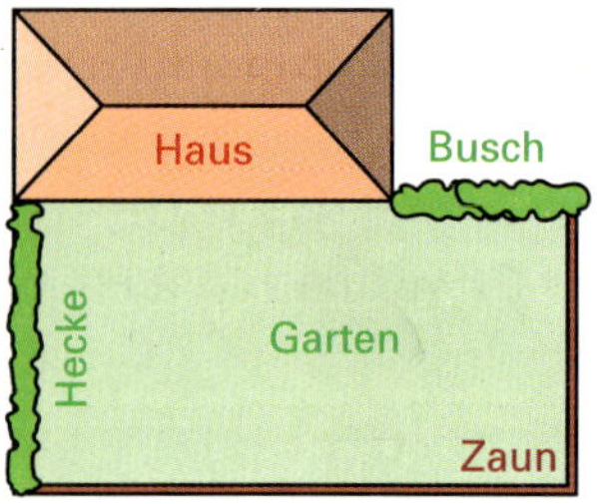

11.2 Flächeninhalt zusammengesetzter Figuren

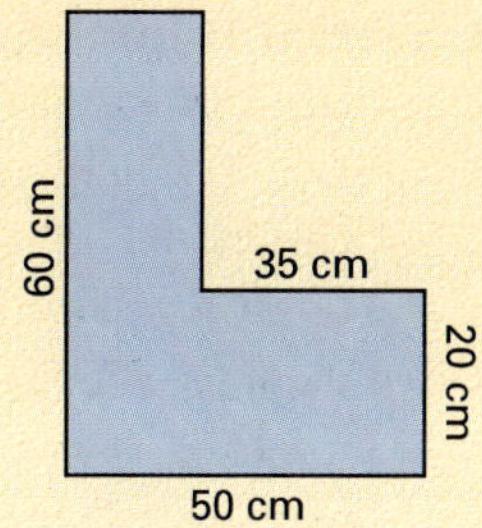

Bis jetzt haben wir nur den Flächeninhalt quadratischer oder rechteckiger Figuren berechnet. Wie berechnen wir den Flächeninhalt zusammengesetzter Figuren wie der rechts abgebildeten L-förmigen Figur (Aufgabe 11)?

1. Möglichkeit: Summe zweier Rechtecksflächen

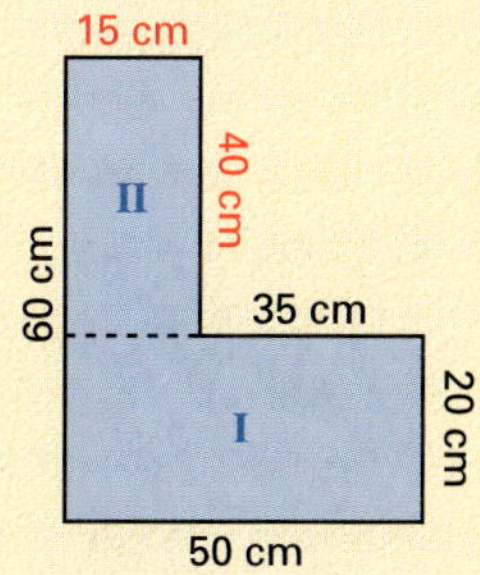

Wir zerlegen das L, wie rechts abgebildet, in zwei Rechtecke. Die Fläche des L können wir nun berechnen, indem wir den Flächeninhalt des Rechtecks I und des Rechtecks II addieren. Die Länge des Rechtecks II ergibt sich zu $l_{II} = 50\,cm - 35\,cm = 15\,cm$ und die Breite zu $b_{II} = 60\,cm - 20\,cm = 40\,cm$.

$$A_L = A_I + A_{II} = 50\,cm \cdot 20\,cm + 15\,cm \cdot 40\,cm$$
$$= 1000\,cm^2 + 600\,cm^2 = 1600\,cm^2 = 16\,dm^2$$

2. Möglichkeit: Summe zweier Rechtecksflächen

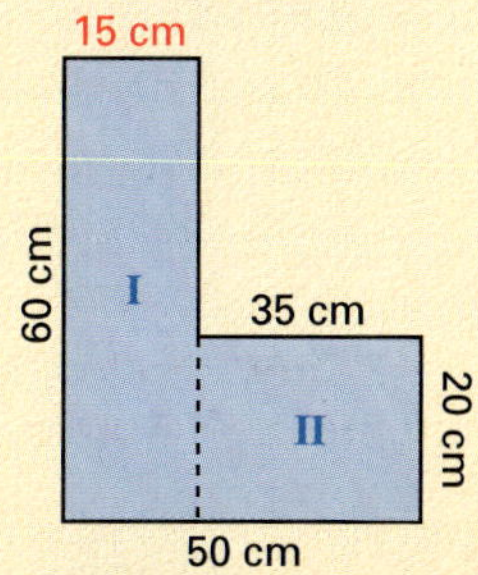

Wir können die Figur auch in zwei andere Rechtecke zerlegen. Für diese Lösung müssen wir nur eine Breite berechnen.

$$A_L = A_I + A_{II} = 15\,cm \cdot 60\,cm + 35\,cm \cdot 20\,cm$$
$$= 900\,cm^2 + 700\,cm^2 = 1600\,cm^2 = 16\,dm^2$$

3. Möglichkeit: Differenz zweier Rechtecksflächen

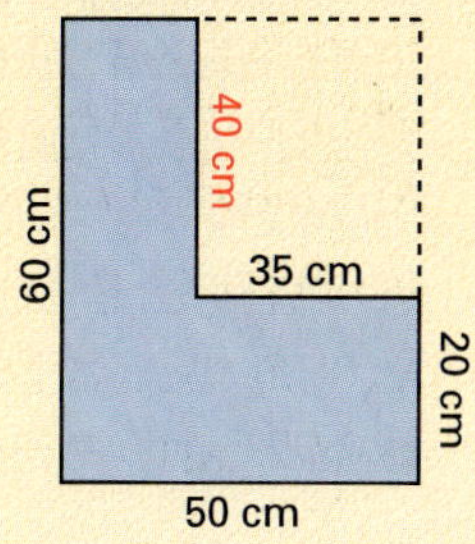

Diese Lösung ist bei zusammengesetzten Figuren oft der geschickteste Weg. Wir ergänzen das L zu einem großen Rechteck mit 50 cm und 60 cm langen Seiten. Um den Flächeninhalt des L zu berechnen, müssen wir vom Flächeninhalt des großen Rechtecks den Flächeninhalt des kleinen Rechtecks mit 35 cm und 40 cm langen Seiten subtrahieren.

$$A_L = A_{groß} - A_{klein} = 50\,cm \cdot 60\,cm - 35\,cm \cdot 40\,cm$$
$$= 3000\,cm^2 - 1400\,cm^2 = 1600\,cm^2 = 16\,dm^2$$

Aufgaben

1 Grundstücksfläche

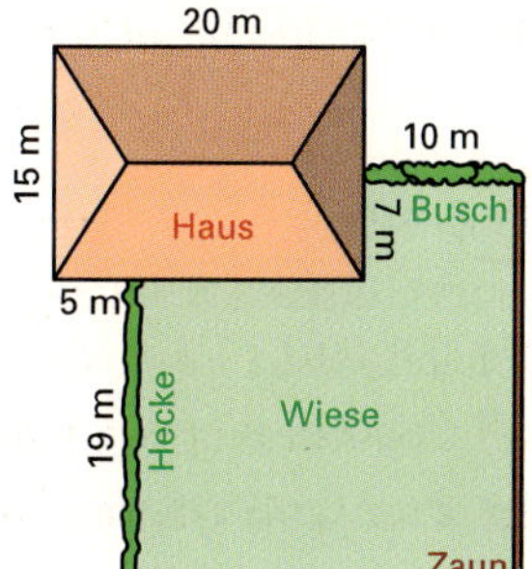

a) Berechne die Länge des Zauns.

b) Fertige eine beschriftete Skizze der Rasenfläche ohne Haus an.

c) Berechne die Rasenfläche auf verschiedene Arten.

2 Herrenchiemsee blickt dich an

König Ludwig II ließ Schloss Herrenchiemsee erbauen.

a) Die Parkanlage ist 160 m breit und 400 m lang. Wie groß ist die Fläche der ganzen Anlage in a, wie groß in ha?

b) Wie lang ist in etwa die Baumallee, die das Grundstück umgibt?

Rechts unten siehst du das U-förmige Schloss. Es ist 100 m lang und 90 m breit. Der quer verlaufende Teil des U ist 25 m breit, die beiden anderen Teile 30 m.

c) Gib den Maßstab des Fotos an.

d) Zeichne eine beschriftete Skizze des Schlossgrundrisses in dein Heft.

e) Herrenchiemsee hat den größten Raum, den es in einem deutschen Schloss gibt. Dieser Spiegelsaal erstreckt sich über den gesamten quer verlaufenden Teil des „U“. Wie groß ist seine Fläche?

f) Berechne die Fläche eines Stockwerks des Schlosses auf drei verschiedene Arten. Gib das Ergebnis in Ar an. Vergleiche die Fläche mit der deines Klassenzimmers.

g) Das Schloss hat drei Stockwerke. Wie groß ist die gesamte Fläche?

3 An der Nordseeküste!

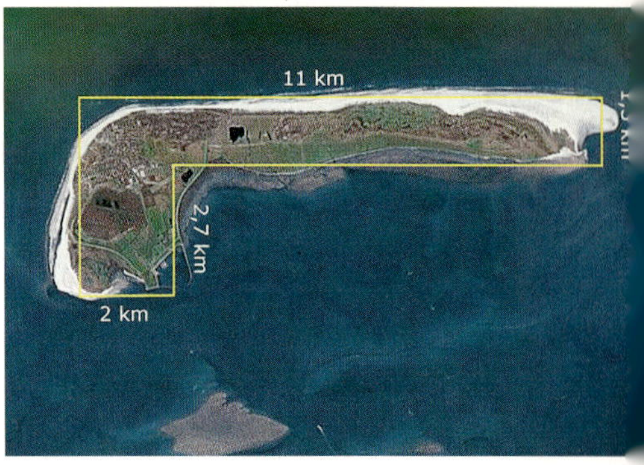

Die Insel Langeoog ist 11 km lang.

a) Bestimme den Maßstab der Karte.

b) Die Insel hat die Form eines L. Begründe, warum die Fläche des eingezeichneten L etwa so groß wie die Fläche der Insel ist.

c) Berechne die Fläche der Insel in m^2. Gib den Flächeninhalt auch in km^2 an.

d) Wie lang ist der Strand der Insel?

4 Einmal rundherum

Frank will den um sein Haus verlaufenden 2 m breiten Weg mit 5 € teuren quadratischen Platten der Seitenlänge 40 cm pflastern. Das Haus ist 14 m lang und 8 m breit.

a) Fertige eine vollständig beschriftete Skizze an.

b) Wie lang ist der Umfang des Hauses mit Weg?

c) Wie groß ist die Fläche des gepflasterten Weges?

d) Wie viele Platten benötigt Frank für den Weg? Wie viel kosten die Platten?

5 Buchstabensalat

Die Balken eines Buchstabens sind gleich breit. Berechne Umfang und Flächeninhalt des Buchstabens.

a)

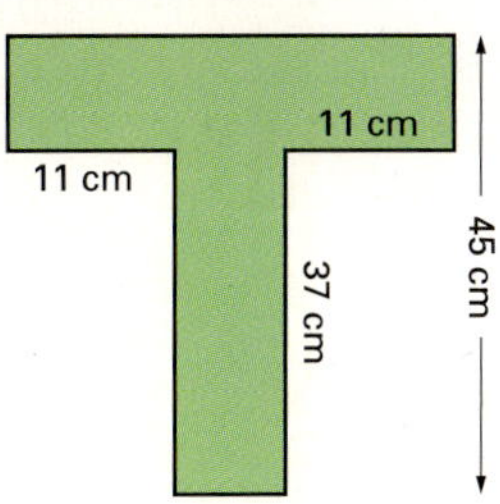

b)

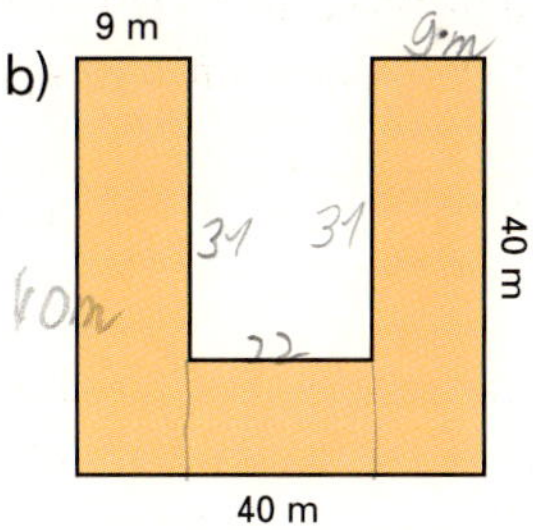

c)

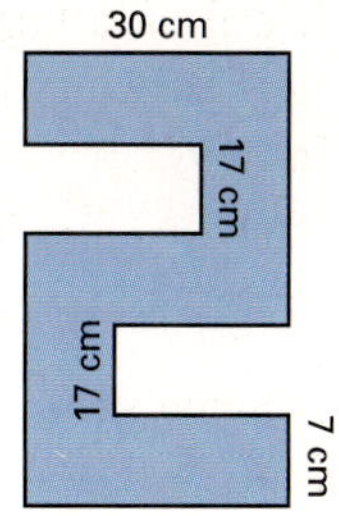

d)

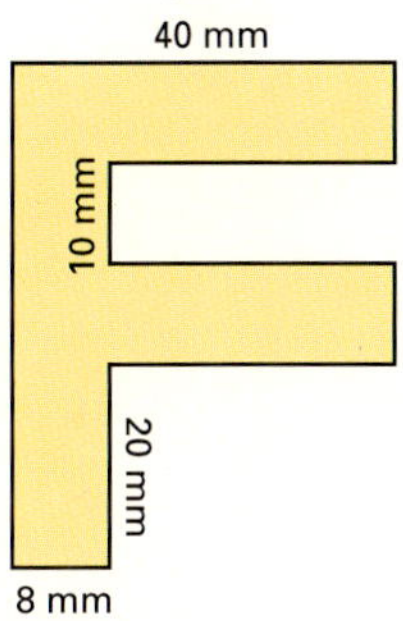

e)

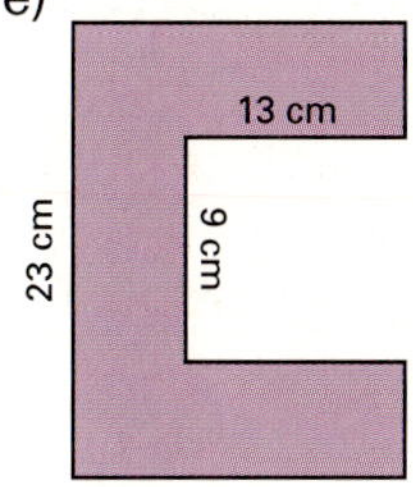

f)

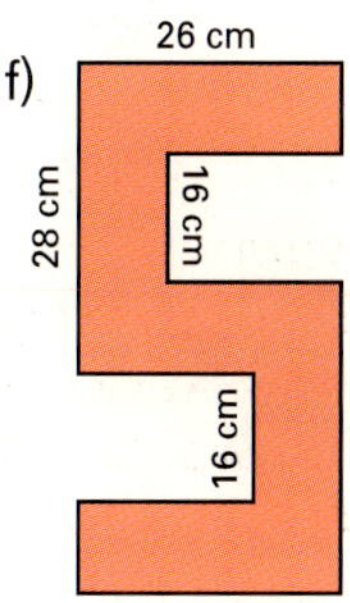

6 Selbst gemessen!

Miss die Seitenlängen deines Mathematikbuches. Runde sie auf Zentimeter genau. Berechne den Flächeninhalt einer Buchseite.
Schätze, wie groß die Fläche ist, die du mit allen Buchseiten bedecken kannst. Berechne diese Fläche.

7 Sägearbeit

Ingo hat das rechts dargestellte Kreuz mit gleich breiten Balken auf ein dünnes Blech gezeichnet.

a) Wie groß ist der Umfang des Kreuzes?

b) Berechne den Flächeninhalt des Kreuzes.

c) Ingo sägt das Kreuz aus einem Metallblech heraus. 1 cm^2 Blech wiegt 300 mg. Wie viel Gramm wiegt das ausgesägte Kreuz?

d) Ingo bemalt das Kreuz auf beiden Seiten. Wie groß ist die Fläche, die er bemalen muss?

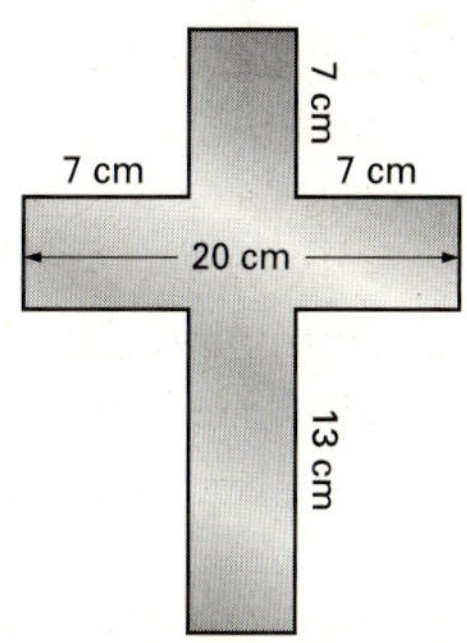

8 Gemüseanbau

Steffi legt einen Teil ihres Gartens neu an. Sie bepflanzt insgesamt 42 m^2 ihres Gartens mit Himbeeren, Rosen und Gemüse. Das Rosenbeet ist 12 m^2 groß.

a) Wie lang ist Steffis Rosenbeet?

b) Wie groß ist die Fläche von Steffis Gemüsebeet?

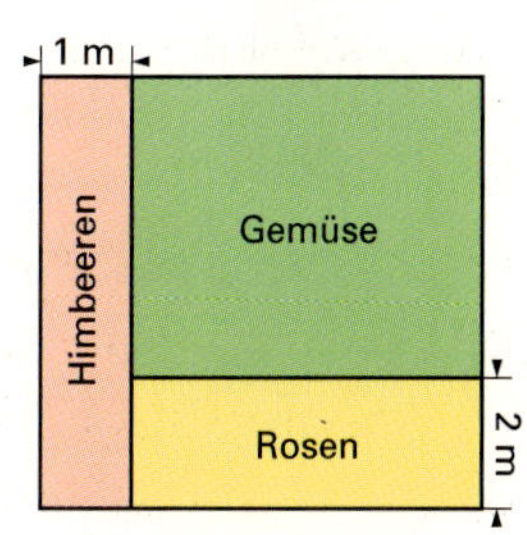

9 Flächen, Flächen, Flächen

Berechne die Flächen der Figuren:

a)

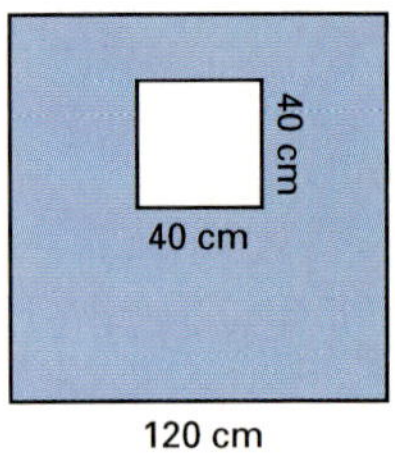

b)

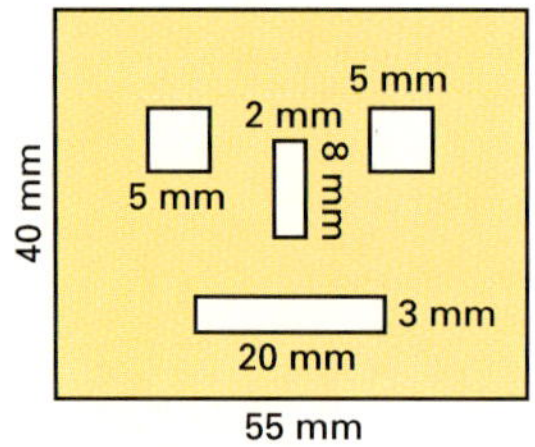

c)

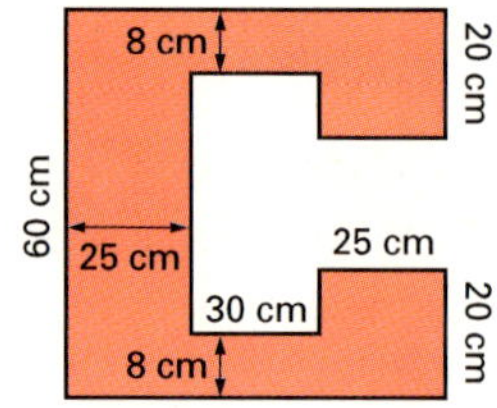

d)

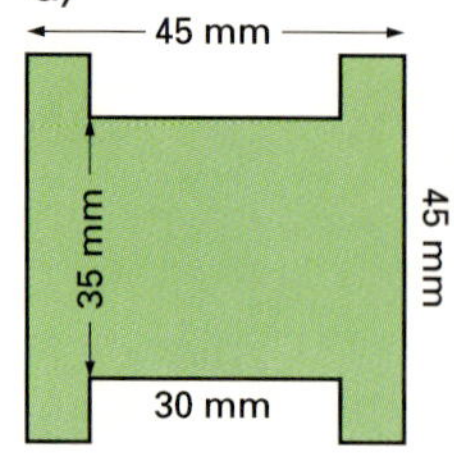

e)

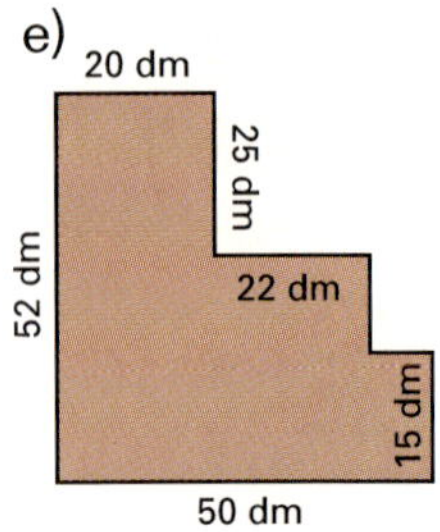

f)

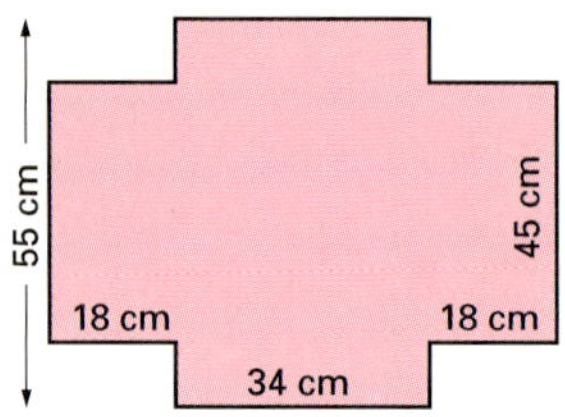

g)

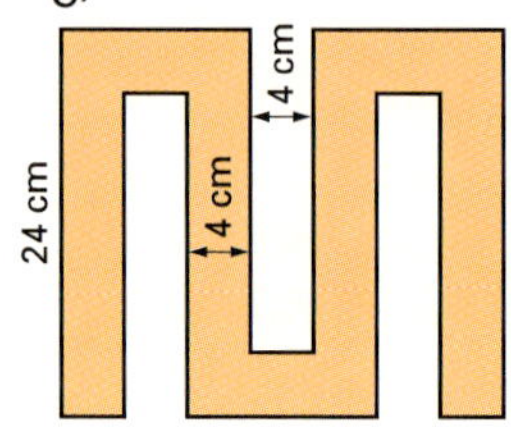

h)

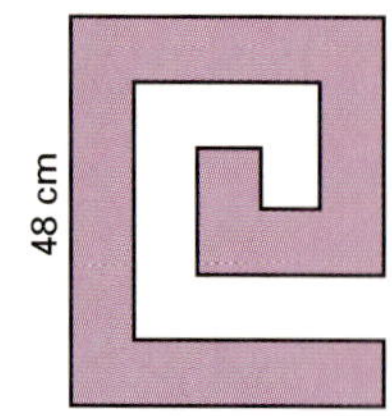

10 Container-Schiff

Für den weltweiten Gütertransport werden riesige Container-Schiffe verwendet. Das Deck des abgebildeten Schiffs wurde mit 12 m langen, 2,35 m breiten und 2,50 m hohen Containern beladen.

a) Wie breit ist das Schiff?

b) Auf dem Deck wurden 20 Containerreihen hintereinander gestellt. Wie lang ist das Schiff mindestens?

c) Wie groß ist die Ladefläche des Decks?

d) Wie viele Container stehen mit ihrer Grundfläche unmittelbar auf dem Deck? Wie viele Container wurden insgesamt geladen?

e) Wie hoch ist die Ladung?

f) Zum Beladen des Schiffs wurden ab 5:30 Uhr 5 Kräne eingesetzt. Jeder Kran hob pro Stunde 34 Container auf das Schiff. Wann war der Ladevorgang beendet?

11 Tangram

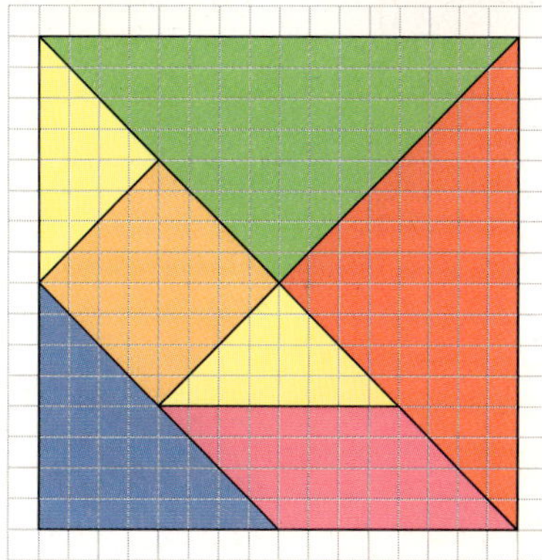

Zeichne das rechts abgebildete Quadrat mit der Seitenlänge 8 cm auf ein kariertes Blatt Papier. Färbe die Dreiecke und die Vierecke wie in der Vorlage ein.

a) Berechne den Flächeninhalt des großen Quadrates.

Schneide die einzelnen Figuren aus.

b) Wie groß ist jeweils der Flächeninhalt des grünen, des roten, des blauen, eines gelben Dreiecks, des orangen Quadrats und des violetten Vierecks?
Beschreibe, wie du jeweils den Flächeninhalt ermittelt hast.

c) Lege die oben abgebildeten Figuren. Lege drei weitere lustige Figuren.

d) Lege jeweils eine Figur mit dem Flächeninhalt $44\,cm^2$, $24\,cm^2$, $20\,cm^2$ und $12\,cm^2$.

12 Flächeninhalt eines Dreiecks

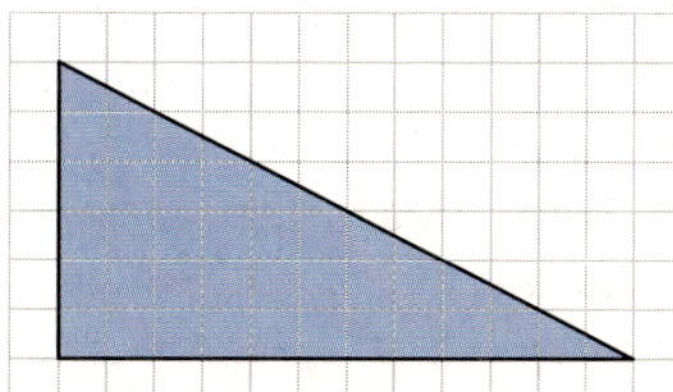

Bestimme den Flächeninhalt des abgebildeten Dreiecks. Beschreibe, wie du dabei vorgegangen bist.

13 Flächeninhalte komplizierterer Figuren

Zeichne die unten abgebildeten Figuren auf ein Blatt Papier. Schneide sie aus und bestimme ihren Flächeninhalt. Beschreibe, wie du dabei vorgegangen bist.

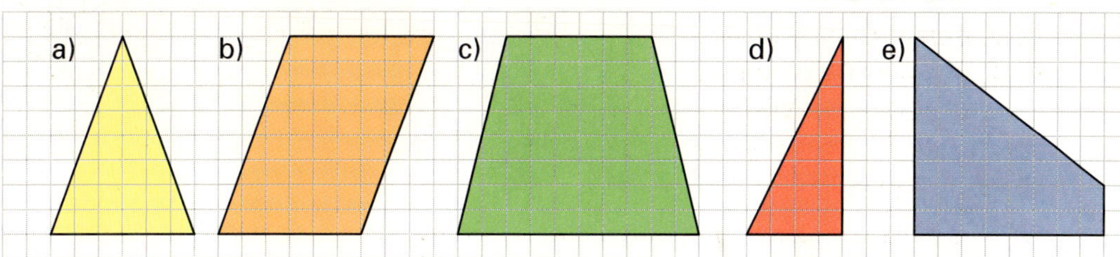

14 Wie ein Drache im Wind

Rechts siehst du Manfred mit seinem Drachen.

a) Fertige eine Skizze des Drachens an.

b) Von welchen Strecken musst du die Länge kennen, damit du seine Fläche berechnen kannst?

c) Schätze anhand des Fotos diese Längen ab und berechne den Flächeninhalt des Drachens.

Zum Intensivieren

15 Große Flächen und kleine Flächen

Suche zu jeder Fläche ihre Größe. Beginne mit der größten Fläche.

Schreibtisch, Basketballfeld, Getreideacker, 1 €-Münze, CD, 10 €-Schein, Königssee, Tischtennisplatte, Wohnung, Schnitzel, Badehandtuch, Schwimmbecken

522 ha, 1,5 m², 420 m², 423 mm², 115 cm², 418 dm², 12 ha, 10 a, 150 cm², 90 m², 80 dm², 87 cm²

16 Neubaugebiet

In Bergham wird ein 1 ha großes Neubaugebiet erschlossen. Es werden 8 freistehende Häuser und 12 Reihenhäuser gebaut. Die Grundstücke für die freistehenden Häuser sind $450\,m^2$ groß. Für Straßen und einen kleinen Spielplatz werden insgesamt $1600\,m^2$ eingeplant. Wie groß sind die Grundstücke für die Reihenhäuser?

17 Leuchtreklame

Die Buchstaben der Leuchtreklame sind alle 25 cm breit und 45 cm hoch. Die Balken der Buchstaben sind 5 cm breit. Berechne den Flächeninhalt und den Umfang jedes einzelnen Buchstabens.

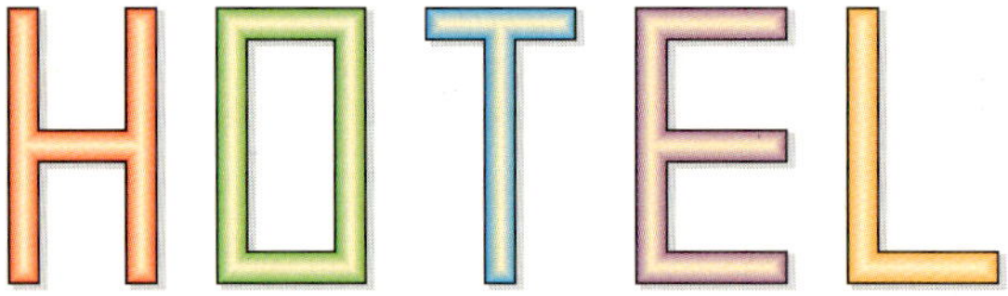

18 Gleich oder nicht gleich? Das ist hier die Frage.

Bei welchem Quadrat ist die grün gefärbte Fläche am größten, bei welchem am kleinsten? Bei welchen Quadraten ist die grüne Fläche gleich groß?

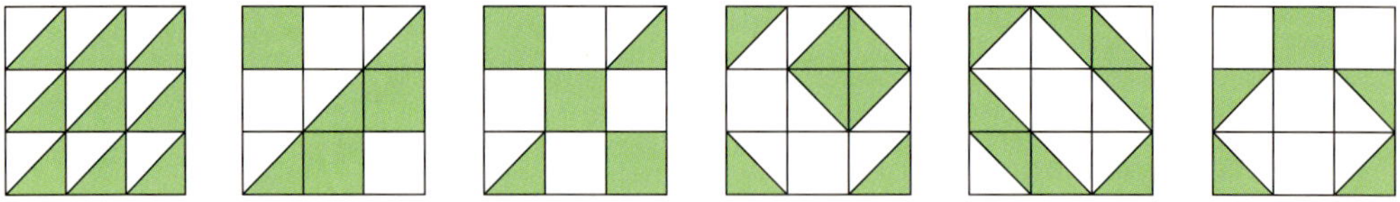

(1) (2) (3) (4) (5) (6)

19 **Nürnberg**

Die Karte zeigt die Altstadt von Nürnberg im Maßstab 1 : 25 000.

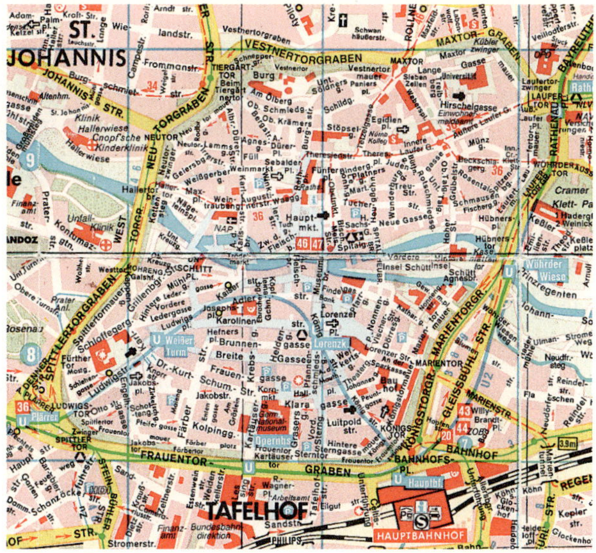

a) Die Stadtmauer hat die Form eines Vierecks. Bestimme die Länge der Stadtmauer.

b) Auf dem Stadtplan siehst du ein quadratisches Raster. Begründe, warum die Fläche von vier Quadraten etwa so groß wie die Fläche der Nürnberger Altstadt ist. Berechne mithilfe der vier Quadrate die Fläche der Nürnberger Altstadt.

20 **Gewächshaus**

Gärtner Wilfried hat ein Gewächshaus mit vier gleich großen Beeten. Diese sind ringsum von gleich breiten Wegen umgeben.

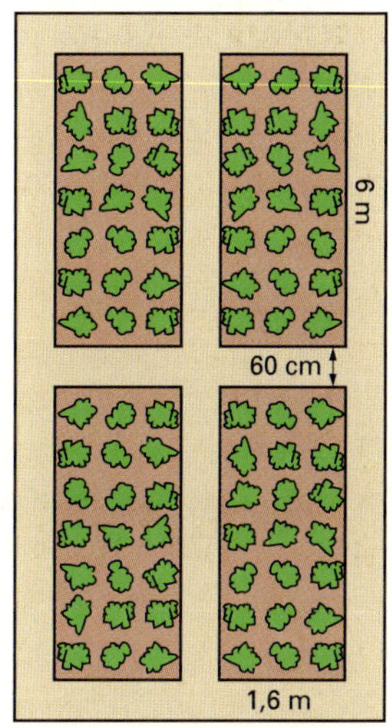

a) Berechne die Fläche der Beete und die Fläche der Wege.

b) Wilfried möchte die Wege mit quadratischen Platten der Seitenlänge 3 dm auslegen. Eine Packung enthält 20 Platten und kostet 98 €. Wie viel muss er beim Händler bezahlen?

c) Runde die Plattenfläche auf m². Unter die Platten muss eine Schicht Kies. Pro Quadratmeter werden 40 kg Kies verwendet. Wilfrieds Lieferwagen kann 2,3 t laden. Kann er den Kies selbst transportieren?

21 **Knifflig: Ineinander geschachtelte Quadrate**

Das größte der drei abgebildeten Quadrate hat einen Flächeninhalt von 64 cm² und das kleinste einen Flächeninhalt von 16 cm². Wie groß ist der Flächeninhalt des mittleren Quadrats?

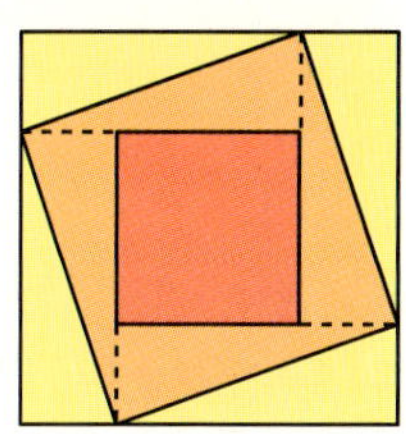

(A) 32 cm² (B) 34 cm² (C) 40 cm² (D) 42 cm² (E) 48 cm²

22 Die Dampfbahn in der Fränkischen Schweiz

Die 16 km lange Strecke der fränkischen Dampfbahn führt durch das Wiesenttal. Von Mai bis Oktober sind die historischen Dampfzüge an 22 Sonn- und Feiertagen im Einsatz und pendeln an diesen 3-mal zwischen Ebermannstadt und Behringersmühle. Der Preis für eine Hin- und Rückfahrt beträgt für Erwachsene 10 € und für Kinder die Hälfte.

a) Wie hoch sind die jährlichen Einnahmen, wenn bei einer Fahrt durchschnittlich 70 Erwachsene und 50 Kinder mitfahren?

b) Auf einem Kilometer verbraucht die Lok etwa 45 kg Kohle. Wie viele Tonnen sind das in einem Jahr? Runde dein Ergebnis.

c) Die Kohle für das nächste Jahr soll bestellt werden. Wie viel kostet sie, wenn für eine Tonne 120 € zu bezahlen sind?

d) Im nächsten Jahr müssen drei der 14 m langen Personenwagons neu lackiert werden. Für 5 m^2 ist etwa 1 kg Lack erforderlich. Wie viel Lack ist dafür ungefähr nötig?

23 Spargelzeit

Landwirt Meckler baut auf seinem 1,6 ha großen rechteckigen Acker Spargel an. Der Acker ist 200 m lang. Die Pflanzen werden in 40 cm Abstand in aufgeschüttete Erdreihen gepflanzt. Der Abstand der Erdreihen ist 1,6 m. Von Mitte April bis Ende Juni kann Herr Meckler die 25 cm langen Stangen ernten. Jede Pflanze liefert im Jahr etwa 300 g Spargel. In seinem Laden verkauft Herr Meckler 1 kg Spargel im Mittel für 5 €.

a) Wie viele Pflanzen befinden sich auf Herrn Mecklers Acker?

b) Wie groß ist sein Jahresertrag in t?

c) Wie viel kann er beim Verkauf des Spargels in der Saison einnehmen? Wofür gibt Landwirt Meckler einen großen Teil seiner Einnahmen aus?

d) Bei guten Wetterbedingungen wächst der Spargel tagsüber um 0,6 cm in der Stunde. Wie viele cm wächst der Spargel in einem halben Tag? Wann und wie oft sollte der Spargel geerntet werden?

Grundbegriffe der Geometrie im Raum

Würfel basteln

(Gruppenarbeit für je 3 Schüler vor Kapitel 12.2)

1. Zeichne das unten abgebildete Netz eines Würfels mit Kantenlänge 3 cm auf kariertes Papier.
a) Überlege dir, welche Kanten des Würfelnetzes beim Falten aufeinandertreffen. Markiere zusammenfallende Kanten mit derselben Farbe
b) Schneide das Netz aus. Falte es zu einem Würfel und überprüfe die farbigen Kanten.
Klebe das Netz an der Grundfläche des Würfels in dein Heft.

Einen Bastelbogen ohne Klebelaschen nennt man in der Mathematik Netz.

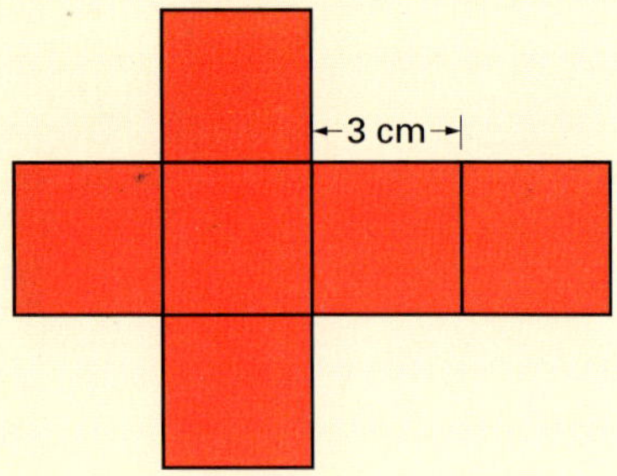

Für die folgende Aufgabe benötigt ihr die unten abgebildeten Netze. Jedes Mitglied deiner Gruppe zeichnet zwei der Netze ab und schneidet sie aus, damit euch alle sechs Netze zur Verfügung stehen (Kantenlänge 2 cm).

2. a) Überlege dir, ob sich aus den Netzen A bis F Würfel basteln lassen. Falls ein Netz kein Würfelnetz ist, begründe deine Entscheidung.
b) Überprüfe deine Überlegung mithilfe der ausgeschnittenen Netze.
c) Verändere bei jedem fehlerhaften Netz die Lage eines einzigen Quadrats so, dass ein Würfelnetz entsteht. Zeichne das richtige Netz.

A
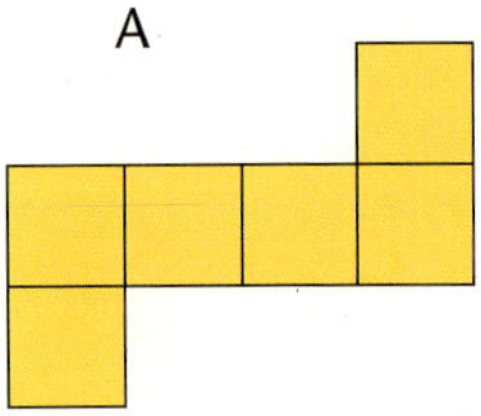

B
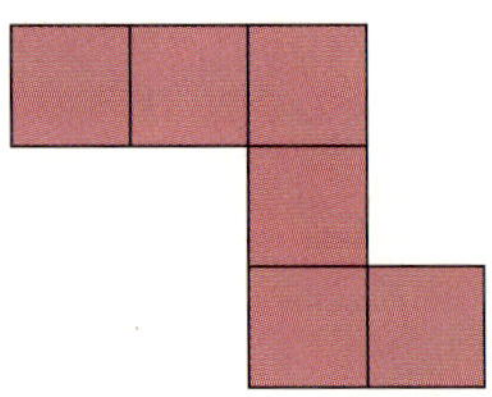

C
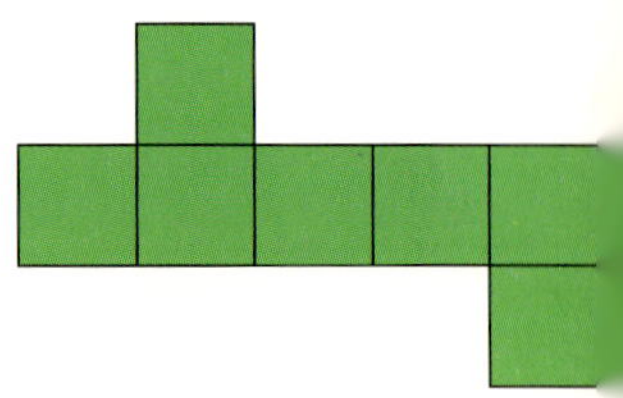

D
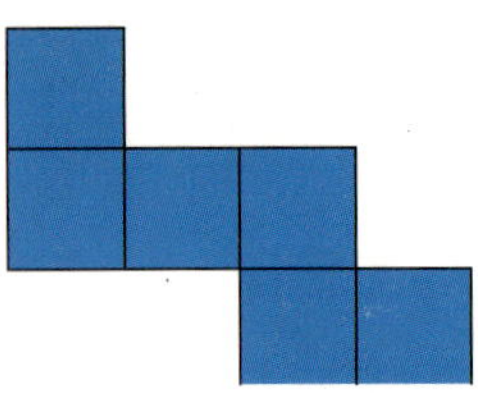

E
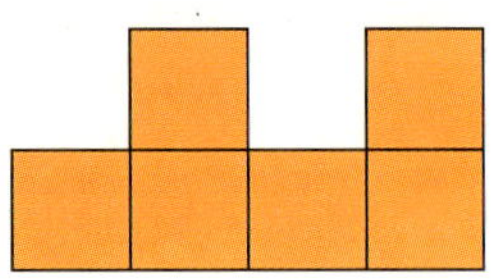

F

12.1 Körper

Geometrische Figuren und Körper kannst du überall entdecken: in der Natur, in Gegenständen und in Bauwerken (Aufgabe 1).

Übersicht über geometrische Körper

Name des Körpers	Bild	Eigenschaft
Würfel	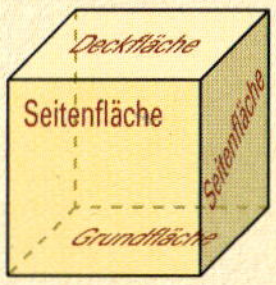	Der Würfel hat 8 Ecken, 12 gleich lange Kanten und 6 Flächen. Die Flächen sind gleich große Quadrate. Zusammenstoßende Kanten stehen aufeinander senkrecht.
Quader	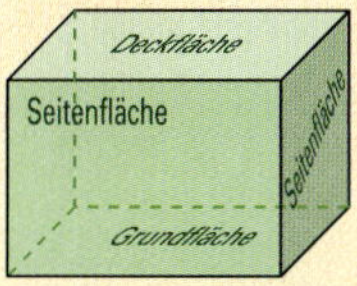	Ein Quader hat 8 Ecken, 12 Kanten und 6 Flächen. Je 4 Kanten sind gleich lang. Die Flächen sind Rechtecke. Die gegenüberliegenden Rechtecke sind gleich groß. Zusammenstoßende Kanten stehen aufeinander senkrecht.
Prisma	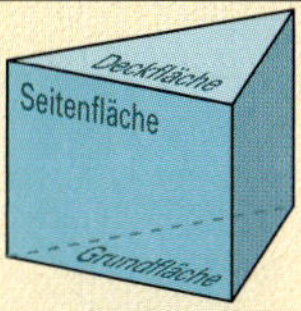	Grund- und Deckfläche sind gleich. Sie liegen genau übereinander und können Dreiecke, Vierecke, Fünfecke, ... sein. Die Seitenflächen sind Rechtecke.
Zylinder	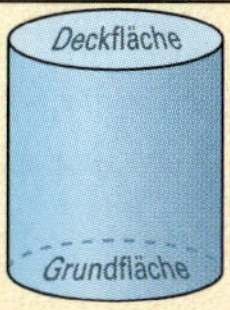	Grund- und Deckfläche sind gleich große Kreise und liegen genau übereinander.
Pyramide	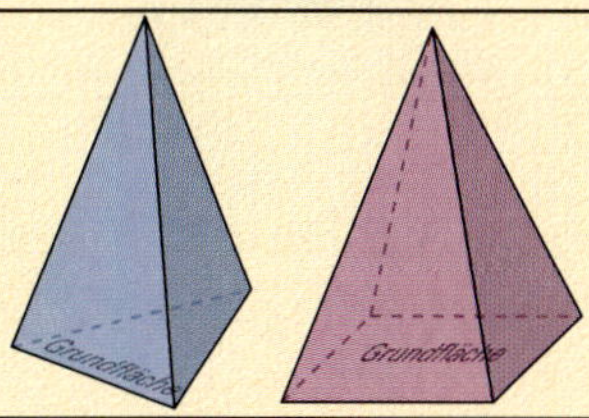	Die Pyramide hat eine Grundfläche und eine Spitze. Die Ecken der Grundfläche sind durch Kanten mit der Spitze der Pyramide verbunden. Die Grundfläche kann ein Dreieck, Viereck, Fünfeck, ... sein. Die Seitenflächen sind Dreiecke.
Kegel	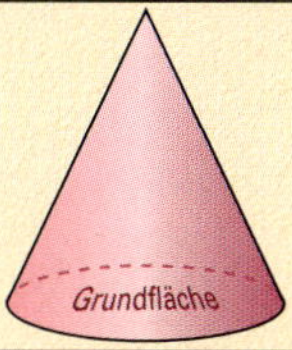	Der Kegel hat eine Grundfläche und eine Spitze. Die Grundfläche ist ein Kreis.
Kugel	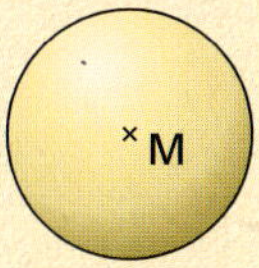	Alle Punkte der Kugel sind vom Mittelpunkt M gleich weit entfernt.

Aufgaben

1 Stein auf Stein

Tino hat zum Geburtstag von seinen Eltern einen Baukasten mit kleinen Bausteinen aus Stein bekommen. Er hat das auf Seite 191 abgebildete Haus aufgebaut. Welche geometrischen Körper hat er zum Bauen benutzt? Beschreibe, wo du sie im Haus finden kannst.

2 Zusammengesetzte Körper

Jeder der sechs Körper ist aus zwei geometrischen Grundkörpern zusammengesetzt.

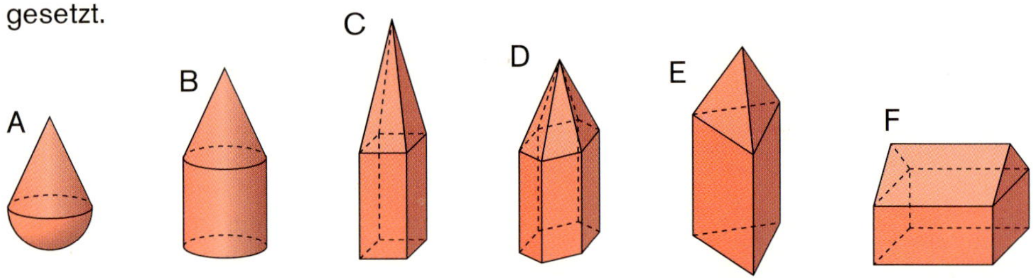

a) Aus welchen Grundkörpern sind die Körper zusammengesetzt?

b) Wie viele Ecken, Kanten und Seitenflächen haben die Körper C bis F?

c) Gib Beispiele für zusammengesetzte Figuren im Alltag an.

3 Knifflig: Würfelquartett

Beim Spielwürfel liegt die 1 der 6, die 3 der 4 und die 2 der 5 gegenüber. Die 4 Würfel sind so gelegt, dass zusammenstoßende Würfelflächen gleiche Augenzahlen haben. In der Zeichnung fehlen Augenzahlen. Gesucht wird die Augenzahl auf der oberen grauen Würfelfläche.

a) Welche Augenzahl des grauen Würfels wird vom blauen Würfel verdeckt? Welche Augenzahlen können also beim grauen Würfel nicht oben liegen?

b) Beantworte a) für den grünen Würfel.

c) Welche Augenzahlen können beim grauen Würfel oben liegen? Bestimme mithilfe des roten Würfels, welche Augenzahl beim grauen Würfel oben liegt.

d) Überprüfe deine Lösung mit 4 Würfeln.

4 Ansichtssache

Yannick umrundet den Tisch einmal und macht 4 Fotos. Er bewegt sich vom markierten Punkt in Pfeilrichtung. In welcher Reihenfolge sind die unten abgebildeten Fotos entstanden?

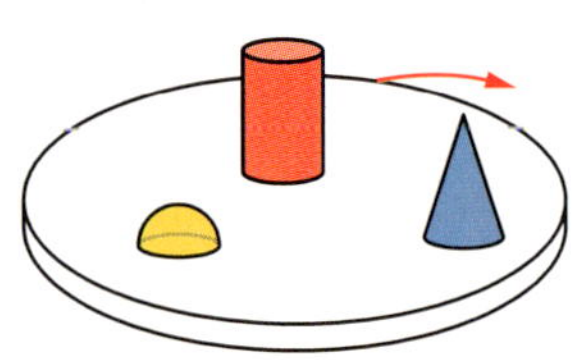

(A) 2 1 4 3 (B) 4 2 1 3 (C) 2 4 3 1 (D) 2 1 3 4 (E) 3 2 1 4

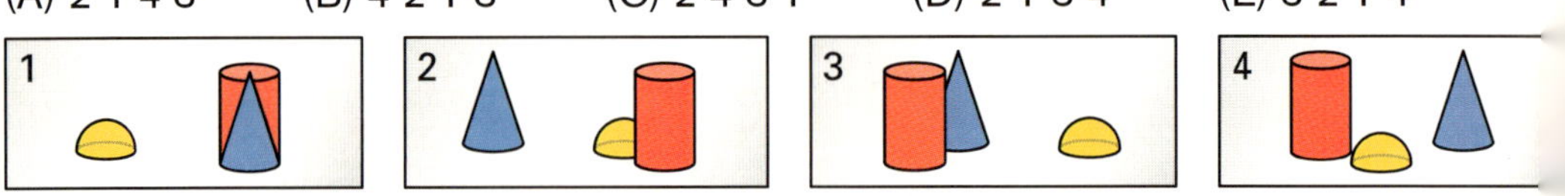

12.2 Schrägbilder und Netze

Schrägbilder von Würfel und Quader

Wenn wir einen Körper zeichnen, zeichnen wir ihn so, dass er räumlich wirkt. Dieses Bild eines Körpers heißt **Schrägbild**.
Wir zeichnen zunächst das Schrägbild eines Würfels mit der Kantenlänge 3 cm:

1. Schritt: Zeichne die vordere Seitenfläche des Würfels.

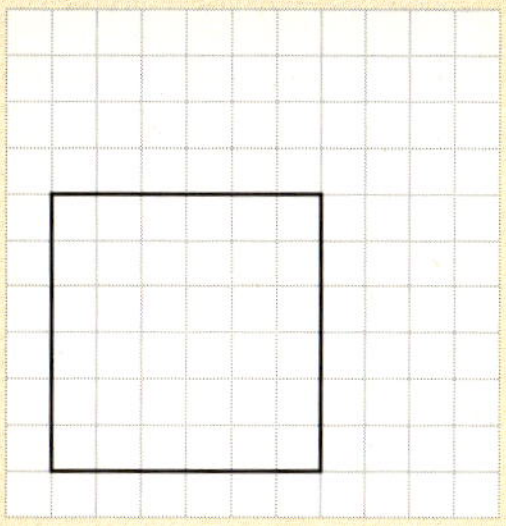

Wenn du schräg auf einen Würfel schaust, wirken die nach hinten verlaufenden Kanten kürzer. Damit das Bild des Würfels wie ein Würfel aussieht, musst du auch im Schrägbild die schräg nach hinten laufenden Kanten verkürzt zeichnen. Zur Vereinfachung zeichnen wir 1 cm Kantenlänge schräg durch ein Kästchen von Kästchenecke zu Kästchenecke.

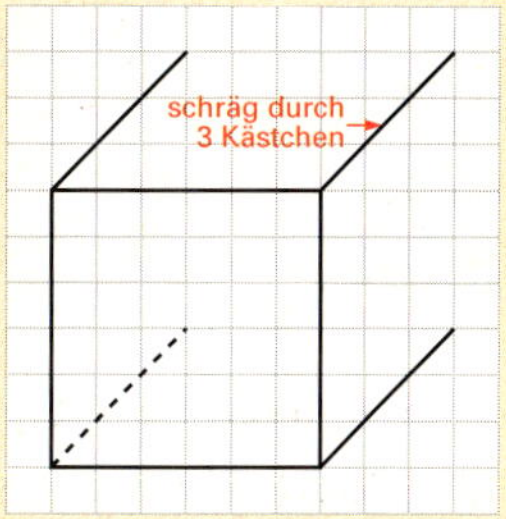

2. Schritt: Zeichne die Kanten, die schräg nach hinten gehen: Bei unserem Würfel musst du schräg durch drei Kästchen zeichnen. Strichle dabei die nicht sichtbaren Linien. Das verbessert den räumlichen Eindruck.

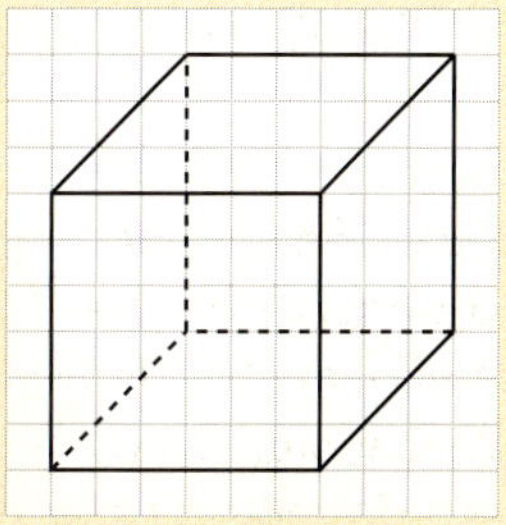

3. Schritt: Zeichne die hintere Seitenfläche. Achte wieder darauf, dass du nicht sichtbare Linien strichelst.

Beispiel Schrägbild eines 3 cm langen, 2 cm breiten und 1,5 cm hohen Quaders:

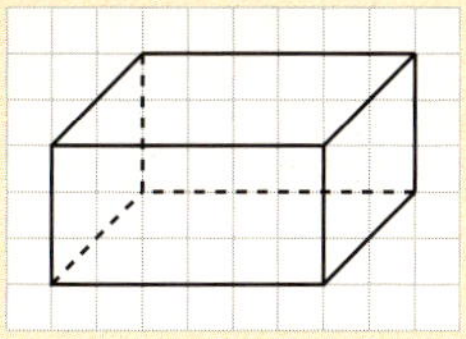

Ist der Quader oben offen, zeichnen wir den oberen sichtbaren Teil der hinteren Kante nicht gestrichelt.

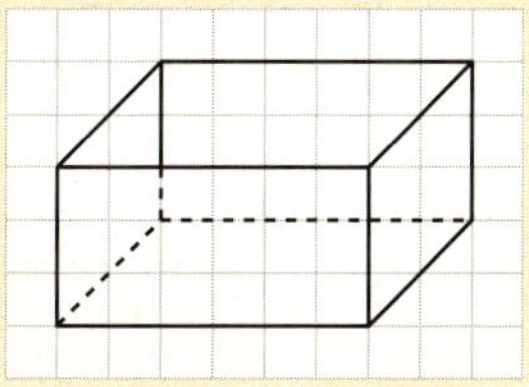

Das Netz

Schneiden wir einen Körper längs geeigneter Kanten auf und klappen alle Flächen des Körper in die Zeichenebene, entsteht das **Netz** des Körpers (Seite 192).
Beginne beim Zeichnen des Netzes mit der Grundfläche des Körpers. Ergänze dann die Seitenflächen und schließlich die Deckfläche.

Beispiele a) Schrägbild und Netz eines Würfels mit 3 cm Kantenlänge

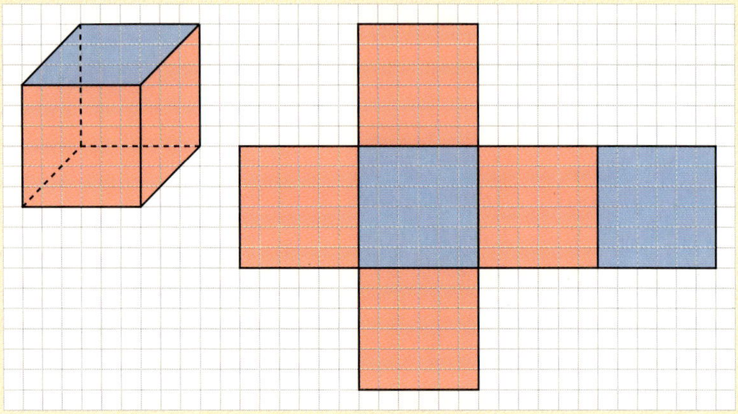

b) Schrägbild und Netz eines 4 cm langen, 3 cm breiten und 2 cm hohen Quaders

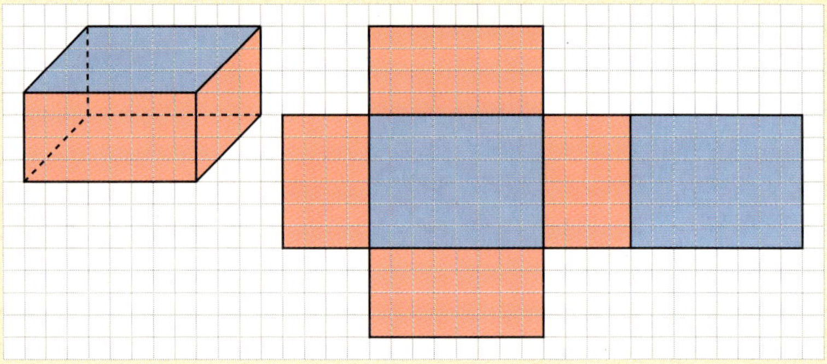

Aufgaben

1 Schrägbilder und Netze

Zeichne das Schrägbild (strichele dabei die nicht sichtbaren Linien) und zwei verschiedene Netze

a) eines Würfels mit 2 cm Kantenlänge,
b) einer oben offenen würfelförmigen Schachtel mit 3 cm Kantenlänge,
c) eines 5 cm langen, 1 cm breiten und 1 cm hohen Quaders.

② Spiel mit dem Feuer

Eine Streichholzschachtel ist 4 cm lang, 3 cm breit und 1 cm hoch.

a) Zeichne ein Schrägbild der Streichholzhülle und ein Schrägbild der Schublade. (Nicht sichtbare Linien stricheln!)

b) Zeichne das Netz der Streichholzhülle und der Schublade.

c) Untersuche eine Streichholzschachtel. Wie ist das Netz einer Streichholzschachtel in Wirklichkeit aufgebaut? Warum ist das so? Ergänze dein Netz durch die fehlenden Flächen.

③ Körper selbst gebaut

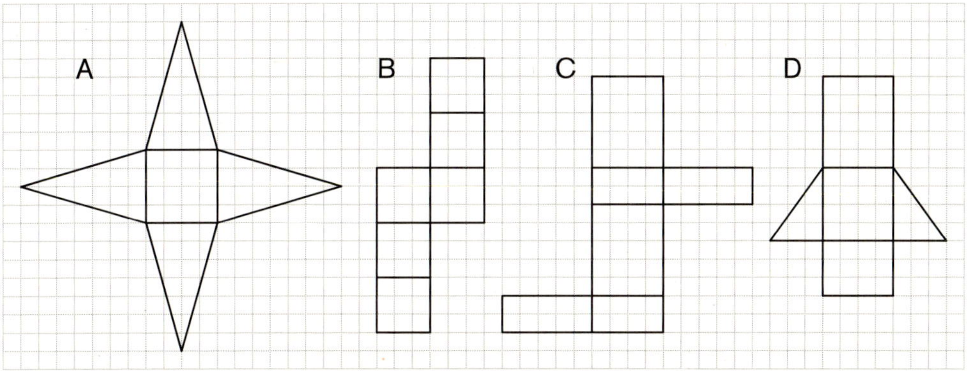

a) Übertrage das Netz vergrößert auf ein kariertes Blatt: 1 Kästchenbreite in der Vorlage entspricht 1 cm auf deinem Blatt.

b) Welcher Körper entsteht beim Zusammenfalten des Netzes? Ergänze das Netz durch die nötigen Klebelaschen. Schneide das Netz nun aus und klebe es zu einer räumlichen Figur zusammen. War deine Vermutung richtig?

④ Netz oder Nicht-Netz?

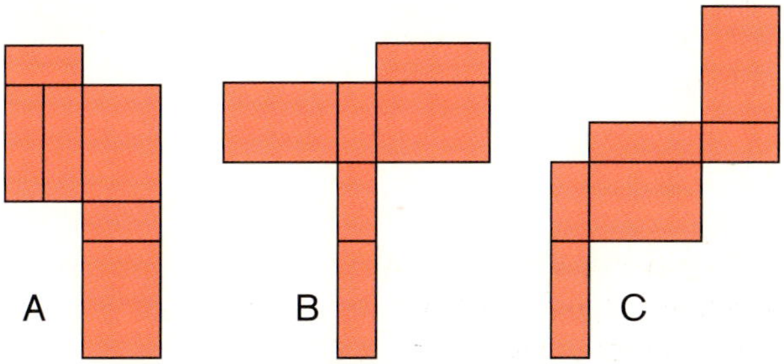

a) Entscheide, ob das abgebildete Netz ein Quadernetz ist. Begründe deine Entscheidung.

b) Korrigiere fehlerhafte Netze, indem du das verbesserte Netz eines 3 cm langen, 2 cm breiten und 1 cm hohen Quaders in dein Heft zeichnest und so wenig wie möglich abänderst.

c) Markiere aufeinandertreffende Kanten mit derselben Farbe.

5 Verliere nicht die Übersicht!

Zeichne das Schrägbild des 1 cm dicken Schriftzuges „LOST“.

a) Zeichne alle nicht sichtbaren Linien gestrichelt.

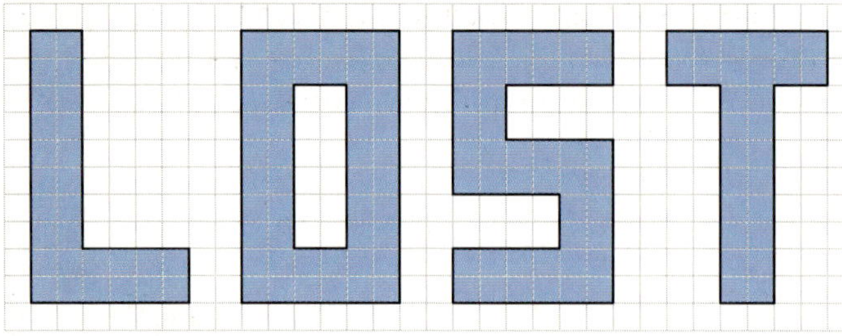

b) Zeichne Schrägbilder der Buchstaben „C“, „E“, „F“, „H“, „P“, und „U“.

6 Zeichne die Netze der abgebildeten Körper:

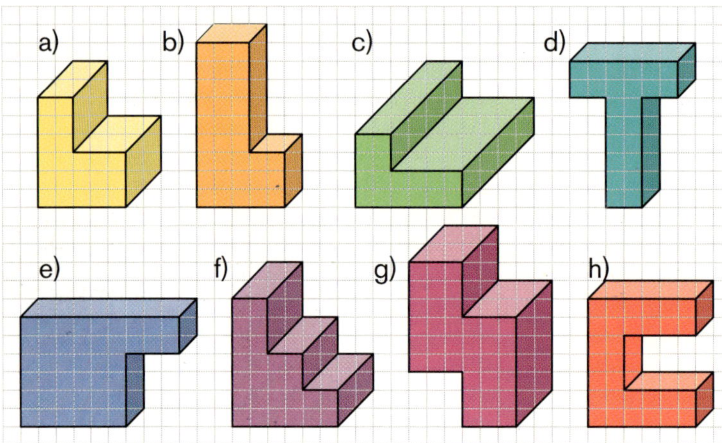

7 Ansichtssache

Betrachte die Körper von Aufgabe 6. Zeichne zu jedem Körper, was du siehst, wenn du von vorne, von oben, von links und von rechts auf ihn schaust. Als Beispiel sind rechts diese Ansichten von Körper a) zu sehen.

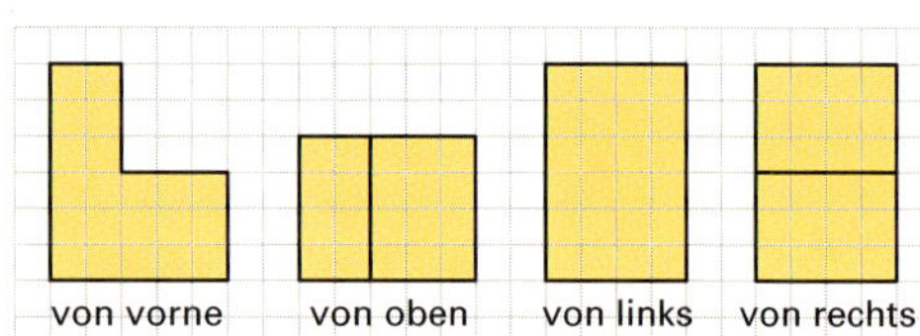

8 Augen auf!

Welcher der Würfel gehört zu dem abgebildeten Netz?
Warum passen die anderen Würfel nicht dazu?

A B C D E

Zum Intensivieren

9 Quadernetz

Zeichne das Schrägbild und das Netz eines Quaders mit den Seitenlängen 6 cm, 4 cm und 3 cm auf ein Blatt Papier. Färbe die gegenüberliegenden Seiten des Netzes mit derselben Farbe. Bringe die benötigten Klebelaschen an und baue den Quader aus dem Netz.

10 Strohhalmbausatz

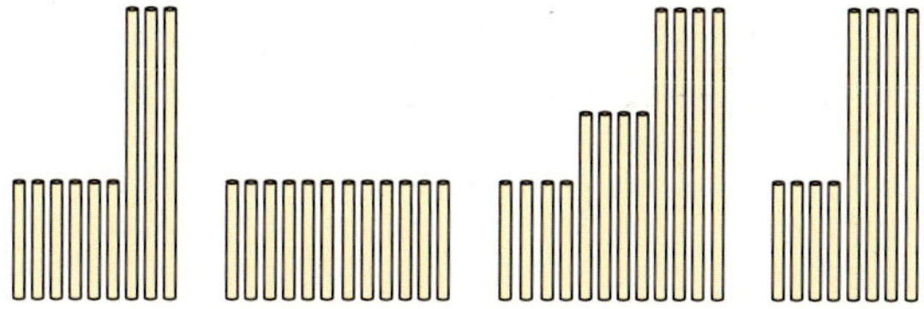

Sarah baut aus verschieden langen Strohhalmen Modelle räumlicher Körper. Rechts sind vier ihrer „Strohhalmsätze“ abgebildet.

a) Welcher Strohhalmsatz gehört zu welchem Körper? Wie heißen die jeweiligen Körper?

b) Zeichne zu den restlichen Körpern den benötigten Strohhalmsatz.

A B C D E F

11 Vorstellungskraft

Zu welchem Würfel gehört das abgebildete Netz?

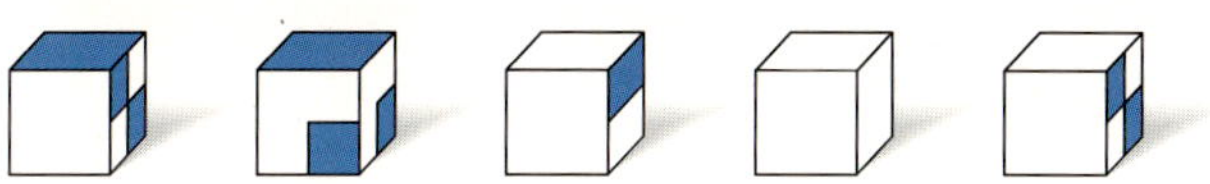

A B C D E

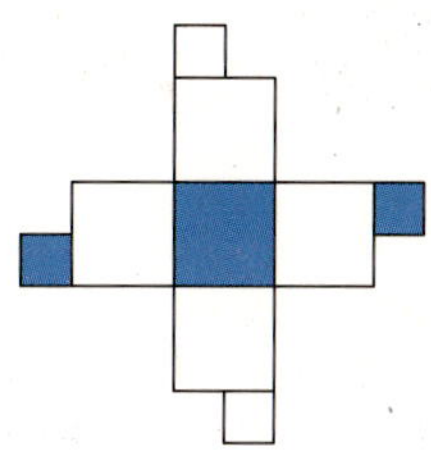

12 Verzwickt

Zeichne ein Schrägbild des Körpers mit dem folgenden Netz.

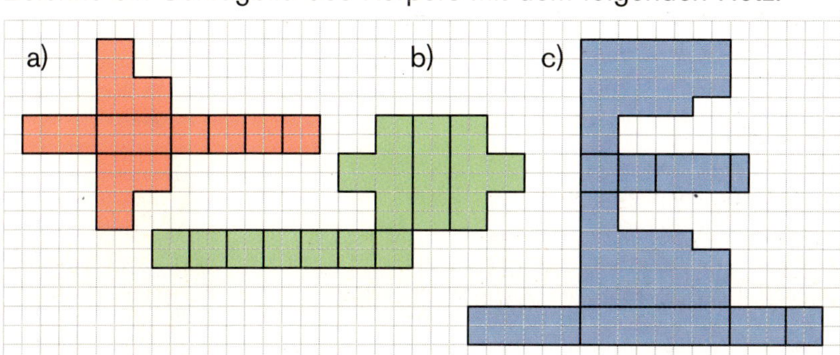

13 Schusselig

Bei jedem Netz wurde eine Fläche vergessen. Um welche Körper handelt es sich? Vervollständige die Netze. Markiere die Kanten, die aufeinander treffen, mit der gleichen Farbe.

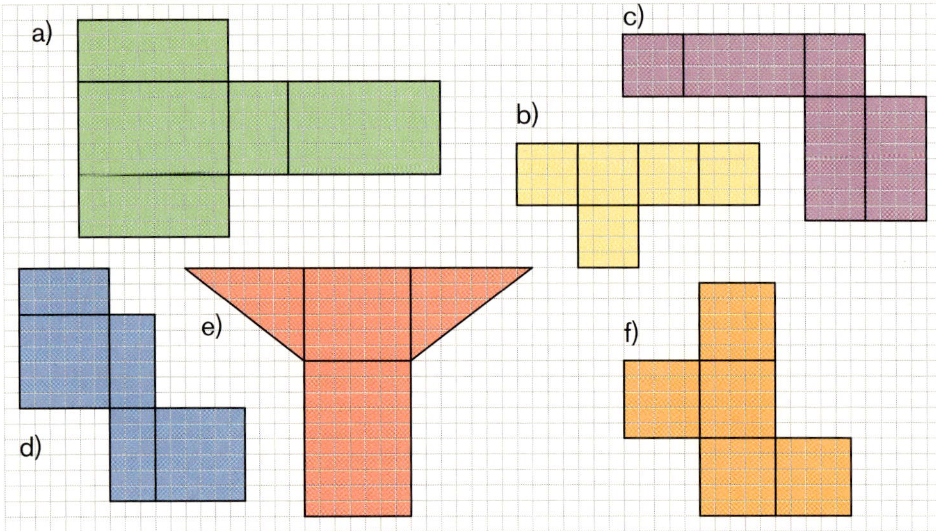

14 Außen grün, innen Holz!

Lisa hat ihren Holzwürfel mit 3 cm Kantenlänge grün lackiert. Sie zersägt ihn in kleine Würfel mit der Kantenlänge 1 cm.

a) Wie viele Zentimeterwürfel (Würfel mit 1 cm Kantenlänge) erhält sie?

b) Wie oft muss sie den Würfel durchsägen?

c) Wie viele der Zentimeterwürfel haben vier, drei, zwei, eine, keine grüne Seite? Wo treten diese Würfel im großen Würfel auf?

15 Grundwissen: Vorfahrt beachten!

a) $(-2)^3 + 3^2$

b) $-33 + 3 \cdot 2^3$

c) $(-2)^5 - 5^2$

d) $10^3 : (-5)^3 + 2^3$

e) $-45 : (-1)^{17} - 3^4 \cdot 2 + (-3 \cdot 4)^2$

f) $-84 : (-21) \cdot 2 - (-2)^4$

g) $(1-3)^5 - [(1-3)^3]^2$

h) $[(-2 \cdot 5)^3 \cdot 3]^3 : (-30)$

i) $(2-3+5)^3 - (2^3 - 3^3 + 5^3)$

k) $9 \cdot (-2)^3 : 12 - 2 \cdot 6^3 : 12$

16 Grundwissen: Zum Knobeln – Jackpot geknackt!

Katja, Sophie und Corinna haben gewonnen! Sie möchten ihren Gewinn von 840 € gemäß ihren Einsätzen aufteilen: Katja hat 1 € bezahlt, Sophie 2 € und Corinna 3 €. Wie viel Gewinn bekommt jede von ihnen?

12.3 Oberflächen von Körpern

Der gesamte Inhalt aller Flächen, die einen Körper begrenzen, heißt **Oberfläche O** des Körpers.

Die Oberfläche eines Körpers ist gleich dem Flächeninhalt seines Netzes.

Die Oberfläche eines Quaders

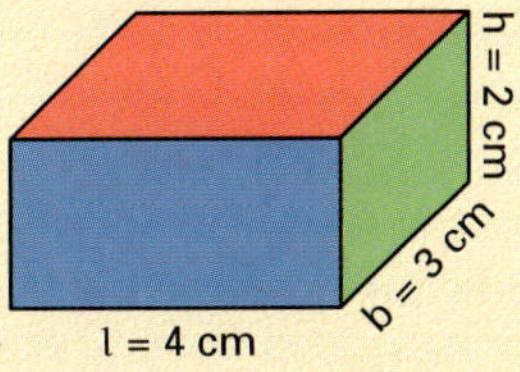

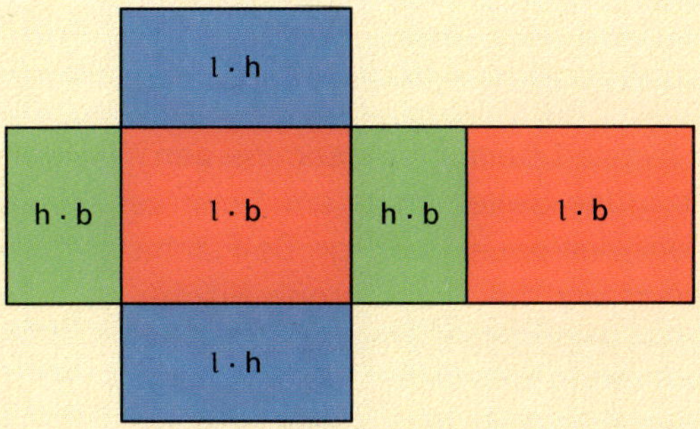

Ein Quader wird von sechs Rechtecken begrenzt. Je zwei gegenüberliegende Seitenflächen sind gleich groß. Für einen 4 cm langen, 3 cm breiten und 2 cm hohen Quader erhalten wir:

$$\begin{aligned} O &= 2 \cdot 4\,\text{cm} \cdot 3\,\text{cm} + 2 \cdot 4\,\text{cm} \cdot 2\,\text{cm} + 2 \cdot 3\,\text{cm} \cdot 2\,\text{cm} \\ &= 2 \cdot 12\,\text{cm}^2 + 2 \cdot 8\,\text{cm}^2 + 2 \cdot 6\,\text{cm}^2 \\ &= 24\,\text{cm}^2 + 16\,\text{cm}^2 + 12\,\text{cm}^2 = 52\,\text{cm}^2 \end{aligned}$$

Oberfläche eines Quaders
Ein Quader der Länge l, Breite b und Höhe h hat die Oberfläche

$$O_Q = 2 \cdot l \cdot b + 2 \cdot l \cdot h + 2 \cdot b \cdot h.$$

Die Oberfläche eines Würfels

Ein Würfel hat sechs gleich große quadratische Seitenflächen. Wir erhalten die Oberfläche des Würfels mit 3 cm lagen Kanten, indem wir eine Seitenfläche versechsfachen: $O_W = 6 \cdot 3\,\text{cm} \cdot 3\,\text{cm} = 54\,\text{cm}^2$

Oberfläche eines Würfels
Ein Würfel der Kantenlänge a hat die Oberfläche

$$O_W = 6 \cdot a \cdot a = 6 \cdot a^2.$$

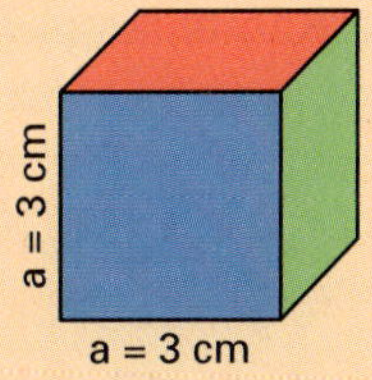

Oberflächen zusammengesetzter Körper

Wir sind nun nicht nur in der Lage, die Oberfläche von Würfel und Quader zu berechnen, sondern auch von einem Körper, der sich aus diesen zusammensetzt (Aufgaben 5 und 9).
Der vollständige Würfel mit der Kantenlänge 3 cm hat die Oberfläche $O_W = 6 \cdot 9\,cm^2 = 54\,cm^2$. Aus diesem Würfel schneiden wir an der rechten oberen Ecke einen Würfel der Kantenlänge 1 cm aus. Welche Oberfläche hat der neue Körper?
Was passiert beim Herausschneiden? Beim Herausschneiden wird die quadratische grüne Seitenfläche um $1\,cm^2$ verkleinert. Parallel zur grünen Seitenfläche entsteht eine neue $1\,cm^2$ große Fläche, die wir auch grün färben. Wir stellen uns vor, dass wir die $1\,cm^2$ große Fläche nach rechts schieben. Dadurch erhalten wir wieder das ganze grüne Quadrat mit Kantenlänge 3 cm. Genauso können wir die kleine blaue Fläche vor und die kleine rote Fläche hoch schieben. Die Oberfläche des Körpers ist also genauso groß wie die des Würfels:

$$O = 54\,cm^2$$

Wir könnten die Oberfläche des zweiten Würfels auch berechnen, indem wir die Inhalte aller 9 begrenzenden Flächen addieren. Das ist aber sehr umständlich.

Aufgaben

1. Berechne die Oberfläche eines Würfels mit der Kantenlänge
a) 3 cm b) 4 m c) 12 cm d) 2 cm 3 mm e) 19 m 40 cm.

2. Berechne die Oberfläche eines Quaders mit den Kantenlängen
a) 5 cm; 3 cm; 7 cm b) 6 dm; 25 cm; 30 cm
c) 1,2 m; 11 cm; 1 dm d) 2,4 cm; 18 mm; 0,2 dm.

3. Welche Kantenlänge hat ein Würfel mit der Oberfläche
a) $24\,cm^2$ b) $294\,cm^2$ c) $37\,cm^2\ 50\,mm^2$ d) $10\,m^2\ 14\,dm^2$?

4. Wie lang sind die Kanten eines Würfels, der dieselbe Oberfläche wie ein Quader mit den folgenden Kantenlängen hat?
a) 9 cm, 5 cm, 45 mm b) 10 dm, 4 dm, 28 dm c) 5 m, 3 m, 16,5 m

5 Würfelfiguren

Alle abgebildeten Körper sind aus gleich vielen Zentimeterwürfeln zusammengesetzt.

(A) (B) (C) (D) (E)

Welcher Körper hat die größte Oberfläche? Wie groß ist diese Oberfläche? Wie bist du bei der Lösung der Aufgabe vorgegangen?

6 Materialverbrauch

Sonja bastelt aus einem 1,8 m langen Draht das Kantenmodell eines Würfels. Wie viel Papier braucht sie, um das Gerüst zu bekleben?

7 Verschönerungsarbeiten

Annette beklebt die Hülle und die Schublade einer 4 cm langen, 3 cm breiten und 2 cm hohen Streichholzschachtel außen und innen vollständig mit Aluminiumfolie.

a) Zeichne das Schrägbild der Hülle und das Schrägbild der Schublade (nicht sichtbare Linien stricheln).

b) Zeichne für die Hülle und die Schublade die zusammenhängenden Netze, die Annette aus der Aluminiumfolie ausschneiden muss.

c) Wie groß ist die Fläche der benötigten Aluminiumfolie?

8 TOR, TOR!!!

Die Tore der Fußballweltmeisterschaft sind etwa 7 m lang, 2,5 m hoch und 2 m tief.

a) Wie groß ist die Fläche des benötigten Netzes?

b) Wie viele Meter Rohr werden für die Befestigung des Netzes benötigt?

9 Oberfläche von zusammengesetzten Körpern

Ein Würfel mit 2 cm Kantenlänge wird, wie rechts abgebildet, auf einen Würfel mit 4 cm Kantenlänge gelegt.

a) Berechne die Oberfläche des kleinen Würfels O_K.

b) Berechne die Oberfläche des großen Würfels O_G.

c) Wie kannst du mithilfe von O_K und O_G die Oberfläche des zusammengesetzten Körpers berechnen? Berechne diese.

10 **„Würfel ohne Ecken"**

Karl hat bei einem Würfel der Kantenlänge 9 cm an jeder Ecke einen Würfel der Kantenlänge 3 cm herausgesägt. Berechne die Oberfläche von Karls Körper geschickt.

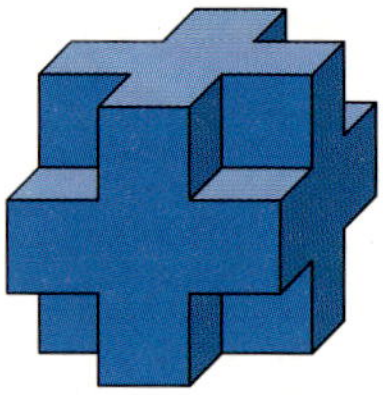

11 **Schreinermeister Eder**

Meister Eder baut aus einem 4 cm langen, 3 cm breiten und 6 cm hohen Holzquader einen Sessel ohne Armlehne. Dazu sägt er einen kleinen Quader aus dem großen Holzquader heraus.

a) Zeichne ein Schrägbild des großen Holzquaders.
b) Trage in das Schrägbild mit Farbe den Sessel ein.
c) Berechne die Oberfläche des ursprünglichen Quaders.
d) Zeichne das Netz des Sessels.
e) Welche Oberfläche hat der Sessel?

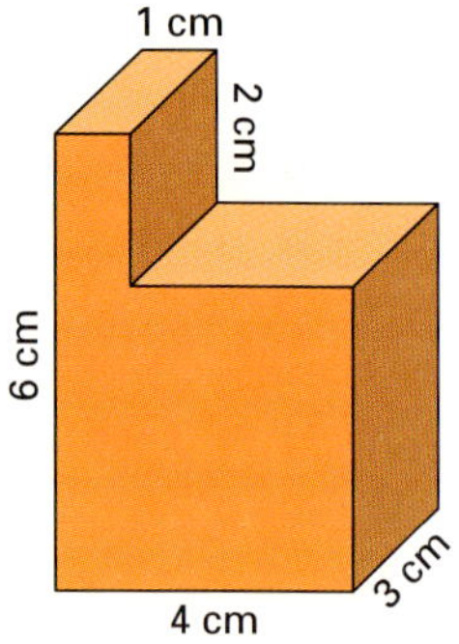

12 **Verpackungsmüll**

Am Kiosk kauft sich Fabian eine Portion „Pommes" mit Ketchup. Das Ketchup bekommt er in einem flachen, 12,5 cm langen und 4 cm breiten Tütchen aus Aluminium. Fabian fragt sich, warum der Kioskbesitzer nicht einfach einen Ketchupspender aufstellt, um weniger Müll zu erzeugen.

a) Wie viel Alufolie wird für ein Tütchen benötigt?
b) In einen großen Ketchupspender passen 10,6 kg Ketchup. Wie viel Alufolie würde für die gleiche Menge benötigt, wenn das Ketchup in 20-g-Päckchen abgepackt wird? Gib dein Ergebnis in m^2 an.

13 **Oberflächen**

Berechne die Oberflächen der Körper.

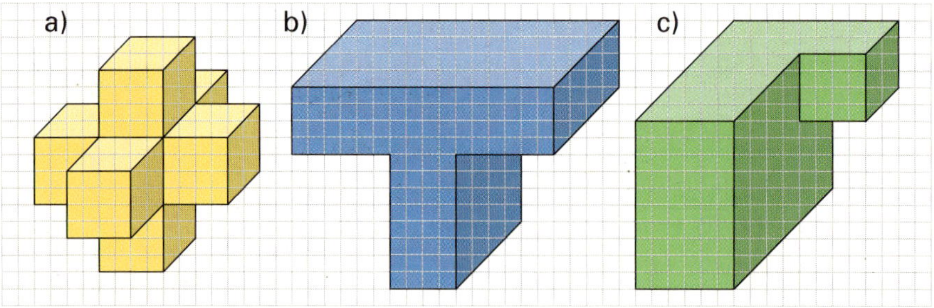

14 König Arthurs Schatztruhe

König Arthur hat eine 120 cm lange, 60 cm breite Schatztruhe. Ohne Deckel ist sie 60 cm hoch. Alle Seitenwände, Boden und Deckel sind 5 cm dick.

a) Wie lang, wie breit und wie hoch ist der Innenraum der Truhe?

b) Der Hofschneider soll die Truhe innen mit Stoff beziehen. Wie viel Stoff benötigt er dafür?

c) Welche Oberfläche hat der Deckel der Truhe?

d) Wie groß ist die ganze Oberfläche der Truhe (innen und außen)?

15 Heimwerker in Aktion!

Herr Böhm renoviert das 6 m lange und 4 m breite Schlafzimmer. Die Eingangstür ist mit Verkleidung 1 m breit und reicht bis zur 2,50 m hohen Decke. Das Fenster hat eine Fläche von 2 m². Wand und Decke werden mit einer 50 cm breiten Raufasertapete tapeziert, die später noch gestrichen wird.

a) Wie groß ist die Fläche des Raumes, die tapeziert werden muss?

b) Herr Böhm hat noch zwei Packungen Tapetenkleister. Eine Packung reicht für 20 m². Reicht sein Vorrat noch aus?

c) Eine 7,50 € teure Rolle besteht aus einer 30 m langen und 50 cm breiten Tapete. Wie viele Rollen benötigt Herr Böhm? Wie viel kostet die gesamte Tapete?

d) Der PVC-Fußbodenbelag wird als Meterware auf einer 1,5 m breiten Rolle angeboten. Der Quadratmeter kostet 15 €. Wie viele Meter muss Herr Böhm kaufen? Wie viel kostet der Fußbodenbelag?

16 Knifflig

Berechne jeweils die Oberfläche des Körpers.

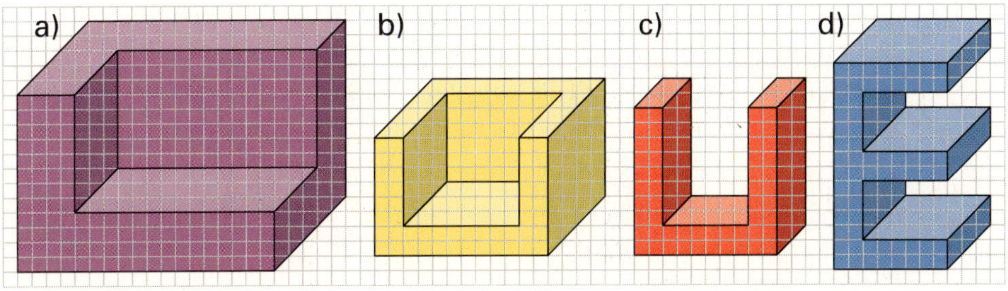

17 Kaffeebohne

Für den Versand sollen 12 Kaffeepackungen in einem Karton verpackt werden. Die Packungen sind 10 cm lang, 8 cm breit und 20 cm hoch.

a) Die 12 Kaffeepackungen sollen so aufgestellt werden, dass sie nebeneinander auf einem Rechteck stehen. Wie viele Möglichkeiten gibt es dafür?

b) Welche verschiedenen Maße haben die Kartons zu Aufgabe a), wenn die Kaffeepackungen den Karton vollständig ausfüllen?

c) Bevor die Packungen in den Karton kommen, werden sie ringsum mit einem Klebeband zusammengeklebt. Bei welcher Anordnung brauchst du am meisten Klebeband, bei welcher am wenigsten?

Der Verpackungskarton wird so gefaltet, dass am Boden und am Deckel jeweils zwei Lagen Pappe übereinander sind.

d) Berechne für zwei Anordnungen aus a), wie viele Quadratzentimeter Pappe für einen Karton benötigt werden.

18 Würfelpyramide

Sascha baut aus seinen Würfeln mit 2 cm Kantenlänge eine Pyramide.

a) Wie viele Würfel hat Sascha verwendet?

b) Wie groß ist die Oberfläche eines Würfels? Wie groß ist die Oberfläche der mittleren Würfelschicht? Wie groß ist die Oberfläche der untersten Würfelschicht?

c) Berechne die Oberfläche der Würfelpyramide.

19 Hochstapelei

Nimm 8 Würfel und lege daraus einen Körper so, dass seine Oberfläche

a) möglichst groß ist,

b) möglichst klein ist.

c) Wie viele Seiten sind jeweils verdeckt?

Zum Intensivieren

20 **Knifflig: Oberflächenverdopplung**

In wie viele gleich große Würfelchen musst du einen Würfel zersägen, damit die gesamte Oberfläche der kleinen Würfel doppelt so groß wie die Oberfläche des ursprünglichen Würfels ist?

Tipp: Überlege dir, wie groß der Oberflächenzuwachs bei jedem Schnitt ist.

21 **Beim Restaurator**

Ein antiker 180 cm hoher, 1 m breiter und 5 dm tiefer Schrank mit Bauernmalerei wird von Herrn Ritz restauriert. Am Ende wird der Schrank innen und außen dreimal lackiert

a) Wie groß ist die Fläche, die Erich Ritz streichen muss? Die Dicke der Bretter kannst du vernachlässigen.

b) Wie viele Lackdosen muss Herr Ritz kaufen?

c) Reicht die restliche Farbe aus, um auch noch die beiden Einlegeböden zu lackieren?

22 **Freibadrenovierung**

Im Biberbad schließt das 2 m tiefe 50-m-Becken an das 5 m tiefe Sprungbecken an. Vor der Saisoneröffnung müssen die alten Fliesen ersetzt werden. Der Boden und die Seitenwände sollen mit 10 cm breiten und 20 cm langen Fliesen verkleidet werden. Ein Quadratmeter Fliesen kostet 25 €.

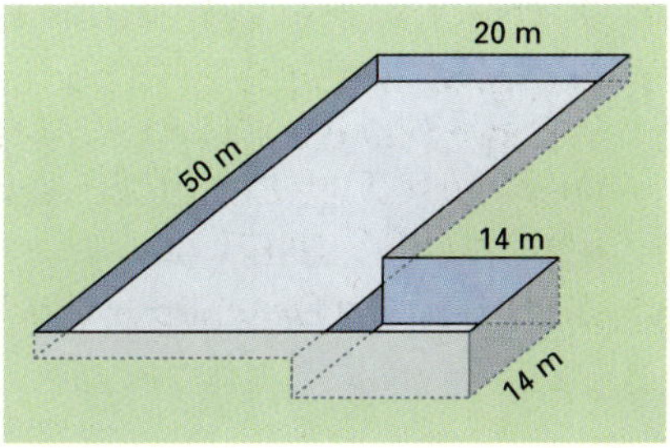

a) Wie groß ist die Fläche, die gefliest wird?

b) Was kosten die Fliesen?

23 **Zum Knobeln: Doppelt so großer Badespaß**

Herr Kohout hat ein quadratisches Schwimmbecken mit einer Seitenlänge von 3 m. An allen vier Ecken des Schwimmbeckens steht ein Baum. Herr Kohout will seinen Badespaß vergrößern und die Wasserfläche verdoppeln. Die 4 Bäume dürfen nicht gefällt werden. Herr Kohout will die quadratische Form des Beckens beibehalten. Finde eine Möglichkeit, wie er die Wasserfläche verdoppeln kann.

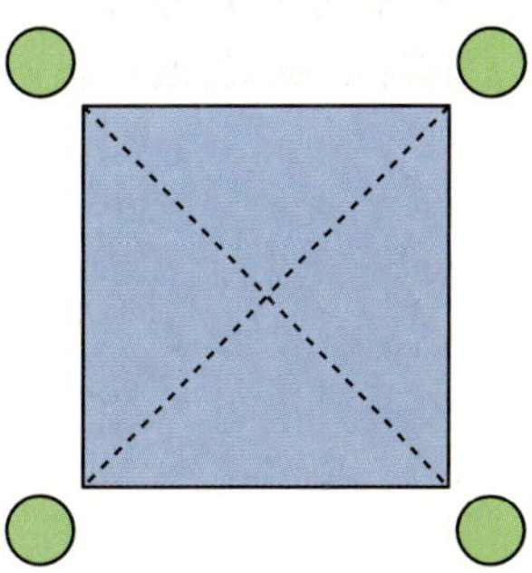

24 Beängstigender Wasserverbrauch

Der Niederschlag, der als Regen oder Schnee auf den Erdboden fällt, wird in Millimeter gemessen. Das ist die Höhe, bis zu welcher der Erdboden mit Wasser bedeckt wäre, wenn kein Wasser versickern würde. 1 Liter Wasser würde auf einem Quadratmeter eine 1 mm hohe Wasserschicht erzeugen. In Mittelfranken fallen im Jahr ca. 700 l auf 1 m^2, in den bayrischen Alpen sogar bis zu 2100 l.

a) Wie tief würde ein Franke bzw. ein Oberbayer im Wasser stehen, wenn der ganze Jahresregen auf einmal fallen und nicht versickern würde?

Die Tabelle zeigt, wie viel Liter Wasser eine Person in einigen Ländern pro Tag verbraucht.

b) Warum ist der Wasserverbrauch der Länder so verschieden?

c) Wie tief würde ein Deutscher im Wasser stehen, wenn der tägliche Wasserverbrauch auf einmal auf 1 m^2 fallen würde? Wie tief würde er stehen, wenn der jährliche Wasserverbrauch auf einmal auf 1 m^2 fallen würde? Vergleiche mit dem jährlichen Niederschlag.

Land	Verbrauch in Liter
Indien	25
Deutschland	130
Frankreich	150
Italien	210
USA	295
Dubai	500

25 Grundwissen: Auf der Rolltreppe

Anne, Babsi, Claus, Elli, Fritz und Lukas fahren im Kaufhaus eine enge Rolltreppe hinunter, die sie nicht nebeneinander, sondern nur nacheinander betreten können. Auf wie viele Arten können sie die Rolltreppe betreten, wenn Claus und Elli den anderen den Vortritt lassen? Gib die richtige Lösung an und begründe, was bei den anderen Lösungen falsch gemacht wurde.

(A) $6 \cdot 6 \cdot 6 \cdot 6 \cdot 6 \cdot 6$ (B) $6+6+6+6+6+6$ (C) $6 \cdot 5 \cdot 4 \cdot 3 \cdot 2 \cdot 1$

(D) $6+5+4+3+2+1$ (E) $4 \cdot 3 \cdot 2 \cdot 1 \cdot 2 \cdot 1$ (F) $4+3+2+1+2+1$

Ergebnisse der Aufgaben zum Intensivieren

Seite 16

10. a) 888 888 b) 2 000 000 c) 1 023 456 789 d) 99 987 654 321
e) 999 987 f) 100 002

11. Jessica hat recht.

Seite 20

8. a) A: 7, B: 12, C: 14, D: 22
b) E: 30, F: 135, G: 240, H: 345
c) I: 12, J: 20, K: 24, L: 34, M: 40
d) N: 21, O: 49, P: 77, Q: 126

9. a) 5, b) 1, 2, 3, 4, 5, 6, 7 c) 1, 2, 3, 4, 5, 6, 7
d) 1, 2, 3, 4, 5, 6, 7 e) 9 f) 6, 7, 8, ...
g) 14, 15, ..., 40 h) 2, 3, 4, 5, 6, 7 i) 9
k) 1, 2, 3 l) 6 m) 24, 25, 26, ...
n) 9, 10, 11, ... o) geht nicht p) 1, 2, 3, ..., 15
q) 3, 4, 5, 6, 7 r) $\mathbb{N}$ s) 17, 18, 19, ...

10. d) Amanda hat insgesamt 68-mal gewürfelt.
e) Es ist 25-mal eine Augenzahl geworfen worden, die größer ist als 4. 35-mal ist eine Augenzahl aufgetreten, die kleiner ist als 4.

Seite 21

11. a) 3 400 000, 1 700 000, 1 300 000, 1 000 000, 600 000, 600 000 und 500 000
b) siehe rechts

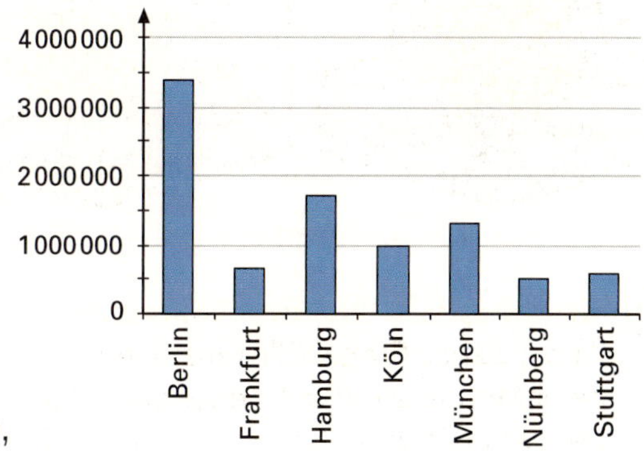

c) Berlin (eigenes Bundesland), Frankfurt: Hessen, Hamburg (eigenes Bundesland), Köln (Nordrhein-Westfalen), München und Nürnberg: Bayern, Stuttgart: Baden-Württemberg

12. a) Tabelle siehe rechts
b) Dogge, Bernhardiner, Schäferhund, Windhund, Dackel
c) Je schwerer die Hunde sind, desto geringer ist ihre Lebenserwartung.

Hunderasse	Gewicht	Lebens-erwartung
Windhund	25 kg	13 Jahre
Schäferhund	32 kg	11 Jahre
Dogge	70 kg	8 Jahre
Dackel	9 kg	15 Jahre
Bernhardiner	85 kg	10 Jahre

Seite 27

12. a) 1 245 564 b) 1 314 724 c) 403 787

Seite 28

13.

a)	b)	c)	d)
4 1 6 7	6 1 2 8	9 5 1 2	5 1 9 4 7
+ 8 3 7 4	+ 5 2 7 9	+ 7 9 8 6	+ 3 9 8 7 5
1 2 5 4 1	1 1 4 0 7	1 7 4 9 8	9 1 8 2 2

14.

			333			
		270		63		
	222		48		15	
181		41		7		8

15. a) Bei der Kirchturmuhr kann man im Lauf eines Tages 156 Glockenschläge hören.
b) Bei der Standuhr kann man 228 Glockenschläge am Tag hören.

Seite 31

8.

a)	b)	c)	d)
7 8 1 3	4 8 9 3	9 3 0 7	9 0 6 9
− 4 2 4 1	− 3 6 7 1	− 3 5 1 0	− 4 3 2 5
3 5 7 2	1 2 2 2	5 7 9 7	4 7 4 4

9. Urspünglich saßen 21 Möwen auf dem Gartenzaun.

Seite 32

10. Das Ergebnis
a) wird um 28 kleiner b) wird um 69 kleiner c) wird 12 größer
d) wird um 12 größer e) bleibt gleich f) bleibt gleich
g) wird um 6 größer.

11. a) Tipp: Versuche, die Personen nach ihrem Alter zu ordnen.
b) Die Zwillinge sind 15 Jahre alt.

Seite 38

14. a) 1000 b) 123 c) 567 d) 999 e) 100 f) 570

16. a) Die Länge der Route beträgt 318 km und er ist beim Kilometerstand 11 986 losgefahren.
b) Die Route über Coburg ist mit 168 km kürzer.
c) Die Route wird 46 km länger.

Seite 39

17. b) Beim Verkauf der 1. Lieferung beträgt der Gewinn 343 €.
    c) Orlando hat beim Verkauf der 1. Lieferung insgesamt 3 879 € eingenommen.
    d) Der Gewinn beim Verkauf der 2. Lieferung beträgt 332 €.
    e) Die Bananen hat Orlando mit einem Gewinn von 624 € verkauft.

18. a) Der Zirkus hat insgesamt 7 100 € eingenommen.
    b) Die Ausgaben betrugen 4 650 €.
    d) Der Zirkus hat einen Gewinn von 2 450 € erwirtschaftet.

Seite 44

10. b) Der größte Temperaturunterschied beträgt 52 °C.

Seite 45

11. e) Die rot und orange markierten Zahlen sind größer als −5 und kleiner als 2.
    f) Die blau und grün markierten Zahlen sind größer als −4 und kleiner als −1, es handelt sich also um die ganzen Zahlen −3 und −2.
    g) Das sind die negativen Zahlen von −4 bis −1.
    h) Das sind die natürlichen Zahlen von 1 bis 4.

12. a) {−1; 5} b) {−4; 6} c) {−26; 8} d) {−60; −8}
    e) {2; 3; 4; 5; 6; 7; 8} f) {−2; −1; 0; 1; 2; 3; 4}
    g) {−6; −5; −4; −3; −2; −1; 0; 1; 2}
    h) {−14; −13; −12; −11; −10; −9; −8; −7; −6}

13. a) 9999 b) −9 999 c) −10 d) 99 e) −888 f) −2000
    g) −9876

Seite 55

24. a) 5 b) 6 c) 9 d) −14 e) −18
    f) −22 g) 57 h) −19 i) −44

25. a) $(+2) + (-10) = -8$ b) $(-5) + (+7) = (+2)$ c) $(-19) + (+11) = (-8)$
    d) $(\pm 10) + (\mp 10) = 0$ e) $(\pm 12) + (\pm 0) = (\pm 12)$ f) $(\pm 13) + (\pm 13) = (\pm 26)$
    g) $(+12) - (+4) = 8$ h) $(+12) - (-4) = 16$ i) $(-9) - (-5) = -4$
    k) $(-17) - (-12) = (-5)$ l) $(\pm 16) - (\pm 8) = (\pm 8)$ m) $(\pm 18) - (\pm 10) = (\pm 8)$

26. a) −30 b) −2 c) −6 d) −154 e) −50 f) −489

27. a) −80 b) −166 c) −301 d) −58 e) −159

28. a) 5 b) −3 c) −2 d) 42 e) −27
    f) 17 g) 150 h) 6 i) −483

Seite 56

29. a) Richtiges Ergebnis: 14 (1 Fehler)
    b) Richtiges Ergebnis: −30 (2 Fehler)
    c) Richtiges Ergebnis: 6 (1 Fehler)
    d) Richtiges Ergebnis: 10 (2 Fehler)

30. a) Nach dem Aufsteigen um 46 m müsste sich das Boot 12 m über der Wasseroberfläche befinden! Das kann nur ein Phantasie-U-Boot!
    b) Die Reise wird in 21 m Tiefe fortgesetzt.

31. a) Montag: +109 €, Dienstag: +34 €, Mittwoch: −88 €, Donnerstag: +284 €, Freitag: +146 €
    b) Am Mittwoch hat Martin sein Konto um 88 € überzogen.

Seite 63

12. a) (8|1), (8|8) und (1|8)
    b) (1|3), (2|3), (3|3), (4|3), (5|3), (7|3), (8|3), (6|1), (6|2), (6|4), (6|5), (6|6), (6|7) und (6|8)
    c) (4|2), (3|3) und (1|3)
    d) (2|1), (4|1), (6|1), (1|2), (3|2), (5|2), (2|3), (6|3), (1|4), (3|4), (5|4), (2|5) und (4|5)

Seite 72

11. a) 45° b) 315° c) 135° d) 135° e) WSW

12. 5 Schritte geradeaus, 30° nach links, 4 Schritte geradeaus, 60° nach links, 5 Schritte geradeaus, 65° nach links,
    5 Schritte geradeaus, 115° nach links, 3 Schritte geradeaus, 90° nach rechts, 2 Schritte geradeaus, 140° nach links,
    6 Schritte geradeaus, 140° nach rechts, 6 Schritte geradeaus, 90° nach rechts, 4 Schritte geradeaus, 35° nach rechts,
    5 Schritte geradeaus, 55° nach rechts, 5 Schritte geradeaus
    → Ziel erreicht!

13. a) 6° b) 30 min, 10 min, 20 min, 45 min, 1 min
    c) 30° d) 90°, 210°, 15°, 10°, 3°, 21°

14. Tipp: Zeichne die Zeiger der Uhr, wenn du „normal“ auf sie siehst.

Seite 77

9. b) RF ∥ QG, AM ∥ BL, RQ ∥ SP ∥ EH ∥ FG, AB ∥ CU ∥ KN ∥ LM
   c) RF ⊥ RQ, RF ⊥ SP, RF ⊥ EH und RF ⊥ FG, GQ ⊥ RQ, GQ ⊥ SP, GQ ⊥ EH und GQ ⊥ FG, AM ⊥ AB, AM ⊥ CU, AM ⊥ KN, und AM ⊥ LM, BL ⊥ AB, BL ⊥ CU, BL ⊥ KN, und BL ⊥ LM.

11. b) BI||LR
    c) Der Polarstern hat die Koordinaten P(15|17).

Seite 78

12. a) Du kannst die Gruppen sogar so bilden, dass alle Ballons in Gruppen landen. Dabei gibt es jeweils zwei Gruppen mit 2, 3 und 4 Personen.
    c) Es gibt eine solche Gruppe. Findest du sie?

14. a) Die Arbeitsplattform befindet sich 48 m über dem Meeresgrund.
    b) Der Mast endet 126 m über dem Meeresgrund.
    c) Die Arbeitplattform ragte an diesem Tag 13 m über die Wellen hinaus.

Seite 82

5.	a) 1	b) 1	c) 0	d) 0	e) 1	f) 0
	g) 1	h) 1	i) 2	k) 1	l) 4	

6. Fünf Figuren sind nicht achsensymmetrisch. 3 sind achsensymmetrisch.

Seite 83

8. Tipp: Die Achse schräg durch das Quadrat ist die Spiegelachse.

9. Tipp: Suche vier Zahlenpaare, die immer die gleiche Summe ergeben.

Seite 86

7. Zeichne ein 6 cm langes und 4 cm breites Rechteck auf ein Blatt und zeichne das Dreieck ein. Schneide das Dreieck aus und lege damit das Rechteck aus.

9.	a) −29	b) −24	c) −57	d) −45	e) 11	f) −84
10.	a) −30	b) −58	c) −293	d) −31	e) −23	
	f) −54	g) −30	h) −24	i) 168	k) −111	

Seite 95

19.	a) 28	b) 48	c) 60	d) 99	e) 40
20.	a) 5796	b) 5346	c) 5346	d) 7254	e) 4396
	f) 5796	g) 7632	h) 16038		

Tipp: Betrachte alle Ziffern einer Rechnung genauer.

21. a) 5888889 b) 7777622223

22. Jenny bekommt 3 € 7 Ct zurück.

Seite 100

11. a) 121 b) 12321 c) 1234321
    d) 123454321, 12345654321, 1234567654321, 123456787654321, 12345678987654321

12. $99999^2 = 9999800001$, $999999^2 = 999998000001$

13. Pinocchios Nase ist nach 7 Lügen 3 m 84 cm lang.

14. a) −96 b) 905 c) 150 d) 1020
    e) −144 f) 99 999 999 g) −1001 h) −1000

15. a) $2^2 = 4$, $2^3 = 8$, $2^4 = 16$, $2^5 = 32$, $2^6 = 64$, $2^7 = 128$ und $2^8 = 256$
    b) Der Produktwert lautet: 4096.
    c) Tipp: Welche Bedingung müssen die Exponenten in den einzelnen Zeilen bzw. Spalten erfüllen?

16. a) −111 b) 36 c) −55 d) −85
    e) −41 f) 12 g) −231 h) −11

Seite 104

8. a) Man erhält 6 verschiedene Wörter. 3 davon sind sinnvoll.
   b) Man erhält 6 verschiedene Wörter. 2 davon sind sinnvoll.
   c) Man erhält 12 verschiedene Wörter. 3 davon sind sinnvoll.
   d) Man erhält 12 verschiedene Wörter. 2 davon sind sinnvoll.

9. a) 110 b) 990 c) 336

10. a) 10 000 b) 5 040 c) 5 000

Seite 105

11. Tipp: Welche Ziffer darf bei einer dreistelligen Zahl **nicht** an 1. Stelle stehen?
    a) 18 b) 4 c) 12 d) 900, 648, 180

12. b) Es gibt zwei verschiedene Möglichkeiten.
    c) 4, 8, 16
    d) Tipp: Wie viele Buchstaben hat das Alphabet?

13. a) 124° und 56° b) 74°; 19°; 248°; 19°

Seite 112

17. a) 38 394 b) 99 887 c) 87 065 d) 5 505 e) 5 061
    f) 2 813 g) 2 542 h) 1 234 i) 7 183

18. a) 1 b) 9 c) 45 045 d) 14 e) 2 f) 377 377

Seite 117

11. a) 10 ist eine arme Zahl.
    b) Tipp: Welche Teiler haben alle Primzahlen?
    c) 6 ist vollkommen.
    e) Zwei Zahlen zwischen 10 und 20 sind reich.
    f) Tipp: Betrachte deine Ergebnisse der vorangegangenen Aufgaben.

12. a) $2^3 \cdot 3 \cdot 13$ b) $5 \cdot 7^2$ c) $5^2 \cdot 7$ d) $2^2 \cdot 3^4$
    e) $3 \cdot 7^2$ f) $2 \cdot 3 \cdot 5 \cdot 7$ g) $3^3 \cdot 5^2$ h) $2^2 \cdot 3 \cdot 11^2$
    i) $3 \cdot 19^2$ k) $2^3 \cdot 7^2$

Seite 118

14. a) Die Uhr zeigt 6:38 Uhr an.
    c) Tipp: Zeigt die Uhr höchstens 12 oder 24 Stunden an?

15. a) 35 b) 60 c) 18

Seite 124

19. a) 1 450 b) 24 c) −75 d) −5 e) −20 f) 81
    g) −16 h) 10 i) 90 k) −24 l) 111

20. a) 178 b) 142 c) 2 d) −1 252 e) 191
    f) 288 g) 25 h) 16

21. a) 4 b) 9 c) 111 d) 1 e) 5 f) 32
    g) 1 h) 54 i) 5 k) 13 l) 1 m) 130
    n) 1 o) 32 p) 5 q) 13 r) 11

22. a) Wenn alle LKWs 7-mal fahren, werden an einem Tag 3073 Tonnen Kies abtransportiert.
    b) An diesen Tagen werden 2910 t abtransportiert.
    c) Die 28-t-LKWs mussten 53-mal fahren.

Seite 125

23. In dieser Woche verdiente Herr Schmidt 60 € weniger.

24. a) 27 b) 12, 13, 19, 17, 12, 3, 8

25. a) Es dauert bei Carolin 25 Stunden, bis das Becken voll ist.
    b) Bei Claudia ist der Pool erst nach 31 Stunden voll.

Seite 130

11. a) 210 b) −37 c) −23 d) −37 e) 47 f) 18
g) −150 h) 12 i) 47 k) 25 l) −120 m) 22
n) 58 o) 14 p) 62 q) 120 r) 56 s) 42

12. a) −25 b) −3 c) 5 d) 1 e) −8 f) 162
g) 250 h) 64 i) 363 k) −96 l) −18 m) −432
n) 27 o) 80 p) 320 q) 72 r) −1 s) −8
t) 11 u) −42

Seite 131

13. a)

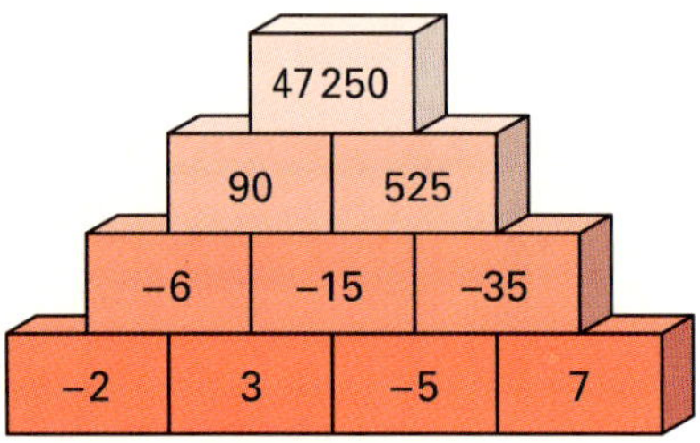

b)

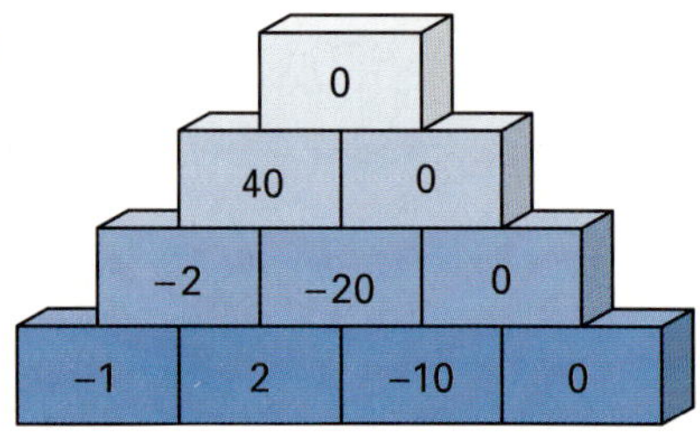

15. a) −180
c) Tipp: Wie bekommst du die größte positive Zahl? Wann ist eine Zahl kleiner als eine andere?
d) Tipp: Welche Teiler zwischen 1 und 6 hat die Zahl 120?
e) Tipp: Berechne die Primfaktorzerlegung von 210.

Seite 137

15. a) −224 b) −6 c) 162 d) 20 e) −31 f) 0
g) 1 h) −10 i) 8

16. a) −11 b) −89 c) 16 d) −116 e) 56 f) −300
g) −352 h) −226

17. Tipp: Beachte die Vorzeichen der Zahlen und ob Divisor und Dividend durch die gleichen „einfachen“ Zahlen teilbar sind.

Seite 138

18. a) Das Ergebnis ist −1.
b) Tipp: Betrachte die Vorzeichen in der Rechnung.

Seite 146

13. Frau Dietz sammelt von jedem Schüler 102 € ein.

14. Er kann sich noch 3 Glitzerstifte kaufen.

15. b) Die hochgestellte 9 bedeutet neun zehntel Cent.
    c) Der Unterschied beträgt 1 Ct.

16. Ein Magic-Booster kostet 3,10 €.

Seite 153

20. a) 2 800 cm	b) 3 000 m	c) 49 dm	d) 1 736 m
e) 1397 cm	f) 271 mm	g) 1,0375 km	h) 13,08 m
i) 22,2 dm	k) 2 369,3 m	l) 202,02 dm	m) 1 222,53 m
n) 3 004,002 m	o) 2,3 cm		
21. a) 580 cm	b) 180 cm	c) 110 cm	d) 8 m
e) 110 cm	f) 120	g) 148	h) 20 km
i) 27	k) 87 m	l) 169 cm	m) 30

Seite 154

22. a) Benzin kostet 30,58 €. b) Es sind noch 21 Liter im Tank.

23. a) 4 mm	b) 21 km	c) 7	d) 19 m 20 cm
e) 14 cm	f) 29 m 50 cm	g) 23 cm	h) 2,3 m
i) 13 cm	k) 45	l) 1 m 55 cm	m) 16

24. a) In den ersten vier Tagen legen sie auf ihrer Radtour 246 km zurück.
    b) Am 5. und 6. Tag legen sie insgesamt 94 km zurück.

25. a) −65	b) −1000	c) 15	d) −15	e) 1000	f) 7
g) −80	h) 8	i) −121	k) 420	l) −11	m) −1080

Seite 160

19. a) 1,75 kg	b) 2396 g	c) 5,096 kg	d) 40,02 kg
e) 10,25 t	f) 2198 kg	g) 17,813 kg	h) 9005 g
i) 1,002 t	k) 2013 kg	l) 7039,12 kg	m) 6025010 g

20. b) Das Gewicht der leeren Dose beträgt 139 g.
    c) Der abgegossene Saft wiegt 340 g.
    d) Eine Ananasscheibe wiegt 62 g.

21. b) Es werden pro Person 80 kg angenommen.
    c) Tipp: 1 Zentner = 50 kg

Seite 164

13. a) Es würde fast genau 5 Unterrichtsstunden dauern den Film anzusehen.
    b) Bei diesem Film gibt es 7 Werbepausen.
    c) Mit Werbung dauert der Film 266 Minuten.
    d) Im Durchschnitt dauert jeder Werbespot 20 Sekunden.

14. a) In einem Jahr steigt Pascal 157 680 Stufen hoch und runter.
    b) In einem Schaltjahr sind es 158 112.
    c) Wenn innerhalb der 7 Jahre zwei Schaltjahre vorkommen, sind es 1 104 624 Stufen. Kommt nur ein Schaltjahr vor, sind es 432 weniger.

15. a) 5 h 48 min 46 s
    b) Sonnenjahr eilt dem Kalenderjahr nach 4 Jahren um 23 h 15 min 4 s voraus.
    c) Nach 100 Jahren eilt das Kalenderjahr dem Sonnenjahr 18 h 43 min 20 s voraus.

Seite 169

10. a) Das Wohnzimmer von Familie Köhler ist 7 m breit und 4,3 m lang.
    b) Die Tür ist 1,6 m breit, die Terrassentür auch und das Fenster 1,3 m.

11. a) −50 b) 4 c) −100 d) −30 e) 11 f) −780
    g) 201 h) −86

12. a) 4000 b) 240 c) 40 d) 400 e) 33,33 m
    f) 1,26 € g) 29 g h) 6 h 5 min i) −10 k) 40
    l) 320 m) 11

Seite 173

10. a) Der Umfang des Rechtecks NICO beträgt 28 cm.
    b) E(2|1), EI = 5 cm. Der Umfangsunterschied beträgt 2 cm.
    c) Der Umfang des Dreiecks LOC beträgt 20,8 cm.
    d) Der Umfang der gesamten Figur beträgt: 32,8 cm.

11. Schorsch braucht mindestens 658,6 m Draht.

12. a) 11,2 cm b) 14 cm c) 13 m d) 420 m e) 4,8 dm f) 0,32 km

13. Das Material für den neuen Zaun kostet 6 160 €.

14. Die Absperrung ist 80 m lang.

15. Tipp: Welchen einfacheren Weg könnte die Schnecke gehen, der genauso lang ist?

Seite 182

18. a) Umfang Figur 1: 34 cm, Umfang Figur 2: 38 cm
    b) Die Flächeninhalte beider Figuren sind gleich groß: 24 cm^2

19.

	a)	b)	c)	d)	e)	f)
l	120 cm	40 m	65 m	700 m	90 m	1,4 km
b	8 dm	30 m	72 m	800 m	70 m	600 m
A	96 dm^2	12 a	46,8 a	56 ha	63 a	84 ha
U	4 m	140 m	274 m	3 km	320 m	4 km

20. Es gibt drei verschiedene mögliche Rechtecke.
    Ihre Umfänge betragen 38 cm, 22 cm, 18 cm

21. a) Es kommt genau ein Quadrat vor.
    b) Die längste Seitenlänge ist „17 Streichhölzer lang".
    c) Es gibt ein Rechteck, dessen eine Seite doppelt so lang ist wie die andere.
    d) Es gibt auch ein Rechteck, dessen eine Seite 5-mal so lang ist wie die andere.
    e) Peter kann 9 verschiedene Rechtecke legen.

22. Tipp: Berechne die Fläche des Bodens in m^2.

23. a) Die Hauswand hat eine Länge von 12 m.
    b) Der Garten hat eine Fläche von 330 m^2.

Seite 188

16. Die Grundstücke für die Reihenhäuser werden 400 m^2 groß.

17.

Buchstabe:	H	O	T	E	L
Umfang:	220 cm	240 cm	140 cm	220 cm	140 cm
Fläche:	525 cm^2	6 dm^2	325 cm^2	525 cm^2	325 cm^2

18. Tipp: Zählen!

Seite 189

19. a) Die Länge der Nürnberger Stadtmauer beträgt ca. 5 km.
    b) Tipp: Berechne zunächst die Fläche eines der vier Quadrate.

20. a) Die Beete haben zusammen eine Fläche von $38{,}4\,m^2$.
Die Fläche der Wege beträgt $30{,}6\,m^2$
b) Wilfried muss für die Platten 1666 € bezahlen.
c) Der Lieferwagen kann die erforderliche Kiesmenge laden.

21. Tipp: Berechne die Fläche eines Dreiecks.

Seite 190

22. a) Die jährlichen Einnahmen betragen 62 700 €.
b) Es werden etwa 95 t verbraucht.
c) Sie kostet 11 400 €.
d) Tipp: Schätze anhand des Fotos die Maße des Personenwagens ab.

23. a) Auf dem Acker sind 25 000 Pflanzen.
b) Der Jahresertrag beträgt 7,5 t.
c) Er kann 37 500 € einnehmen.
d) Der Spargel wächst am halben Tag höchstens 7,2 cm.

Seite 199

10. a) Tipp: Überlege dir, wie viele unterschiedliche Längen und wie viele gleich lange Strohhalme für jeden Körper benötigt werden.
b) siehe rechts

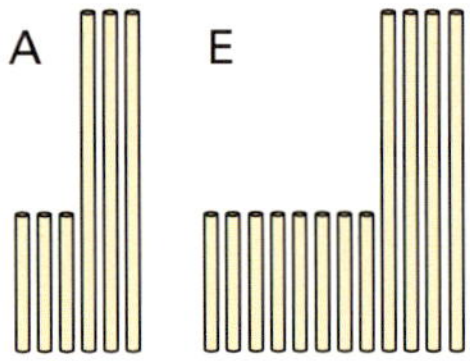

11. Tipp: Wie liegen die zwei kleinen blauen Quadrate zu dem großen blauen?

12. siehe rechts

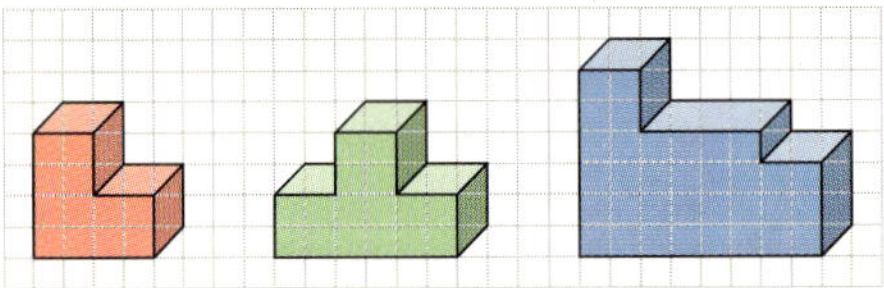

Seite 200

13. Tipp: Es treffen immer genau zwei gleich lange Kanten aufeinander.

14. a) Tipp: Überlege dir, wie viele Zentimeterwürfel in einer Schicht liegen.
c) Überlege dir, wie viele Würfel der vorderen Seite jeweils eine, zwei, drei, vier farbige Seiten haben. Wo liegen sie jeweils? Wie viele sind es dann insgesamt? Wo muss ein Würfel sein, damit er nicht eingefärbt wird?

15. a) −1 b) −9 c) −57 d) 0 e) 27
f) −8 g) −96 h) 900 Mio i) −42 k) −42

16. Katja erhält 140 €.

Seite 207

21. a) Herr Ritz muss 12,8 m^2 Schrankoberfläche streichen.
    b) Dazu muss er 5 Dosen Klarlack kaufen.
    c) Die restliche Farbe reicht gerade noch aus, um auch noch die Einlegeböden dreimal zu lackieren.

22. a) Die zu fliesende Fläche beträgt 17 a.
    b) Die Fliesen kosten 42 500 €.

23. Tipp: Eine Zeichnung hilft dir weiter.

Seite 208

24. a) Ein Franke würde 70 cm, ein Oberbayer 2,10 m tief im Wasser stehen.
    c) Täglicher Wasserverbrauch: 13 cm;
    jährlicher Wasserverbrauch: 47,45 m.

25. Tipp: Beginne mit der 1. Person, die die Rolltreppe betritt, und überlege dir für jede Person, wie viele Möglichkeiten es gibt. Wie musst du die einzelnen Möglichkeiten miteinander verrechnen?

Grundwissen

- Kopiere die folgenden Seiten auf dünnen Karton und zerschneide diesen in „Lernkarten".
- Baue damit eine Lernkartei auf: Wenn im Unterricht ein neuer Lehrstoff behandelt wurde, nimmst du die zugehörigen Karten in deine Kartei auf.
- Schreibe das Thema der Karte auf die Rückseite. Dann kannst du dich besser selbst abfragen, ohne gleich die Lösung vor dir zu sehen.
- Trainiere jede Woche einmal den Lehrstoff: Mische dazu die Karten und versuche den Inhalt möglichst selbstständig mündlich wiederzugeben. Die Karten, bei denen das gut gelingt, legst du auf die Seite. Fahre so fort, bis du alle Karten auf die Seite gelegt hast.
- Dieses Verfahren garantiert gute Lernfortschritte in der Mathematik. In diesem Jahr lernst du wichtige Grundlagen, die auch in Zukunft immer wieder in Prüfungen von dir verlangt werden. Damit sind sie mindestens genauso wichtig wie der aktuell behandelte Stoff.

Ganze Zahlen

$\mathbb{N} = \{1; 2; 3; 4; \ldots\}$	Menge der **natürlichen Zahlen**
$\mathbb{N}_0 = \{0; 1; 2; 3; 4; \ldots\}$	Menge der **natürlichen Zahlen mit Null**
$\mathbb{Z} = \{\ldots; -4; -3; -2; -1; 0; 1; 2; 3; 4; \ldots\}$	Menge der **ganzen Zahlen**

Eine Menge besteht aus **Elementen**: $0 \notin \mathbb{N}$; $3 \in \mathbb{N}$; $-3 \notin \mathbb{N}$

Eine natürliche Zahl größer als 1 ist eine **Primzahl**, wenn sie nur durch 1 und sich selbst teilbar ist.

Primzahlen sind: 2; 3; 5; 7; 11; 13; 17; 19; 23; 29; …

Jede natürliche Zahl lässt sich solange in Faktoren zerlegen, bis alle Faktoren Primzahlen sind: $6 = 2 \cdot 3$; $240 = 2 \cdot 2 \cdot 2 \cdot 2 \cdot 3 \cdot 5 = 2^4 \cdot 3 \cdot 5$

Das Dezimalsystem

Wir benutzen zum Schreiben der Zahlen zehn Ziffern: 0, 1, 2, 3, 4, 5, 6, 7, 8, 9. Die Stelle, an der eine Ziffer steht, gibt ihren Wert an. Deshalb heißt unser Zahlensystem **Stellenwertsystem**.

Aus einer **Stellenwerttafel** kannst du den Wert der Stelle schnell entnehmen:

Milliarden			Millionen			Tausender					
HMrd	ZMrd	Mrd	HMio	ZMio	Mio	HT	ZT	T	H	Z	E
	1	2	3	0	4	0	0	5	6	7	8

Gesprochen:

zwölf Milliarden dreihundertvier Millionen fünftausendsechshundertachtundsiebzig

Die Zahlen 1, 10, 100, 1 000, 10 000, … heißen **Stufenzahlen**.

Runden und Überschlagsrechnung

Beim **Runden** auf eine bestimmte Stelle wird nur die Ziffer auf der nächstkleineren Stelle betrachtet. Ist die Ziffer

- 0, 1, 2, 3 oder 4, wird **abgerundet**,
- 5, 6, 7, 8 oder 9, wird **aufgerundet**.

15 063 (Z) $\approx$ 15 060
15 063 (T) $\approx$ 15 000

15 063 (H) $\approx$ 15 100
15 063 (ZT) $\approx$ 20 000

Mit einer **Überschlagsrechnung** kannst du das Ergebnis abschätzen. Dabei runden wir immer auf den höchsten Stellenwert.

Überschlag:
$8710 : 26 \approx 9000 : 30 = 300$

Exakt:
$8710 : 26 = 335$

Bei einem Produkt bekommen wir einen besseren Schätzwert, wenn wir einen Faktor aufrunden und den anderen abrunden:

$468 \cdot 57 \approx 400 \cdot 60 = 24\,000$

$468 \cdot 57 = 26\,676$

Die Zahlengerade

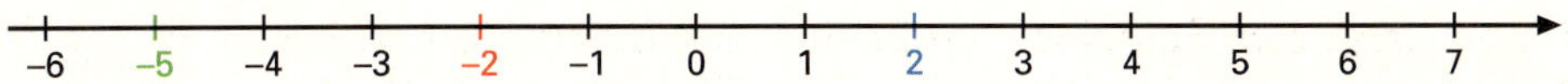

Eine Zahl ist kleiner als eine andere Zahl, wenn sie auf der Zahlengeraden weiter links liegt: $-5 < -2$; $-2 < 0$; $0 < 2$; $2 > -5$

Ordnen der Zahlen nach der Größe in einer steigenden **Ungleichungskette**:

$$-5 < -2 < 0 < 2$$

Die Entfernung einer Zahl vom Nullpunkt ist der **Betrag** der Zahl:

$$|-5| = 5 \qquad |-2| = 2 \qquad |0| = 0 \qquad |+2| = 2$$

Die **Gegenzahl** liegt auf der anderen Seite der Null und hat die gleiche Entfernung von der Null. Gegenzahlen sind: -2 und 2 oder -5 und 5

Rechengesetze

Das Vertauschungsgesetz (Kommutativgesetz)

$a + b = b + a$ oder $a \cdot b = b \cdot a$

Das Verbindungsgesetz (Assoziativgesetz)

$(a + b) + c = a + (b + c)$ oder $(a \cdot b) \cdot c = a \cdot (b \cdot c)$

Das Verteilungsgesetz (Distributivgesetz)

$a \cdot (b + c) = a \cdot b + a \cdot c$ oder $(a + b) : c = a : c + b : c$ mit $c \neq 0$

Rechenvorteile durch Anwenden von Rechengesetzen:

$78 + (89 + 22) = 78 + (22 + 89) = (78 + 22) + 89 = 100 + 89 = 189$
$8 \cdot (18 \cdot 25) = 8 \cdot (25 \cdot 18) = (8 \cdot 25) \cdot 18 = 200 \cdot 18 = 3600$
$43 \cdot 17 + 43 \cdot 3 = 43 \cdot (17 + 3) = 43 \cdot 20 = 860$
$99 \cdot 37 = (100 - 1) \cdot 37 = 100 \cdot 37 - 1 \cdot 37 = 3700 - 37 = 3663$

Fachbegriffe für die Rechenarten

Beispiel	Name des Terms	8 heißt	2 heißt	Rechenart
$8+2$	Summe	1. Summand	2. Summand	Addition
$8-2$	Differenz	Minuend	Subtrahend	Subtraktion
$8 \cdot 2$	Produkt	1. Faktor	2. Faktor	Multiplikation
$8:2$	Quotient	Dividend	Divisor	Division
8^2	Potenz	Basis	Exponent	Potenzieren

Addition und Subtraktion ganzer Zahlen

Auflösen von Klammern

$-4+(+6)=-4+6$

$-4-(-6)=-4+6$

Treffen zwei **gleiche Zeichen** aufeinander, ersetzen wir diese durch ein **Pluszeichen**.

$-4+(-6)=-4-6$

$-4-(+6)=-4-6$

Treffen zwei **verschiedene Zeichen** aufeinander, ersetzen wir diese durch ein **Minuszeichen**.

Zusammenfassen ganzer Zahlen

gleiche Zeichen:

$4+6=10$

$-4-6=-(4+6)=-10$

- **addiere die Beträge**
- das Ergebnis erhält das **gemeinsame Zeichen.**

verschiedene Zeichen:

$4-6=-(6-4)=-2$

$-4+6=+(6-4)=+2$

- **subtrahiere** vom größeren Betrag den kleineren.
- das Ergebnis erhält das **Zeichen** der Zahl mit dem **größeren Betrag**.

Multiplikation und Division ganzer Zahlen

Wir multiplizieren (dividieren) die Beträge.
Sind die Vorzeichen

- **gleich**, erhält das Ergebnis ein **Plus**,
- **verschieden**, erhält das Ergebnis ein **Minus**.

Multiplikation	**Division**
$5 \cdot 4 = 20$	$32 : 8 = 4$
$(-5) \cdot (-4) = 20$	$(-32) : (-8) = 4$
$5 \cdot (-4) = -20$	$32 : (-8) = -4$
$(-5) \cdot 4 = -20$	$(-32) : 8 = -4$

Vorzeichentabelle

· / :	+	−
+	+	−
−	−	+

Vorsicht:

$134 \cdot 0 = 0$ $\qquad$ $134 : 0$ ist nicht definiert!!!

Aber: $0 : 134 = 0$

Potenzieren

Für ein Produkt mit gleichen Faktoren gibt es die **Potenzschreibweise**:

$\underbrace{2 \cdot 2 \cdot 2 \cdot 2 \cdot 2}_{\text{5 Faktoren}} = 2^5 = 32$

Der **Exponent** gibt die **Anzahl** der **gleichen Faktoren** an.

$(-2)^4 = (-2) \cdot (-2) \cdot (-2) \cdot (-2) = 16;$ $\qquad$ $(-2)^3 = (-2) \cdot (-2) \cdot (-2) = -8$

Zehnerpotenzen: $10^2 = 100$, $10^3 = 1000$, $10^4 = 10\,000$, $10^5 = 100\,000$

Große Zahlen können mit Zehnerpotenzen übersichtlich geschrieben werden:

$170\,000 = 17 \cdot 10\,000 = 17 \cdot 10^4;$ $\qquad$ 14 Millionen $= 14\,000\,000 = 14 \cdot 10^6$

Quadratzahlen

$1^2 = 1$	$2^2 = 4$	$3^2 = 9$	$4^2 = 16$	$5^2 = 25$
$6^2 = 36$	$7^2 = 49$	$8^2 = 64$	$9^2 = 81$	$10^2 = 100$
$11^2 = 121$	$12^2 = 144$	$13^2 = 169$	$14^2 = 196$	$15^2 = 225$
$16^2 = 256$	$17^2 = 289$	$18^2 = 324$	$19^2 = 361$	$20^2 = 400$

Verbindung der Grundrechenarten

Bei reinen **Strichrechnungen** von **links nach rechts** rechnen:

$13-16+14-18=-3+14-18=11-18=-7$

Eleganter: Summe der **Plusglieder minus** Summe der **Minusglieder**

$13-16+14-18=(13+14)-(16+18)=27-34=-7$

Bei reinen **Punktrechnungen** von **links nach rechts** rechnen:

$100:(-5)\cdot 2=-20\cdot 2=-40$

> *Die Klammer sagt: "Zuerst komm ich", Hoch vor Punkt und Punkt vor Strich. Und was noch nicht zum Rechnen dran, das schreibe unverändert an!*

$15-5\cdot 7=15-35=-20$

$15-5\cdot 2^3=15-5\cdot 8=15-40=-25$

$20-5\cdot(4-10)=20-5\cdot(-6)=20+30=50$

$(30-3^3)\cdot[56:(13-6)-13]=(30-27)\cdot[56:7-13]$
$=3\cdot[8-13]=3\cdot(-5)=-15$

$(2\cdot 3)^2-(6-4)^3=6^2-2^3=36-8=28$

Das Zählprinzip

Lässt sich ein Vorgang in Stufen zerlegen, so erhalten wir die Anzahl der verschiedenen Möglichkeiten, indem wir die Anzahl der Möglichkeiten der einzelnen Stufen miteinander multiplizieren.

Beispiel:

Auf wie viele Möglichkeiten kann sich Frau Chic anziehen, wenn sie 3 Blusen und 2 Röcke zur Auswahl hat?
Veranschaulichung am **Baumdiagramm**:

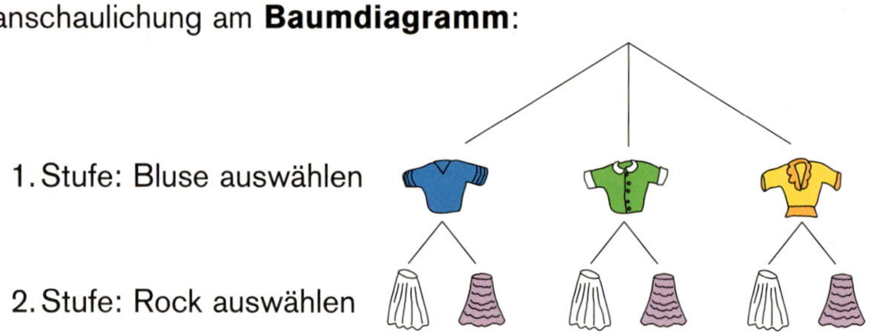

Es gibt insgesamt $3\cdot 2=6$ Möglichkeiten.

Das Koordinatensystem

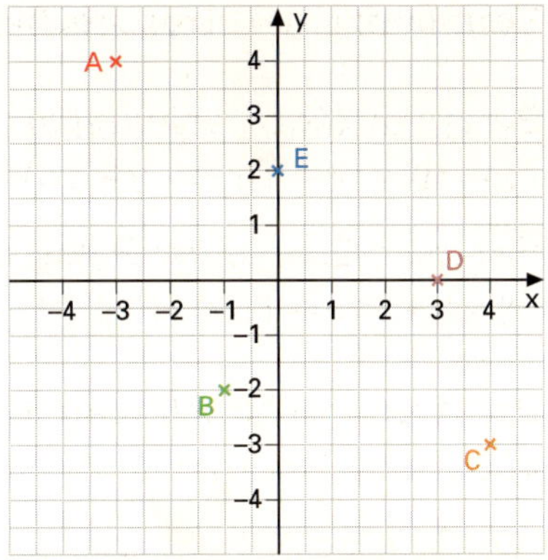

Das Koordinatensystem besteht aus einer waagrechten Zahlengeraden, der **x-Achse**, und einer senkrechten Zahlengeraden, der **y-Achse**.

Der gemeinsame Punkt heißt **Ursprung**.

Der Punkt A ist durch seine **Koordinaten** festgelegt: A(–3|4)

↗ *zuerst*: –3 waagrecht **x-Koordinate**

↖ *dann*: 4 senkrecht **y-Koordinate**

Weitere Beispiele: B(–1|–2); C(4|–3); D(3|0); E(0|2)

Winkel

Dreht sich eine Halbgerade gegen den Uhrzeigersinn um ihren Anfangspunkt S, so entsteht ein **Winkel**.

Winkel werden mit griechischen Buchstaben bezeichnet:
α (alpha), β (beta), γ (gamma), δ (delta), ε (epsilon)

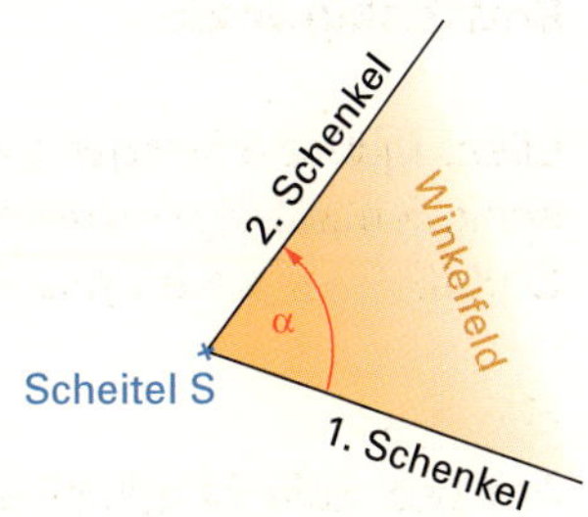

Winkelarten Nullwinkel: $\alpha = 0°$

spitzer Winkel: $0° < \alpha < 90°$

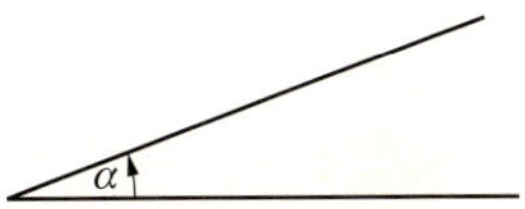

rechter Winkel: $\alpha = 90°$

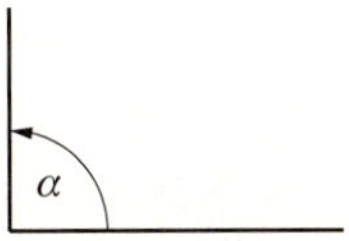

stumpfer Winkel: $90° < \alpha < 180°$

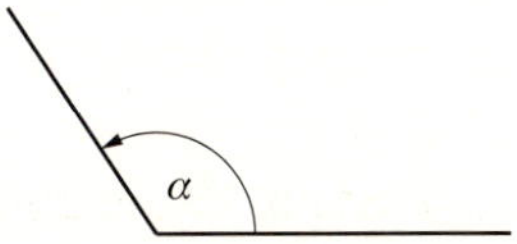

gestreckter Winkel: α 180°

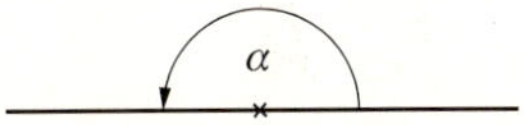

überstumpfer Winkel: $180° < \alpha < 360°$

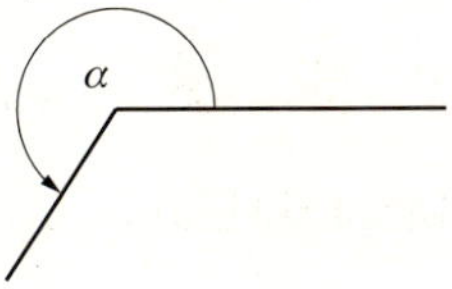

Vollwinkel: $\alpha = 360°$

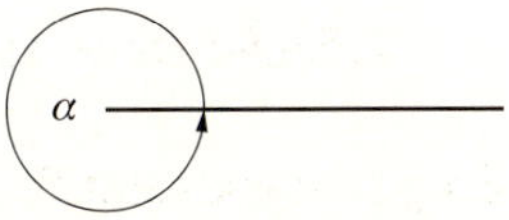

Geometrische Grundbegriffe

Punkt	A, B, C, D
Strecke	[AB]
Länge der Strecke	$\overline{AB} = 3\,\text{cm}$
Halbgerade	[CD und EF]
Gerade	GH

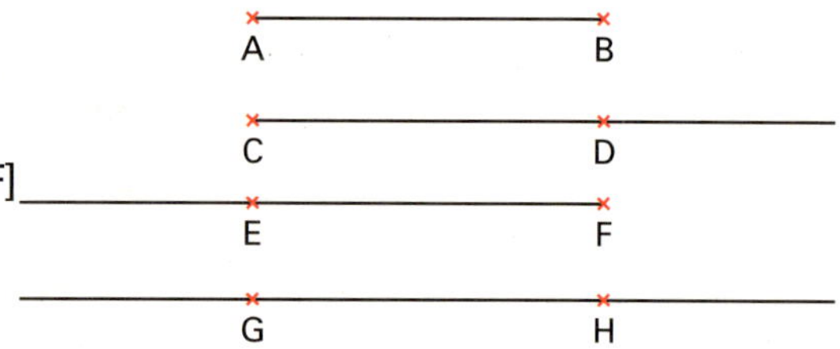

g ist **parallel** zu h	$g \parallel h$
g ist **senkrecht** zu f	$g \perp f$

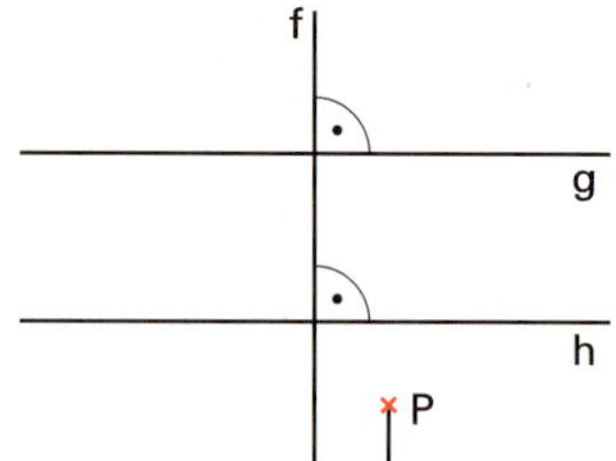

Abstand des Punktes P von der Geraden g	$\overline{AP} = 1{,}7\,\text{cm}$

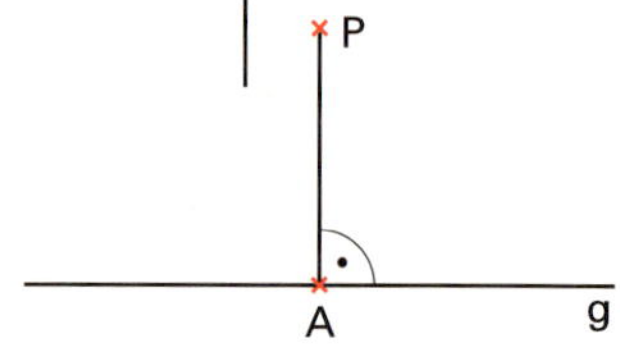

Achsensymmetrie

Eine Figur ist **achsensymmetrisch**, wenn sie sich so falten lässt, dass die beiden Hälften genau aufeinander liegen.

Der Falz heißt **Symmetrieachse**.

Die Verbindungsstrecke von zwei **symmetrischen Punkten** P und P' steht **senkrecht** auf der Symmetrieachse.

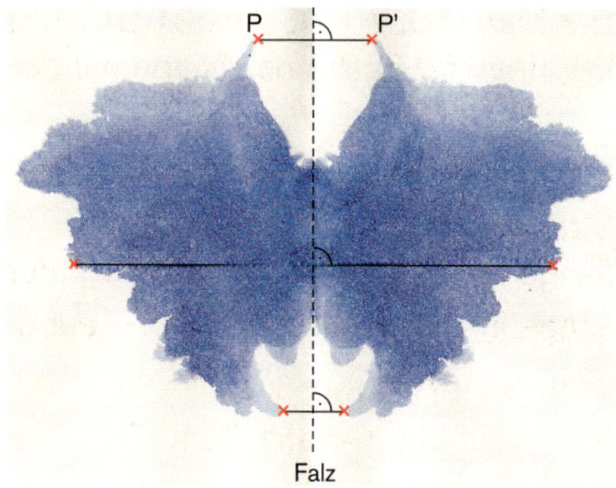

P und P' haben von der Symmetrieachse den gleichen Abstand.

Größen

2,34 m
↗ ↖
Maßzahl Einheit

Größe	Einheiten der Größe					Umrechnungszahl
Geld	1 Ct	1 €				100
Länge	1 mm	1 cm	1 dm	1 m	1 km = 1000 m	10
Masse	1 mg	1 g	1 kg	1 t		1000
Zeit	1 s	1 min = 60 s	1 h = 60 min	1 d = 24 h		

Umwandeln: 2,5 m = 25 dm = 250 cm = 2500 mm; 350 mm = 35 cm = 3,5 dm
Zusammenfassen: 2 g + 450 mg = 2000 mg + 450 mg = 2450 mg = 2,45 g
3,5 t − 750 kg = 3500 kg − 750 kg = 2750 kg

„Größe" · „Zahl" = „Größe" 3 min 20 s · 4 = 12 min 80 s = 13 min 20 s
„Größe" : „Zahl" = „Größe" 2 € : 20 = 200 Ct : 20 = 10 Ct = 0,10 €
„Größe" : „Größe" = „Zahl" 2 m : 20 mm = 2000 mm : 20 mm = 100

Maßstab

Der **Maßstab** 1 : 100 (lies: „1 zu 100") bedeutet, dass die Länge in der Wirklichkeit das 100-Fache der Länge auf der Karte ist.

Beispiele:

Maßstab 1 : 100
Länge auf der Karte: 3 cm in der Wirklichkeit: 3 cm · 100 = 300 cm = 3 m
Länge in der Wirklichkeit: 7 m auf der Karte: 7 m : 100 = 700 cm : 100 = 7 cm

Maßstab 1 : 10 000
Länge auf der Karte: 1,5 cm in der Wirklichkeit: 1,5 cm · 10 000
= 15 mm · 10 000 = 150 000 mm = 150 m

Länge in der Wirklichkeit: 2,5 km auf der Karte: 2,5 km : 10 000
= 250 000 cm : 10 000 = 25 cm

Länge in der Wirklichkeit: 6 km Maßstab: 6 km : 3 cm
Länge auf der Karte: 3 cm = 600 000 cm : 3 cm
= 200 000 : 1

Grundfiguren

Ebene Figuren

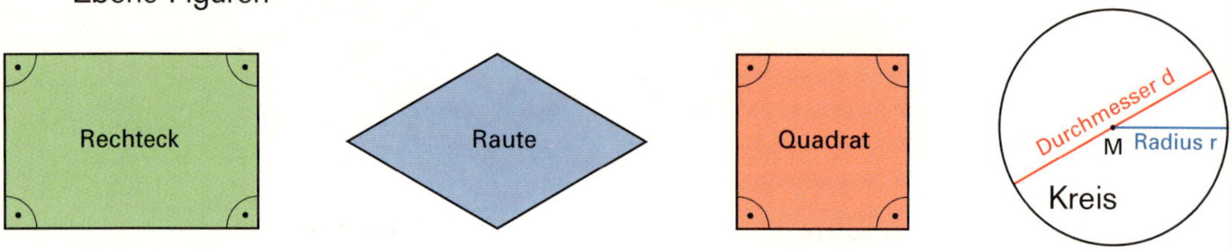

Räumliche Figuren

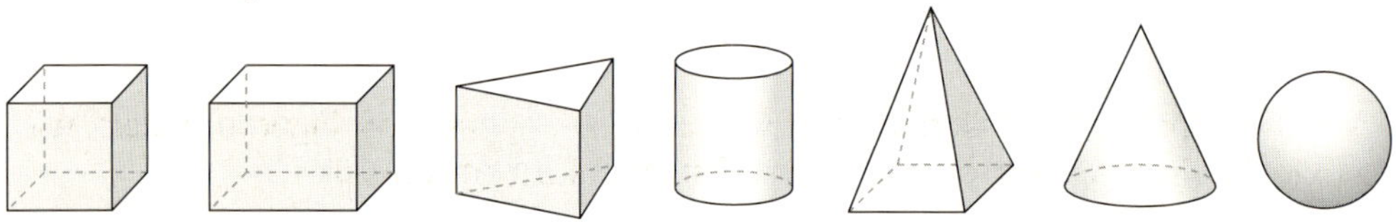

Flächeneinheiten

$mm^2 \rightarrow cm^2 \rightarrow dm^2 \rightarrow m^2 \rightarrow a \rightarrow ha \rightarrow km^2$

Quadratzentimeter (cm^2) — Ar (a) — Hektar (ha)

Die **Umrechnungszahl** ist 100.

$1\,cm^2 = 100\,mm^2$

Zusammenfassen: $4\,a - 50\,m^2 = 400\,m^2 - 50\,m^2 = 350\,m^2 = 3{,}5\,a$

„Länge“ · „Länge“ = „Fläche“ $4\,m \cdot 50\,cm = 400\,cm \cdot 50\,cm = 20\,000\,cm^2 = 2\,m^2$

„Fläche“ · „Zahl“ = „Fläche“ $4\,dm^2 \cdot 50 = 200\,dm^2 = 2\,m^2$

„Fläche“ : „Zahl“ = „Fläche“ $4\,km^2 : 50 = 400\,ha : 50 = 8\,ha$

„Fläche“ : „Fläche“ = „Zahl“ $4\,m^2 : 50\,cm^2 = 40\,000\,cm^2 : 50\,cm^2 = 800$

„Fläche“ : „Länge“ = „Länge“ $4\,ha : 50\,m = 40\,000\,m^2 : 50\,m = 800\,m$

Flächeninhalt und Umfang von Rechteck und Quadrat

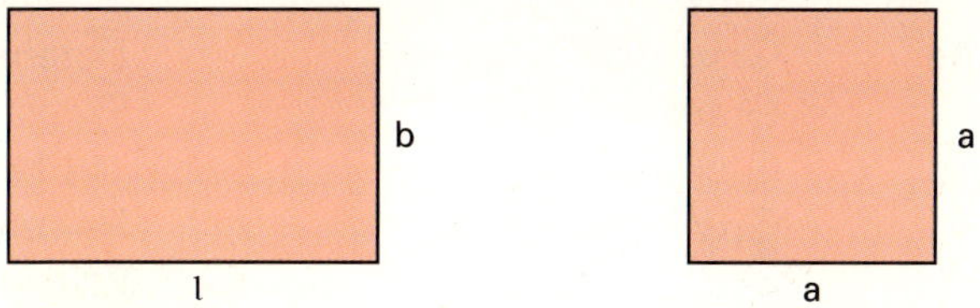

	Rechteck	**Quadrat**
Umfang:	$U_R = 2 \cdot l + 2 \cdot b = 2 \cdot (l + b)$	$U_Q = 4 \cdot a$
Flächeninhalt:	$A_R = l \cdot b$	$A_Q = a \cdot a = a^2$

Wir berechnen den Flächeninhalt von zusammengesetzten Figuren, indem wir sie in **Rechtecke zerlegen** oder zu **Rechtecken ergänzen**.

Der Quader

Schrägbild

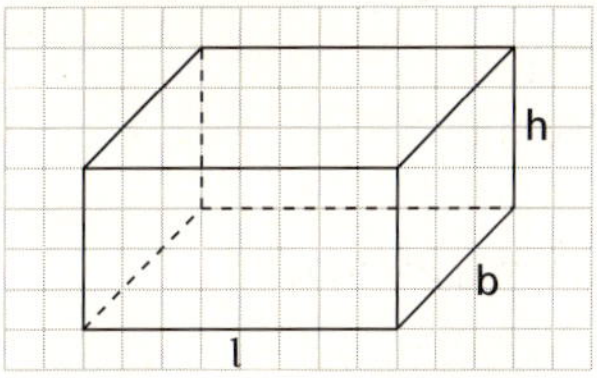

Nach hinten verlaufende Kanten werden verkürzt gezeichnet. Schräg durch drei Kästchen heißt b = 3 cm.

Netz

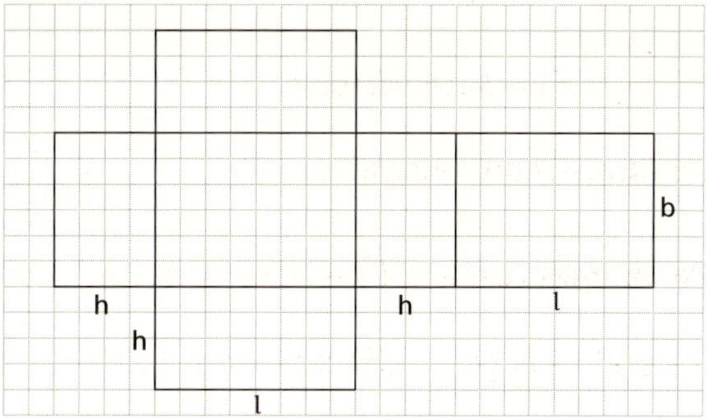

Oberfläche eines **Quaders**: $O_Q = 2 \cdot l \cdot b + 2 \cdot l \cdot h + 2 \cdot b \cdot h = 2 \cdot (l \cdot b + l \cdot h + b \cdot h)$

Beispiel: $l = 4\,\text{cm}$, $b = 3\,\text{cm}$, $h = 2\,\text{cm}$

$$\begin{aligned} O_Q &= 2 \cdot 4\,\text{cm} \cdot 3\,\text{cm} + 2 \cdot 4\,\text{cm} \cdot 2\,\text{cm} + 2 \cdot 3\,\text{cm} \cdot 2\,\text{cm} \\ &= 2 \cdot 12\,\text{cm}^2 + 2 \cdot 8\,\text{cm}^2 + 2 \cdot 6\,\text{cm}^2 = 24\,\text{cm}^2 + 16\,\text{cm}^2 + 12\,\text{cm}^2 \\ &= 52\,\text{cm}^2 \end{aligned}$$

Oberfläche eines **Würfels**: $O_W = 6 \cdot a \cdot a = 6 \cdot a^2$

Bildquellenverzeichnis

Seite 2.1: Arco Images/P. Wegner; Seite 2.2: Die Bildstelle/Picturedesk.com; Seite 2.3: Blickwinkel/M. Woike – Seite 3.1: Picture Press/Otto & Irmgard Hahn; Seite 3.2: Anker Steinbaukasten GmbH, Rudolstadt – Seite 5: Arco Images/P. Wegner – Seite 6: Ashmolean Museum, University of Oxford – Seite 8: Caro/Riedmiller – Seite 9: Heimatverein Vetoniana Pfünz e.V., Helmut Drieger – Seite 12.1: MEV Verlag, Augsburg; Seite 12.2: Corbis/Myron Jay Dorf – Seite 22: Cornelia Feuerlein, Fürth – Seite 26: Bildagentur online – Seite 27: Die Bildstelle/MCPhoto – Seite 28: Helga Lade/E. Morell – Seite 31.1: Bildagentur online; Seite 31.2: Westend 61/U. Matuschowitz – Seite 38: Westend 61/Creativ Studio Heinemann – Seite 57: Die Bildstelle/Picturedesk.com – Seite 58: Cornelia Feuerlein, Fürth – Seite 64: Bridgemanart.com – Seite 67: Cornelia Feuerlein, Fürth – Seite 74: F1 online – Seite 76: stockmaritime.com/Uwe Roettger – Seite 77: Die Bildstelle/Rex Features Ltd. – Seite 78: Germanischer Lloyd Industrial Services GmbH, Geschäftsbereich Windenergie, Hamburg – Seite 80.1: Alimdi.net/imagebroker.net; Seite 80.2: Vario Images/A. Schaunhuber Seite 80.3: Okapia/Phototake/Eric Grave; Seite 80.4: Manfred Ruckszio/naturbildportal.de; Seite 80.5: Travelstock 44/Jürgen Held – Seite 81: Alimdi.net/imagebroker.net – Seite 84: Visum/Th. Dashuber – Seite 86: Cornelia Feuerlein, Fürth – Seite 87: Blickwinkel/M. Woike – Seite 88.1: Corbis/Keren Su; Seite 88.2: A1Pix/D; Seite 88.3: Corbis/Gavin Hellier/Robert Harding World Imagery – Seite 96: A1Pix/D – Seite 97: A1Pix/G – Seite 102: Olaf Doering, Düsseldorf – Seite 103: F1 online/RF Johnér – Seite 106.1,2+3: Corbis/ Michael & Patricia Fogden; Seite 106.4: Arco Images/NPL – Seite 113: Interfoto/Sammlung Rauch – Seite 116: Ed Reschke/Peter Arnold – Seite 118: Michael Weiß – Seite 124: Caro/Hoffmann – Seite 126: Das Fotoarchiv/J. Meyer – Seite 135: Schapowalow/Huber – Seite 139: Picture Press/Otto & Irmgard Hahn – Seite 141: Bjoern Steinz – Seite 145: Cornelia Feuerlein, Fürth – Seite 146: Cornelia Feuerlein, Fürth – Seite 147.1: web.physik.rwth-aachen.de; Seite 147.2: picture alliance/dpa – Seite 151: Anke Messingschlager, Streitberg – Seite 152: Bildagentur Hamburg/R. Waldkirch – Seite 153: Deutsche Rasengesellschaft, K. Müller-Beck – Seite 154: Rainer Jahns, Siegsdorf – Seite 155: AP/J. Brinon – Seite 157: Blickwinkel/W. Holzenbecher – Seite 159.1: Bildmaschine.de/P. Engelke/Peng images; Seite 159.2: Cornelia Feuerlein, Fürth – Seite 162.1: Cornelia Feuerlein, Fürth; Seite 162.2: Vario Images – Seite 163: Bildagentur online/ Begsteiger – Seite 164: Keystone/Topham Picturepoint – Seite 165: Cornelia Feuerlein, Fürth – Seite 166: Hardy Mann, Mainhardt – Seite 167: Jürgen Reichel, Fürth – Seite 168.1: Mauritius Images/Imagebroker/M. Peuckert; Seite 168.2: Google Earth; Seite 168.3: Markus Rieger, Nürnberg – Seite 174: Cornelia Feuerlein, Fürth – Seite 181: Archivberlin/ Geduldig – Seite 184.1: Luftbild: GeoContent GmbH, Magdeburg; Seite 184.2: Google Earth – Seite 186: Blickwinkel/ MCPhoto – Seite 188: Visum/Aufwind-Luftbilder – Seite 187: Alimdi.net/Stella – Seite 190: Mauritius Images/S. Beuthan – Seite 191: Anker Steinbaukasten GmbH, Rudolstadt – Seite 197: Cornelia Feuerlein, Fürth – Seite 203.1: Keystone/ V. Schulz; Seite 203.2: Thomas Willemsen – Seite 205.1: fotolia.com; Seite 205.2: Corbis/M. Moellenberg – Seite 206: Jahreszeiten Verlag/G. Scarlini; Seite 206.2: Cornelia Feuerlein, Fürth.

Umschlagabbildung: Photothek.net

Trotz entsprechender Bemühungen ist es nicht in allen Fällen gelungen, den Rechtsinhaber ausfindig zu machen. Gegen Nachweis der Rechte zahlt der Verlag für die Abdruckerlaubnis die gesetzlich geschuldete Vergütung.

1. Auflage 2009
Druck 13 12 11 10 09
Die letzte Zahl bezeichnet das Jahr des Drucks.

Alle Drucke dieser Auflage sind untereinander unverändert und im Unterricht nebeneinander verwendbar.

Umschlagkonzept: Lutz Siebert, München
Mathematische Zeichnungen: Detlef Seidensticker
Illustrationen: Anja Boretzki
Herstellung: Heiko Jegodtka
Bildredaktion: Stefanie Portenhauser
Lektorat: Dr. Huberta Lausch, Assistenz Marlen Dietz
Reproarbeiten: Repro Ludwig, Zell am See
Druck: Tutte Druckerei GmbH, Salzweg/Passau

ISBN 978-3-7627-0120-0